Découvrez l'histoire par les archives de presse

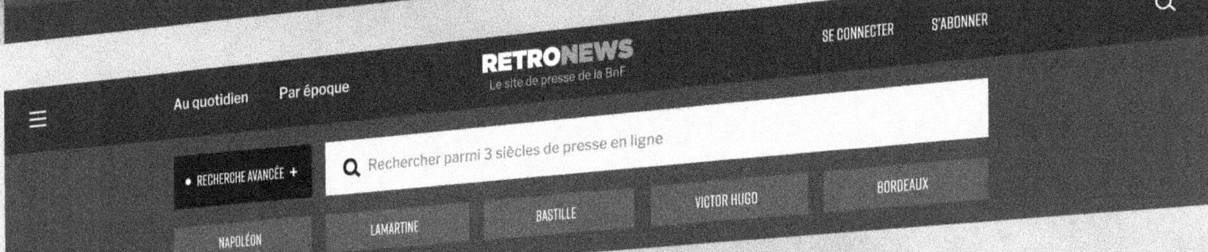

RETRONEWS

Le site de presse de la BnF

www.retronews.fr

ANNALES

AGRICOLES ET LITTÉRAIRES

DE LA DORDOGNE.

ANNALES

AGRICOLES ET LITTÉRAIRES

de la Dordogne,

JOURNAL DE LA FERME-MODÉLE ET DES COMICES AGRICOLES DU DÉPARTEMENT,

Publié sous les auspices de la Société d'Agriculture, Sciences et Aris.

TOME VII.

PÉRIGUEUX,

IMPRIMERIE DUPONT, RUE TAILLEFER.

—

1846.

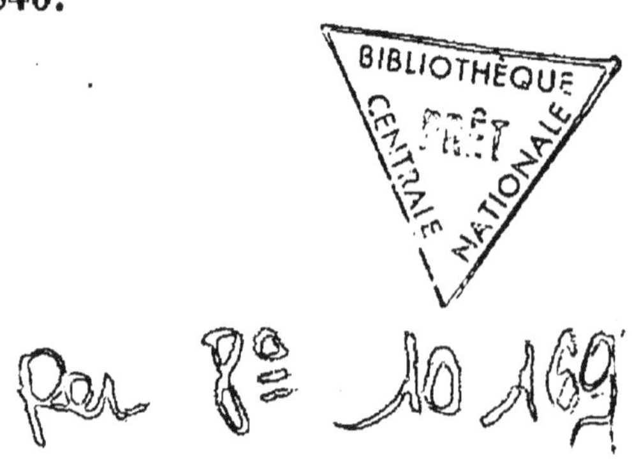

ANNALES
AGRICOLES ET LITTÉRAIRES
de la Dordogne,

JOURNAL DE LA FERME-MODÈLE ET DES COMICES AGRICOLES
DU DÉPARTEMENT,

Publié sous les auspices de la Société d'Agriculture, Sciences et Arts.

PARTIE AGRICOLE.

VUES PRATIQUES SUR LES AMÉLIORATIONS
LES PLUS IMPORTANTES, LES PLUS FACILES ET LES MOINS COÛTEUSES
A INTRODUIRE DANS NOTRE AGRICULTURE,

Par M. DEZEIMERIS, *député de l'arrondissement de Bergerac.*

(Extrait du second Mémoire *.)

Il n'y a pas bien long-temps encore que des agronomes français, revenus d'excursions faites en Angleterre, déclaraient notre agriculture supérieure à celle de nos voisins.

Partis d'un pays où l'on remue autant et plus la terre qu'en

---

* Nous avons publié, dans les *Annales* de l'année 1845, une partie de ces Mémoires, et nous croyons être utile à nos lecteurs en insérant ici la fin de cet excellent travail.

TOME VII.

1

quelque lieu du monde que ce soit, où chaque culture en particulier se pratique aussi bien qu'on puisse la pratiquer ailleurs, d'un pays enfin qui serait riche entre ceux qui le sont le plus, s'il savait aussi bien combiner ensemble ces diverses cultures dans le rapport le plus avantageux qu'il sait les exécuter chacune en particulier, ils n'avaient su comparer que culture à culture, procédé de détail à procédé de détail ; ils avaient tout vu hormis la seule chose qui méritât d'être vue : l'ensemble du système d'exploitation et l'importance relative de chacune de ses branches. Ils revenaient n'ayant pas plus remarqué ce qui faisait le mérite et la richesse de l'agriculture anglaise qu'ils n'avaient remarqué ce qui fait le vice radical de la nôtre. En voyant d'immenses pâtures constamment rasées, et où la dent du mouton trouve seule quelque chose à saisir, et quelques champs de turneps, d'orge, de trèfle et de blé, comme perdus au milieu de cette immensité, ils avaient cru se retrouver dans l'une de ces pauvres contrées de France où de maigres troupeaux cherchent leur vie sur de vastes parcours produisant sans le secours de la main de l'homme le peu d'herbe qu'il plaît au ciel d'y faire pousser, et où l'on distingue comme de rares oasis les terres cultivées et productives qui entourent les bâtimens de la ferme. Ils avaient assimilé, confondu ensemble ce qu'il y a de plus riche en agriculture et ce qu'il y a de plus misérable : des pâtis formés par la nature ou établis par l'homme sur des terrains ruinés et desquels il n'y avait plus rien à tirer, et des pâturages semés sur des terres mises préalablement dans un état parfait de culture et sur lesquelles on prend soin d'accumuler, avant d'y semer de l'herbe, tous les principes de fécondité dont l'art agricole peut disposer.

Si cette manière d'apprécier le mérite et les défauts respectifs des agricultures anglaise et française n'eût été qu'une méprise de quelques hommes, il faudrait la relever et l'oublier ; mais ce fut, pendant un siècle, une erreur de l'opinion publique, et nous aurons long-temps à gémir des conséquences funestes dans lesquelles cette erreur nous entraîna.

Remontons à son origine, et suivons pas à pas le développement du système qui en fut la conséquence.

Vers le dernier tiers du dix-septième siècle, la France et l'Angleterre étaient constituées, au point de vue agricole, à très peu de chose près de la même manière.

L'un et l'autre pays avaient à peu près le quart de leur territoire couvert de forêts et de landes ; plus d'un autre quart en pâtis, communaux ou particuliers, et en prairies naturelles, situées le long des cours d'eau, et dans des vallons frais et humides où la nature indique assez qu'on ne saurait faire plus utilement autre chose que des prés.

Le surplus du domaine agricole, livré à la charrue, était occupé : un tiers par des céréales d'hiver, un tiers par des céréales de printemps, un tiers par la jachère. L'étendue des champs qui produisent l'engrais était à peu de chose près égale des champs qui le consomment ; en d'autres termes, il y avait presque autant de prairies et de pâturages qu'il y avait de terres labourables.

Sous ce régime, le même pour les deux pays, la France, qui contient une étendue proportionnelle de bons sols plus considérable que l'Angleterre, obtenait, en tout genre, des produits plus abondans. Fournissant alors à la Suisse, à la Savoie, à l'Espagne et à l'Angleterre un complément considérable de leurs approvisionnemens, la France, dont le produit en froment s'élevait au milieu du dix-septième siècle à 90,000,000 d'hectolitres, était regardée comme le grenier principal de l'Europe.

Moins peuplée alors proportionnellement à son étendue,

l'Angleterre ne recueillait point habituellement assez de blé pour se nourrir. Les brusques et énormes variations, dans les prix des grains, l'extrême inégalité de leur abondance selon les conditions variées des saisons, suffisent pour caractériser un état peu avancé de l'art agricole, et l'histoire de nos voisins présente, en ce temps, bien plus que la nôtre, de fréquens exemples de ces fâcheuses révolutions qui tour à tour découragent l'agriculteur par la vileté du prix des céréales, ou désespèrent le peuple par la cherté des denrées de première nécessité. C'étaient les contrées du nord, par la mer Baltique, c'était la France, pour une portion assez considérable, qui fournissaient à l'Angleterre le complément de son approvisionnement en grains.

Voilà la situation respective que la nature avait assignée aux deux pays dans l'échelle de la richesse, et celle qu'ils auraient conservée s'ils eussent également connu les ressources qu'elle leur avaient départies. Mais les Anglais furent habiles, et les Français cédèrent à un entraînement aveugle qui les poussa dans une voie ruineuse.

Précisons les faits :

Le blé étant l'article de commerce le plus important que la France pût offrir à ses voisins, pour s'en procurer une plus grande quantité on se mit à défricher les champs de pâture qui étaient le moins productifs, et on les ensemença en céréales. On y obtint, sans engrais, et pendant plusieurs années consécutives, de belles récoltes, car nul terrain n'est plus fertile que celui qui a été long-temps gazonné. Succès funeste ! appât dangereux ! Tentée par ce moyen facile de recueillir les trésors accumulés dans le sol durant des siècles, sous les débris des végétations qui l'avaient couvert et sous l'engrais qu'y avaient déposé de longue date les animaux qui s'y étaient nourris, la cupidité se jeta avec ardeur dans l'exploitation de cette mine de richesses. Après avoir rompu les friches les moins herbeuses, on s'attaqua aux pelouses mieux gazonnées, puis aux pacages et aux prés secs. Vainement quelques hommes prévoyans reconnurent que c'était s'attaquer au principe même de la fertilité des terres, et essayèrent d'arrêter cette sorte de vandalisme ; vainement l'illustre Vauban appelait sur un sujet aussi grave l'attention des hommes d'état. « Il y a long-temps, disait-il au commencement du dix-huitième siècle, qu'on s'est aperçu que les biens de campagne rendent un tiers de moins qu'ils ne rendaient il y a 30 ou 40 ans ; mais peu de personnes ont pris la peine d'examiner à fond quelles sont les causes de cette diminution, qui se fera sentir de plus en plus si on n'y apporte le remède convenable. » La nature du mal ne fut point reconnue, et l'on continua le régime de culture et d'économie par les premiers résultats duquel on s'était laissé séduire. Complice de cette grande faute, le gouvernement lui-même ne cessait de recommander toutes sortes de défrichemens, d'y encourager par des primes et des exemptions, d'y contraindre même par des injonctions arbitraires et en violentant quelquefois le droit de la propriété. Tous les prés non fauchables furent rompus, même sur des terrains en pente qu'un gazon épais et ancien pouvait seul soutenir. On en vint jusqu'à abattre et défricher les bois qui couvraient le revers des montagnes, et ce ne fut qu'après l'éboulement des terres, en voyant le rocher mis à nu, qu'on reconnut le mal qu'on avait fait. On ne s'arrêta que lorsqu'il ne resta plus que de mauvaises landes pour pacages, et juste assez de prairies pour nourrir parcimonieusement les attelages nécessaires à l'exécution de l'immense quantité de travaux qu'on venait de se créer. Les quatre cinquièmes du domaine agricole, et, en beaucoup de contrées, les sept huitièmes ou même les neuf dixièmes étaient maintenant en terres labourables.

La France, dont le produit en froment avait été, au milieu du dix-septième siècle, de 90 millions d'hectolitres, voyait tomber ce produit à 60 millions au milieu du dix-huitième siècle, et elle arrivait à ce résultat après avoir passé à travers les chertés de 1713, 1723, 1724, 1725, 1726 et 1729, les disettes de 1740 et 1741, et la famine de 1709. De 1715 à 1745, l'Angleterre seule nous avait fourni pour 200 millions de froment, et nous avions dû en tirer beaucoup plus de la Sicile et de la côte de Barbarie. A l'époque où Necker écrivait son ouvrage sur la législation et le commerce des grains (1775), bien que l'usage des prairies artificielles commençât dès-lors à se répandre, le chiffre moyen des exportations de la France n'était que de 750,000 hectolitres, quantité représentant à peine un excédant d'approvisionnement de quatre jours au delà des besoins de l'année, excédant fort insuffisant pour rassurer le pays contre les chances de la disette et les grandes variations dans les prix.

On voit à quoi avait abouti ce système, qui consistait à sacrifier le pâturage au labourage, et toute autre production à la production du blé; sous ce rapport, la force des choses avait conduit l'agriculteur à un résultat contraire à celui qu'il s'était promis d'atteindre. Mais cette espérance déçue n'était que le moindre des maux que son aveuglement avait appelés sur notre pays. La liste en serait longue et le détail pénible; nous n'en indiquerons que les principaux.

Après avoir donné trois, quatre ou cinq récoltes successives de céréales, les terrains défrichés se trouvaient ramenés par épuisement à l'état des anciennes terres labourables, et ils étaient condamnés dès-lors à ne plus donner de produits qu'à la condition de recevoir des engrais et de jouir du repos de la jachère au moins une fois en trois ans. On se trouvait donc avec un tiers de jachères de plus et deux tiers de pâturages de moins ; un tiers de plus de l'espèce de terrain qui exige le plus de travaux et ne donne rien, deux tiers de moins de l'espèce de champs qui peut donner le plus de produits et exige le moins de frais ; c'était beaucoup de peine gagnée en échange de beaucoup de bénéfices perdus. Pour conserver le degré de fécondité qu'elles avaient avant les défrichemens, les terres labourables, augmentées maintenant d'un tiers, auraient exigé un tiers d'engrais de plus qu'autrefois ; or, on en avait deux tiers de moins, puisque avec les pâtures avait disparu nécessairement le bétail qui s'y nourrissait. Et ce n'est pas seulement d'engrais qu'on se trouvait alors privé ; en même temps que la viande manquait à la consommation, les laines, les peaux, le suif, la corne, les os manquaient au commerce et à l'industrie.

Considérons maintenant chez les Anglais le développement et les résultats du système contraire. Redisons encore une fois qu'en Angleterre comme en France, au dix-septième siècle, l'étendue des champs qui produisent l'engrais était à peu près égale à celle des champs qui le consomment, ou, en d'autres termes, qu'il y avait presque autant de prairies et de pâturages que de terres labourables. Frappés de l'insuffisance des engrais produits dans l'organisation agronomique de cette époque, insuffisance qui mettait dans la nécessité de laisser chaque année un tiers des terres labourables en jachère ; voyant, d'ailleurs, que les terres ne rapportent au delà des frais qu'elles coûtent ou ne donnent de produit net qu'en raison des engrais qu'elles reçoivent, les Anglais reconnurent la nécessité d'augmenter le bétail, par conséquent d'étendre les prairies et pâturages, ou les cultures fourragères, en restreignant les cultures épuisantes. Au lieu d'ensemencer en céréales les deux tiers des terres labourables, la moitié seulement de ces terres furent emblavées; tout le reste fut ensemensé en herbes ou en racines fourragères. Ce changement doublait la portion du domaine consacrée à nourrir du bétail, et faisait plus que doubler la masse des produits destinés à cet usage. Bien que l'énorme quantité d'engrais obtenus en conséquence de cet accroissement du bétail semblât permettre à l'agriculteur anglais de s'en montrer prodigue, il s'attacha, au contraire, à découvrir et à fixer les vrais principes de l'économie de cette matière précieuse. Au lieu de jeter ses fumiers sur la sole de blé et de s'empresser d'épuiser le terrain par deux récoltes successives de céréales, ce qui est retirer d'une main ce qu'on donne de l'autre, il posa pour précepte de n'appliquer les engrais qu'à des récoltes qui les reproduisent et les multiplient, à des récoltes que le bétail consomme et qu'il restitue au sol en les doublant.

Ces préceptes, qui semblaient ne viser qu'à l'augmentation du bétail, n'avaient pas seulement maintenu le taux ancien des récoltes en céréales, quoique le champ de leur culture fût réduit d'un sixième; en en semant beaucoup moins, on se trouvait en recueillir une plus grande quantité. Cet avantage, joint à tous les avantages directs qu'on devine être la conséquence de l'augmentation du bétail, durent vivement engager le cultivateur anglais à s'avancer de plus en plus dans la voie qu'il venait de s'ouvrir. Une partie des terres labourables furent transformées en pâturages permanens; non pas, comme il arrive dans les contrées les plus mal cultivées de la France, après avoir été épuisées par des récoltes successives de céréales, mais après avoir été élevées, au contraire, à un haut degré de fécondité par des fumures répétées.

En Angleterre, aussi, on se mit à pratiquer des défriche-

tiéns; mais ce ne fut point pour agrandir le champ des cultures épuisantes; ce fut encore, et toujours, pour augmenter
l'étendue du domaine consacré au bétail. Les landes, qui ne
rapportaient rien, les forêts, dont les produits croissent trop
lentement pour donner de grands revenus, disparurent pour
faire place à des pâturages, peu productifs aux yeux des
cultivateurs exclusifs du blé, mais en réalité d'un revenu
considérable, parce que les récoltes, peu abondantes en apparence à un moment donné, y renaissent sans cesse sous la
dent du mouton qui les recueille.

Les quatre cinquièmes du domaine agricole se trouvaient
enfin en prairies ou pâturages, ou en cultures fourragères;
tous ces champs étaient fertilisés au moyen des eaux, des
marnes, des glaises, des composts, des fumiers, du pacage.
Aux masses de produits qu'ils fournissaient s'ajoutaient les
pailles, dont la plus grande partie, considérée comme trop
précieuse pour faire des litières, formait la base de la nourriture du bétail pendant l'hiver. Avec de tels approvisionnemens, on avait pu *quintupler le capital agricole vivant*. Ayant
reconnu l'énorme profit qu'il y avait à tuer les animaux aussitôt qu'ils avaient pris toute leur croissance, puisque avec
une quantité donnée de nourriture on en entretient quatre
fois plus jusqu'à l'âge de trois ans qu'on en entretiendrait
jusqu'à l'âge de dix ans, on s'était attaché à créer des races
précoces qu'on engraisse de très bonne heure, et qu'on ne
laisse vivre que jusqu'à trois ans, ce qui permet de livrer
chaque année à la consommation près du tiers de toutes les
existences. De là un accroissement prodigieux dans la quantité des matières premières qui servent à alimenter les branches principales des manufactures et de l'industrie.

Mais ici se révèle un fait, ou plutôt un grand principe
économique que les Anglais ont mis à profit dans une cer-

taine mesure, mais dont cette nation ni aucune autre n'a encore tiré toutes les conséquences, et qui promet à ceux qui en comprendront toute la portée d'immenses profits à réaliser : c'est le principe de la précocité ou de la rapidité de développement et de la multiplication corrélative des produits.

Un veau prend un accroissement plus rapide depuis le moment de sa naissance jusqu'à l'âge d'un an que d'un an à deux, plus rapide d'un an à deux que de deux à trois, de deux à trois que de trois à quatre, et ainsi de suite ; mais surtout il en coûte beaucoup moins de fourrages pour lui procurer un accroissement de valeur de 50 francs de six mois à un an que de dix-huit mois à deux ans, et incomparablement moins que de trente mois à trois ans.

De l'âge de six mois à un an, l'animal consomme en moyenne 3 kilogrammes et demi de foin par jour ; en six mois, 637 kilogrammes.

D'un an à deux ans, il consomme par jour, en moyenne, 7 kilogr. ; en un an, 2,555 kilogr.

De deux ans à trois ans, il consomme par jour, en moyenne, 10 kilogrammes et demi ; en un an, 3,832 kilogr. et demi.

Un bœuf de six à sept ans consomme dans l'année environ 5,620 kilogr.

Si l'animal, choisi de bonne race, vaut 100 fr. à six mois, il vaudra 150 fr. à un an, 225 fr. à deux ans, 275 fr. à trois ans : par conséquent, l'accroissement de sa valeur paiera le foin consommé par lui près de 8 fr. le quintal métrique dans la première période (de six mois à un an), moins de 2 fr. 94 c. dans la deuxième période (d'un an à deux), un peu plus de 1 fr. 30 c. dans la troisième (de deux ans à trois).

Un animal gardé de l'âge de six mois à l'âge de trois ans consomme, en deux ans et demi, 7,024 kilogr. et demi ; ou, par an, en moyenne, 2,810 kilogr.; il paie le foin un peu plus de 2 fr. 40 c. le quintal métrique.

Trente-huit quintaux métriques de fourrage consommés par un bœuf de deux à trois ans sont payés 50 fr.; consommés par six veaux de l'âge de six mois à un an, ils seront payés 300 fr. au lieu de 50 fr.

Il n'est pas inutile de faire remarquer que l'accroissement rapide de valeur que nous attribuons ici aux jeunes animaux est entièrement subordonné à la condition qu'ils soient toujours très bien nourris de bons fourrages, et à la ration que nous avons indiquée plus haut. Nous préviendrons en même temps que cette ration, ainsi que le prix des animaux aux divers âges, sont calculés d'après les besoins et la valeur du bétail de la race garonnaise, qui est celui que nous entretenons sur notre exploitation; mais, à quelque race qu'on applique ces principes, et quels que soient les chiffres qu'on substitue à ceux que nous fournit notre expérience, les rapports proportionnels resteront toujours les mêmes.

Quand on a énormément de terres à labourer, comme dans une grande partie de la France, les prairies naturelles et le peu de fourrages qu'on cultive suffisent à peine à nourrir les animaux nécessaires pour l'exécution des travaux. Ces attelages sont des animaux adultes, de ceux par conséquent qui consomment le plus. Avec de grandes masses de foin ou fourrage, on n'en peut entretenir qu'un petit nombre.

Si l'on avait, au contraire, beaucoup moins de terres à labourer et beaucoup plus de prairies naturelles ou artificielles, on n'aurait besoin que d'un petit nombre d'animaux de travail, et l'on pourrait entretenir une grande quantité d'animaux de rente.

Soit un domaine de 150 hectares de terres labourables, ayant 20 hectares de prés, pour nourrir les dix attelages de bœufs qui l'exploitent. Ces animaux étant achetés à l'âge de trois ans et gardés jusqu'à huit, il y en a tous les ans deux paires à réformer et à livrer à la boucherie.

Supposez qu'un dixième du domaine soit soustrait à la charrue ; un des attelages deviendra inutile, et la quantité de nourriture qui servait à son entretien permettra de le remplacer par quatre animaux gardés de l'âge de six mois à trois ans, ou par six animaux qu'on ne garderait que jusqu'à l'âge de deux ans. Mais si ce dixième du domaine, ou ces 15 hectares pris sur les terres labourables, étaient mis en prairies artificielles permanentes ; luzerne ou sainfoin, leur produit permettrait d'entretenir ou *quinze* bœufs adultes de plus, ou *trente* animaux de l'âge de six mois à trois ans, ou *quarante-cinq* de l'âge de six mois à deux ans.

Si des 125 hectares restans de terres labourables la moitié était occupée annuellement par des céréales et l'autre moitié par des fourrages de toute sorte, on y trouverait le moyen de nourrir ou une *soixantaine* de bœufs adultes de plus, ou *cent vingt* animaux élevés jusqu'à trois ans, ou *cent quatre-vingts* gardés seulement jusqu'à deux ans.

Et si l'on prenait, comme en Angleterre, l'habitude de livrer les bœufs à la boucherie dès l'âge de deux ans et demi à trois ans, si l'on substituait aux animaux qui consomment beaucoup et ne croissent plus les animaux qui consomment très peu et croissent rapidement, on voit l'énorme quantité de viande qu'on serait en mesure de fournir à la consommation, et la prodigieuse quantité de suif, de peaux, de cornes et d'os qu'on pourrait livrer à l'industrie.

Ainsi, avec le système agricole de la France, qui ne consacre aux cultures fourragères que le *quart* ou le *cinquième* du territoire cultivable, le bétail ne donne presque aucun revenu ; avec le système anglais, tenant les *trois quarts* ou les *quatre cinquièmes* des terres en pâturages , le bétail est le plus riche de tous les produits.

Tout cela était si peu connu , ou si peu compris, qu'au mois de juin 1841 , à la tribune de la chambre des pairs , M. le ministre de l'agriculture , organe fidèle des opinions reçues, comparant le poids des animaux de boucherie en France et en Angleterre , attribuait la supériorité de ceux de nos voisins à cette circonstance qu'on n'employait en France qu'une année à l'engraissement d'un bœuf, tandis qu'on prolongeait cette opération en Angleterre durant trois années. N'est-ce pas là une bien étrange contre-vérité? Ainsi, bien loin de remarquer la prodigieuse, l'incommensurable distance qui sépare , sous le rapport des produits , l'économie du bétail qui ne laisse vivre les animaux que durant la période de leur existence où ils consomment très peu et croissent très rapidement , et celle qui se met dans la nécessité de les conserver tout le temps qu'ils sont propres au travail , lequel est précisément celui où ils consomment le plus et croissent le moins ; bien loin , disons-nous , de comprendre cette immense différence , on ne trouvait pas même à propos de se rappeler que l'âge ordinaire des animaux livrés à la boucherie est de trente mois à trois ans en Angleterre , et de huit à neuf ans en France.

Et le maintien de la perception du droit par tête à l'entrée des villes , véritable prime donnée aux animaux de très grand volume, et par conséquent aux *vieux* animaux, ne prouve-t-il pas que l'opinion anti-agricole que nous combattons est encore l'opinion commune? Une autre preuve qu'on persiste dans les mêmes erreurs, c'est l'intention plusieurs fois annoncée par l'administration, mais jusqu'ici heureusement réprimée par les chambres, d'appliquer, à la frontière , la perception du droit au poids , et de faire jouir les étrangers des avantages et des encouragemens qu'on nous refuse à nous-mêmes.

Mais ce n'est point seulement dans l'économie du bétail à cornes que l'application du principe de la précocité et de la rapidité de développement peut donner les résultats prodigieux qu'en a obtenus l'Angleterre, et de plus merveilleux encore; pour celui qui entretient des bêtes à laine, non pas seulement comme machines à toison, mais aussi comme machines à viande, la différence n'est pas moindre de les garder jusqu'à *cinq* ou *six* ans, ou seulement jusqu'à *deux*. Dans la race porcine, quelle différence n'y a-t-il pas entre les bénéfices qu'on peut tirer d'animaux prenant leur développement et prenant graisse dans le cours de leur *première* année, ou d'animaux de race tardive exigeant *deux ans* ou plus pour se développer, et ne s'engraissant bien qu'à cet âge!

N'y a-t-il pas cent pour cent de bénéfices de plus pour la fermière qui ne garde ses poulets que *trois mois* et les engraisse alors, que pour celle qui les laisse vivre jusqu'à *six*; pour celle qui réforme ses poules pondeuses peu après *trois ans*, époque de leur plus grande fécondité, que pour celle qui les laisse vieillir jusqu'à *six* ou *sept*, âge où leur fécondité diminuée ne paie plus le quart de la valeur de ce qu'elles consomment?

Et ce n'est pas seulement au règne animal que ce grand principe économique trouve son application. En recherchant dans les végétaux ce même caractère de précocité ou de développement hâtif, nous avons pu faire choix, pour nourrir le bétail, de plantes qui nous procurent non pas *un* fourrage par an, comme c'est l'ordinaire, mais *trois* et jusqu'à *quatre* fourrages successifs dans le cours d'une année. C'est d'après ce même principe que les Anglais, ayant reconnu que le ray-grass qui vient d'être tondu acquiert avec une *extrême rapi-*

dité un pouce de longueur, *assez rapidement encore un second pouce,* puis *plus lentement un troisième pouce,* et, successivement, *de plus en plus lentement chaque pouce qui suivrait le troisième,* ont adopté ce système admirablement calculé qui consiste à livrer, au printemps, leurs pâturages aux jeunes bœufs dont il s'agit d'achever l'engraissement, et à les charger ensuite de moutons de dix jours en dix jours ou à peu près tout le long de l'année, pour les raser à fond et les laisser successivement recroître *à la longueur de quelques pouces.* On y nourrit ainsi deux ou trois fois plus d'animaux qu'on n'en pourrait entretenir avec une ou deux coupes de de foin que fourniraient les mêmes prairies traitées à la manière ordinaire.

Prévenons ici et réduisons à sa valeur une objection qu'on ne manquera pas de nous faire. C'est la nature, dira-t-on, qui a fait de l'Angleterre un pays à bétail et qui nous prescrit à nous d'être un pays à céréales. Une atmosphère brumeuse, des pluies rarement excessives, mais distribuées avec modération dans toutes les saisons de l'année, font de la Grande-Bretagne un pays d'herbes par excellence. L'observation est juste et serait sans réplique si l'on ne pouvait nourrir le bétail qu'à la manière anglaise, avec des turneps et des pâturages de ray-grass. C'est bien ce qu'ont tenté de faire plus d'une fois de maladroits imitateurs, qui ne savent que calquer mécaniquement un système au lieu d'appliquer un principe en l'accommodant aux circonstances ; et il est vrai que, hors de quelques localités heureusement situées, ils devaient partout échouer en France. Mais si notre pays n'est point, en général, un pays à pâturages, c'est un pays où réussissent parfaitement, selon les localités, le trèfle, le sainfoin, la luzerne, le farouch et beaucoup d'autres fourrages, où réussissent en particulier beaucoup de plantes fourragéres à développement trés rapide , au moyen desquelles on peut aisément entretenir , sur un espace donné , ainsi que notre expérience personnelle le constate ; autant de bétail qu'en entretiennent les contrées les plus favorisées de l'Angleterre.

NOURRITURE DU BÉTAIL.

Suivant les expériences long-temps soutenues de M. Riedesel , les principes suivans peuvent passer pour incontestables :

1° Le bétail à corne exige 1/60e de son poids pour la ration d'entretien, *sans produit,* ou 830 grammes de foin ou d'équivalent par 50 kilog. de poids vivant ;

2° La ration de production est la même. Réunie à celle d'entretien, elles doivent être le 30e du poids vivant, ou de 1 kilog. 666 grammes par 50 kilog. de poids vivant ;

3° Le bétail exige encore 4/30es de son poids d'eau , ou de tout autre liquide contenu dans les alimens (1) ;

4° La ration d'entretien ne paie jamais sa valeur ; tout au plus un fumier rare et maigre peut-il venir en déduction.

La ration de production, seule paie la valeur des deux réunies par le lait, la croissance ou la graisse obtenus, indépendamment d'un fumier abondant et riche. En effet, 1 kil. de foin de ration de production donne 1 litre de lait, ou 22 grammes d'accroissement du fœtus, ou 100 grammes du poids de l'animal élevé ou engraissé (2) ;

(1) Nécessité des buvées chaudes ou dégourdies pour le bon entretien du bétail pendant l'hiver, surtout pour les vaches laitières qu'elles excitent à boire ; tandis que l'eau glacée, prise à la mare, est bue en trop faible quantité et produit souvent des avortemens.

(2) A 50 fr. les 1,000 kilog. de foin, c'est 5 cent. le kilog. ; or , 5 cent. pour l'entretien et 5 cent. pour la production font 10 cent., prix moyen, en effet, du litre de lait. 10 kilog. de foin d'entretien et 10 kil. de foin de production font 20 kilog. , dont le prix est 1 fr. , produisant 1 kilog. de viande à 1 fr.

5° La ration de production ne donne cependant le poids du lait correspondant, indiqué ci-dessus, que dans les vaches non pleines ; car il faut déduire, pour celles qui le sont, la quantité nécessaire à l'entretien du fœtus ; savoir : 5 kil. pour chaque 500 grammes du poids du veau à sa naissance ;

6° Ce veau pèse, en moyenne, le dixième du poids de sa mère : 5 kil. pour chaque 50 kil. de celle-ci, lesquels ont absorbé 50 kilog. de la ration de production de la mère ;

7° Il faut donc à une vache 600 kil. de foin par an, pour chaque 50 kil. de son poids, ou douze fois autant qu'elle pèse vivante.

Des 300 kil. (paragraphe 6) attribués au veau, il reste 250 kil. qui doivent produire un poids égal de lait, ou cinq fois autant que le poids total de la vache ; lait qui n'est pas également réparti sur tous les jours de l'année, mais qui décroît progressivement après les quatre semaines qui suivent le vêlage, pendant lesquelles il est égal à 3 1/3 pour 100 du poids de la vache, précisément autant que cette vache doit recevoir de foin par jour dans l'année.

M. Félix Villeroy, en consignant ces principes dans son *Manuel de l'Eleveur des bêtes à cornes*, leur a donné tout le poids de son autorité. M. Boussingault est arrivé à peu près aux mêmes résultats dans ses expériences à Bechelbronn.

M. de Weckherling, directeur de l'institut royal de Hohenheim (1), ayant fait des recherches analogues sur les rations d'entretien et de production des moutons, a trouvé que la ration d'entretien, à 1/60ᵉ du poids de l'animal, était celle nécessaire pour le maintenir dans un état stationnaire sans aucun accroissement de laine ou d'autre produit. La

(1) Extrait du n° 6 des publications agricoles d'un membre du comice de Schiltigheim.

ration à 1/45ᵉ maintient l'animal en condition convenable, et la laine se développe. Celle à 1/30ᵉ augmente la viande et la laine ; et le fourrage rend d'autant plus en viande et en graisse, que l'on dépasse davantage cette ration ; que la race des moutons est plus forte et le bétail plus jeune. Cependant les animaux mis en expérience n'ont jamais pu consommer au-delà de 1/25ᵉ de leur poids, et l'influence de ce surcroît de ration est nulle sur la production de la laine.

Que penser maintenant de la parcimonie qui préside à la nourriture du bétail dans plusieurs étables, ou de la prolongation de l'engraissement par des rations insuffisantes dont la plus forte portion, destinée à l'entretien, reste impayée ? Réduisez plutôt votre bétail et nourrissez bien ce qui restera ; le fourrage qui lui sera donné se trouvera vendu plus cher qu'au marché, puisque le fumier produit accroîtra le bénéfice par l'augmentation de la prospérité de l'ensemble de l'exploitation.

Nous avons parlé plus haut (paragraphe 1) des équivalens du bon foin ; il faut donc les faire apprécier au moins approximativement.

Toutes les substances employées à l'alimentation contiennent du carbone, de l'azote, des sels fixes, des matières grasses dans des proportions diverses et qu'il est utile de connaître pour faire un emploi judicieux des unes et des autres ; car une ration alimentaire peut être insuffisante si les principes azotés ou si le carbonne n'y sont point en quantité capable de réparer les pertes de ceux éliminés par l'organisme. Il en est de même des principes salins, principalement des phosphates nécessaires à la formation et à l'entretien des os, et des matières grasses, dont le lait et les autres excrétions enlèvent une portion notable soit aux alimens, soit à l'organisme.

Les nombreuses analyses de M. Boussingault, soutenues d'expériences pratiques réitérées, ont jeté un grand jour sur cette matière; et quoique le débat entre notre savant collègue et M. Persoz, sur l'origine de la formation de la graisse dans les animaux, ne soit pas entièrement vidé, comme nous croyons que l'engraissement est d'autant plus facile et plus prompt que les substances consommées sont plus riches en matières grasses, nous donnerons les tableaux de la richesse approximative (1) des substances employées le plus ordinairement comme suppléant de foin, comparée à celle de ce même foin sous les rapports de l'azote, des phosphates et de la graisse.

Dans les pays, même les plus avancés, où la production des fourrages est abondante, il y a beaucoup de végétaux et de résidus perdus pour la nourriture d'hiver; ainsi, les fanes de pommes de terre, les feuilles de betteraves, les pulpes dans les localités où se fabriquent le sucre indigène et la fécule de pommes de terre.

Sur certains points, les fourrages sont à un prix très élevé, tandis que sur d'autres ils sont à vil prix; ainsi, il y a des villes où le foin se paie jusqu'à 14 fr. les 100 kilogrammes, tandis que dans d'autres il ne dépasse pas 2 et 3 francs, et cette différence vient de la difficulté de transporter à bon marché une marchandise naturellement encombrante.

Utiliser les végétaux de toute nature aujourd'hui perdus pour l'alimentation du bétail, ceux-mêmes auxquels on n'avait pas songé jusqu'ici pour cet emploi; enlever, dans certains cas, l'eau qu'ils contiennent; les rendre ainsi inaltéra-

(1) La nature des sols divers, la température de l'année exercent, en effet, une grande influence sur les proportions de cette richesse.

bles et d'une conservation assurée.; en réduire le volume de manière à les rendre transportables à de grandes distances; les transformer sous forme de corps durs, mais très friables, en substances alimentaires appropriées dans certaines conditions à la nourriture du cheval, des bêtes à cornes et de tous les animaux ; combiner les principes nutritifs qui se trouvent dans chacune de ces plantes, de manière à pouvoir toujours donner une nourriture contenant les élémens nécessaires à une bonne alimentation, tel est le problème qu'on dit aujourd'hui résolu au grand avantage de l'agriculture, à laquelle cette nouvelle découverte va désormais permettre d'avoir plus d'animaux et de faire plus d'engrais, double résultat sans lequel il n'y a pas d'amélioration possible dans l'industrie agricole.

Par des moyens aussi simples que certains, les feuilles de toute nature, les ajoncs, les bruyères, les herbes des marais et même les plantes marines, les pulpes et les fanes de pommes de terre, les feuilles et les résidus des betteraves sont convertis sans altération en une nourriture propre aux animaux et peuvent former la provision d'hiver du cultivateur.

A distance convenable de nos côtes, les plantes marines devront être utilisées; dans les pays de marais, une foule de plantes aujourd'hui délaissées par les animaux seront appropriées à leur alimentation ; dans le centre de la France et dans les départemens de l'ouest, de vastes étendues de landes, qui ne fournissent aujourd'hui à de rares et chétifs animaux qu'un pacage insuffisant et presque toujours dangereux, deviendront le principe d'une alimentation parfaite, précisément dans la saison d'hiver, pendant laquelle les animaux, retenus à l'étable, peuvent fournir une grande quantité d'engrais; dans les pays plus riches, où la pomme de terre et la betterave sont cultivées en grand, on pourra utiliser les feuilles et les

pulpes de ces plantes, aujourd'hui presque entièrement perdues ; dans les villes, où le transport du foin est presque toujours coûteux , on pourra fournir la ration du cheval par des
mélanges représentant le foin , l'avoine et le son.

Enfin, il n'y a pas de substances végétales, aujourd'hui
sans emploi , qui ne puissent être transformées en substances
propres à l'alimentation des animaux et susceptibles d'être
transportées à peu de frais et conservées intactes comme le
foin le plus sec.

Tels sont les détails publiés dans l'*Echo agricole* par un correspondant de ce journal. L'auteur de cette importante découverte est M. Valmor, dont le nom est déjà connu par les
services qu'il a rendus à l'industrie agricole , et notamment par les engrais-tourteaux , qu'il fabrique à merveille
avec les vidanges de cette ville, qu'on jetait précédemment à
la mer.

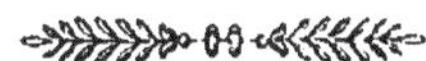

FERME-MODÈLE DE VERN.

RAPPORT fait au comice, le 14 septembre 1845, jour de la distribution
des primes, par le gérant, au nom de la commission d'inspection.

Messieurs, la récolte des céréales étant la seule faite, j'ai
seulement à vous dire , pour le moment, que quoiqu'un peu
moindre de celle de l'année dernière, les fromens, dans les
quatre domaines réunis, ont cependant donné neuf et demi
pour un de semence.

Les avoines qui, dans deux des domaines, ne se trouvant
pas exposées au nord, n'avaient que peu souffert des gelées,
ont donné quinze et dix-huit pour un.

A celles des deux autres domaines, gelées en grande partie, ont été substitués des maïs ; fourrages et autres, qui sont

actuellement remplacés par des fourrages annuels, afin que les produits destinés aux bestiaux ne soient pas diminués.

Nous ne pourrons que plus tard vous énumérer les autres revenus de la ferme, et, comme chaque année, vous en faire connaître le produit, déduction faite de l'intérêt des sommes employées en réparations.

Nous devons vous dire aussi, messieurs, que les réparations qui ont été faites depuis l'an dernier, dans les deuxième, troisième et surtout quatrième domaines, sont toujours, comme les années précédentes, des mouvemens de pierres, de terres, et des défoncemens.

Comme ces travaux ne pourront être achevés que l'an prochain, ce ne sera qu'alors que nous serons à même de pouvoir vous en faire connaître la dépense, et que nous pourrons vous dire exactement si elle a dépassé nos prévisions.

Le changement d'assolement dont il fut question l'an dernier a été opéré par le retranchement de la cinquième partie de chacune des quatre soles existantes, pour en former une cinquième que nous appelons légumineuse.

Comme avec l'assolement quadriennal ; la même nature de culture a été conservée en pièce autant que possible ; en sorte que les quatre exploitations ne paraissent en être qu'une seule.

En outre des motifs que nous faisions valoir pour appuyer le nouvel assolement, nous vous disions l'an dernier, messieurs, que nos fourrages ne seraient pas diminués ; plus convaincu que jamais du grand principe (si bien développé par un de nos honorables députés) que toute l'agriculture est dans la grande abondance des fourrages que l'on cultive, nous tenons à vous faire voir, par l'énumération suivante, que cette culture, vu les circonstances où nous nous trouvons à l'égard des colons, a toute l'extension possible, et qu'elle nous mettra à même d'avoir toujours au moins une tête de gros bétail par hectare de terres arables.

Voici, relativement à leur étendue, ce que nous avons de fourrage :

1° La sole en prairies artificielles, qui est de ... 4/20mes

2° La moitié de la sole légumineuse en fourrages annuels, qui est de. 2/20

3° Le quart de la sole des plantes sarclées,
destiné aux pommes de terre, qui sera d'abord
mis en farouche ou autres fourrages annuels
qui pourront être enlevés de bonne heure, égale ... 1/20

____

Total. . . . . 7/20mes

Les trois autres quarts de cette dernière sole en maïs
servent encore à la nourriture des bestiaux, de même que
la très grande partie des pailles des deux autres soles, les
bruyères servent à faire litière dans les étables ; en sorte
qu'en outre des sept vingtièmes de toutes les terres mises en
fourrages, celles réservées pour les céréales porteront encore
leur tribut aux bestiaux, qui, en retour, les pourvoiront de
copieux engrais, quoiqu'une partie de ces derniers puisse être
réservée pour les prairies naturelles, dont l'augmentation de
produits viendra encore accroître les fourrages.

A l'avantage de cet accroissement de fourrages, et à tous
ceux énumérés dans notre précédent rapport, nous devons
encore en ajouter un, celui de pouvoir quelquefois substituer
à l'avoine le froment avec les semis de trèfle ou sainfoin.

Les labours, hersages et roulages prépareront nos terres
de manière à les préserver souvent des limaces, qui sont le
plus grand ennemi de nos fourrages naissans.

Messieurs, les primes que vous avez adjugées cette année
à plusieurs de nos collègues ne sont pas seulement dues à de
beaux fourrages : elles leur sont acquises à tous par les ef-

forts et les sacrifices qu'ils ont faits depuis trois ans pour espérer un changement d'assolement.

Chez plusieurs, l'entreprise a été couronnée d'un grand succès. M. Deveaux-Bidon, l'un d'eux, ne doit qu'à beaucoup de sagacité, une grande activité et des efforts incroyables, les prodigieux résultats qu'il a obtenus sur sa propriété de Pouslande : en moins de trois années, plusieurs hectares de terres à peu près incultes, de terrains en bois ou en friches, ont été transformés en d'immenses et magnifiques prairies artificielles, en beaux seigles, sur trèfles; en froment et en récoltes sarclées, sur de bons labours. Dans un espace de temps aussi court, les revenus de cette propriété, qui passait pour être de mauvaise nature, ont été plus que quadruplés.

Quelques personnes néanmoins méconnaîtront peut-être le mérite de notre collègue, en pensant que ses succès sont tout naturellement dus à la grande quantité d'engrais que sa position particulière l'a mis à même de pouvoir employer, et aux frais énormes qu'il a faits.

Pour nous, ignorant, comme le public, ses déboursés, qui sont sans doute fort considérables, et quoique pensant, comme ses détracteurs, qu'une grande masse d'engrais lui a été en aide, qu'elle a même été et qu'elle est attachée à sa position, nous sommes loin de croire que tout autre eût aussi bien fait à sa place, et nous louons et apprécions beaucoup les succès qu'il a obtenus, parce que nous pensons avec conviction qu'ils peuvent être de la plus grande utilité à notre agriculture.

Les succès obtenus aussi par un de nos autres collègues, M. Deschamp, sont très remarquables : il a travaillé dans les terrains les plus pénibles et nous pouvons dire des plus ingrats. S'il a obtenu de belles récoltes, il ne les doit, vous le savez, qu'à la vigilante opiniâtreté qui lui a fait vaincre tous les obstacles.

Deux autres de nos collègues, MM. Allemandou et Trarieux, se distinguent encore, dans l'assolement quadriennal, par les assolemens qu'ils ont faits et les beaux fourrages qu'ils ont obtenus, malgré les contrariétés et les oppositions qu'ils ont éprouvées de la part de leurs colons, et nonobstant les soins assidus donnés à l'humanité souffrante, qui les ont si souvent arrachés de leurs occupations agricoles.

Un cinquième collègue, M. de Teyre, qui a soumis un de ses domaines à la nouvelle culture, a été forcé de renoncer au concours des primes pour cette année, vu l'abandon de ses travaux par le métayer avec lequel il avait traité.

Messieurs, les travaux de nos collègues, qui vont être si justement primés, viennent, cette année, grandement en aide à ceux de votre ferme-modèle. Ces travaux, bien exécutés dans différentes parties du canton sur leurs formes expérimentales; les abondans et beaux fourrages qu'ils ont fait surgir de leurs terres et parfois de leurs friches ou bruyères, feront apprécier les engrais par nos agriculteurs. Cette appréciation, conduisant tout naturellement au désir de multiplier les bestiaux, leur fera sentir la nécessité, pour se procurer des fourrages, de changer leur assolement.

C'est à quoi vous n'avez cessé de viser depuis votre réunion au comice agricole, et surtout depuis l'établissement de votre ferme-modèle.

Aujourd'hui, messieurs, au moyen de vos fermes expérimentales, vous allez y travailler efficacement; celles-ci éviteront de fausses manœuvres souvent exécutées dans la ferme-modèle, et ne répèteront, sur les divers points du canton, que ce qui aura été reconnu bon pour nos localités. Pour vous, messieurs, tout a été utilisé en évitant les unes et en prenant les autres; mais il n'en a pas été de même de l'agriculteur ou du cultivateur tout-à-fait inexpérimenté, ou de celui qui, comme le plus grand nombre, est fortement prévenu contre tout ce qui diffère de ce qu'il a toujours fait. Ces derniers sont enchantés de trouver en défaut ceux qu'ils croient assez prétentieux pour vouloir leur en remontrer ; et la publicité qu'ils donnent à des faits qu'ils jugent péremptoires, et qui justifient si bien à leurs yeux leurs préjugés, retient le grand nombre dans la routine, qui le plus souvent est l'erreur. Au moyen des fermes expérimentales, on doit éviter le grave inconvénient qui vient d'être signalé.

Que chacun de nous individuellement, messieurs, si sa position le lui permet, travaille activement à les multiplier dans ce canton, jusqu'à ce que tous les propriétaires soient convaincus qu'un mode de culture qui, chaque année, améliore les fonds par la multiplication des engrais et du travail doit nécessairement en augmenter les récoltes.

C'est le vœu bien sincère que nous formons et exprimons chaque année dans leur intérêt et dans celui de nos pauvres cultivateurs, qui alors sûrement pourraient vivre de leur travail.

Ce n'est seulement pas dans un sentiment de justice et d'humanité, bien digne assurément d'exciter nos cœurs, que nous osons élever notre faible voix en faveur de cette classe si intéressante sous le double rapport de l'utilité et du mal-être ; mais c'est aussi dans notre propre intérêt, dans celui de la société entière. Aujourd'hui plus que jamais, vous le savez tous, le besoin d'améliorer le sort des classes se fait impérieusement sentir. Concourons-y donc, messieurs, de tout notre pouvoir : c'est un noble moyen de nous rendre utile à notre pays.

DE LA GREFFE DE LA VIGNE.

Depuis quelques années, on a introduit aux environs de Bordeaux l'usage de greffer la vigne, soit pour rajeunir les pieds trop vieux, soit pour modifier les mauvaises espèces. On obtient ainsi les plus beaux résultats, car un vignoble peut être renouvelé, à peu de frais, en entier ou partiellement; dès la troisième année il est en plein rapport, et donne déjà beaucoup dès la seconde. La durée des nouveaux ceps ne diffère pas sensiblement de celle des plants cultivés d'après la méthode ordinaire, et quant à la qualité de leurs produits, ils présentent tous les avantages offerts par les vieilles vignes.

Voici en quoi consiste ce procédé :

On déchausse le pied de vigne à l'aide d'une pioche, jusqu'à ce qu'on ait mis les racines à découvert, c'est-à-dire jusqu'à la profondeur de 25 centimètres environ.

On prend alors un sarment d'une longueur de 60 à 80 centimètres, que l'on retranche par son gros bout, de manière à lui donner la forme d'un coin. La partie tranchée et mise à nu doit avoir 5 centimètres de longueur, et l'écorce être bien conservée sur les deux autres côtés.

Cela fait, on coupe à 15 centimètres de profondeur environ, à l'aide d'une scie de jardinier, le cep mis à découvert, et l'on polit sa section avec un instrument bien tranchant.

On opère alors une fente verticale dans le milieu du bois, à l'aide d'une sorte de couteau que l'on enfonce au marteau, et l'on maintient cette fente ouverte jusqu'à ce que l'on ait introduit le sarment préparé. Dans cette opération, il faut avoir le soin de bien enfoncer toute la partie tranchée du sarment, et de faire coïncider l'écorce de l'un des côtés avec celle du cep, afin que la soudure puisse s'effectuer sans difficulté.

Enfin, on entoure de mousse toute la partie découverte de la section, de manière à ce que les graviers ou la terre ne s'introduisent pas dans la fente, et on la maintient en la serrant fortement avec un osier ; puis on replace la terre dans le trou qui l'a fournie, et on coupe le sarment en lui laissant trois bourgeons au-dessus du sol.

Cette opération doit s'effectuer au moment où les bourgeons de la vigne se transforment en petites feuilles ; et, pour la pratiquer avec succès, il faut se servir de sarmens que l'on a conservés, en les enfouissant, dans presque toute leur étendue, dans la terre fraîche, immédiatement après la taille de la vigne.

Un ouvrier exercé emploie environ cinq minutes pour effectuer chaque greffe.　　　　　　　DRÊME.

PLANTATION DES BORDS DES ROUTES.

Le conseil général de l'agriculture, en traitant la question du reboisement, a été conduit à se demander si, dans l'intérêt de la richesse nationale, comme moyen de remédier à la pénurie et à la cherté du bois, il n'y avait pas lieu d'ordonner que les plantations fussent entretenues sur les accotemens des routes royales, départementales et de grande communication.

Les bords des routes, rivières et canaux présentant un développement d'une longueur de 167,500,000 mètres : en espaçant les arbres à 10 mètres l'un de l'autre, distance plus que suffisante pour ne présenter aucun obstacle à la viabilité des routes, 16,757,000 pieds pourraient y être plantés.

Sans exagération, l'on peut assigner à chacun d'eux une valeur d'au moins 20 fr. après quarante années de végétation ;

ce serait donc créer une nouvelle richesse de 335,000,000 fr. qui se reproduiraient tous les quarante ans, soit au profit de l'état, soit au profit des communes ou des propriétaires riverains, selon les dispositions législatives que l'on jugerait convenable de prendre à cet égard.

Ainsi, le sol des routes, en y créant des plantations, n'est pas moins propre à augmenter la production, et par conséquent la richesse publique, que celui des terrains eu pente et montagneux.

Il existe d'ailleurs encore des motifs d'humanité qui exigeraient impérieusement que les bords des routes et des canaux fussent plantés.

Lorsque les neiges et les inondations ont envahi les chemins pendant les nuits obscures et les jours d'épais brouillards, les arbres deviennent des jalons protecteurs pour les voyageurs surpris par ces sortes d'intempéries. Pendant les chaleurs des étés, ils les protégeraient contre une trop grande ardeur des rayons du soleil.

Deux intérêts sont engagés dans cette question :

1° La viabilité des routes ;

2° L'augmentation de la richesse nationale.

Il s'agit de trouver un système de réglementation, capable de concilier ces deux intérêts.

La commission nommée par le conseil général d'agriculture pour examiner la question du reboisement a pensé que l'on donnerait satisfaction au premier, celui de la viabilité des routes, en exigeant qu'elles ne fussent plantées qu'autant que leur largeur ne serait pas moins de 10 mètres entre les deux bords intérieurs des fossés, et que les arbres ne fussent plantés que de 10 mètres en 10 mètres.

La question d'une augmentation de la richesse publique se trouverait naturellement satisfaite, en utilisant, pour la pro-

duction du bois , des terrains qui , sans cela , seraient condamnés à rester improductifs. Les populations y trouveraient
aussi leur compte , puisque ce serait un moyen de plus pour
rétablir l'équilibre entre la production et la consommation.

Jusqu'ici , le conseil général de l'agriculture était resté
étranger à la question de la plantation des routes ; mais il
n'en a pas été de même des conseils généraux des départemens : ils ont été consultés par le gouvernement ; et dans le
nord , les ingénieurs des ponts-et-chaussées ont été appelés ,
par les préfets , à donner leur avis sur les inconvéniens que
présenteraient, pour la viabilité des routes , des plantations
faites aux deux extrémités de leurs accotemens. Des renseignemens qu'ils ont donnés , il résulte que ces conseils ont
déclaré que ces plantations auraient de grands avantages au
point de vue de la richesse publique , de l'industrie et de la
commodité des voyageurs ; en conséquence , ils ont émis le
vœu que le gouvernement ordonne la plantation de toutes les
routes ayant au moins 10 mètres de largeur, pourvu que les
arbres y soient espacés de 10 mètres en 10 mètres au moins.

Il est bon de remarquer que s'il est une partie de la
France où les routes soient impressionnables à une trop
grande humidité, c'est certainement dans le nord , en raison
de son terrain argileux ; et cependant, il est résulté de l'en-
quête faite auprès de MM. les ingénieurs , ordinairement si
jaloux de la bonne conservation des objets de leur création ,
que les conseils n'ont point balancé à réclamer que toutes les
routes fussent plantées.

Tels sont les motifs par lesquels le conseil général de l'agriculture a déclaré regarder comme un principe utile la plan-
tion des routes et canaux, partout où la nature du sol le
permettra , et où la plantation ne sera pas contraire à la
bonne viabilité des chemins.   *(L'Agric. de la Gironde).*

Annales Agricoles et Littéraires.

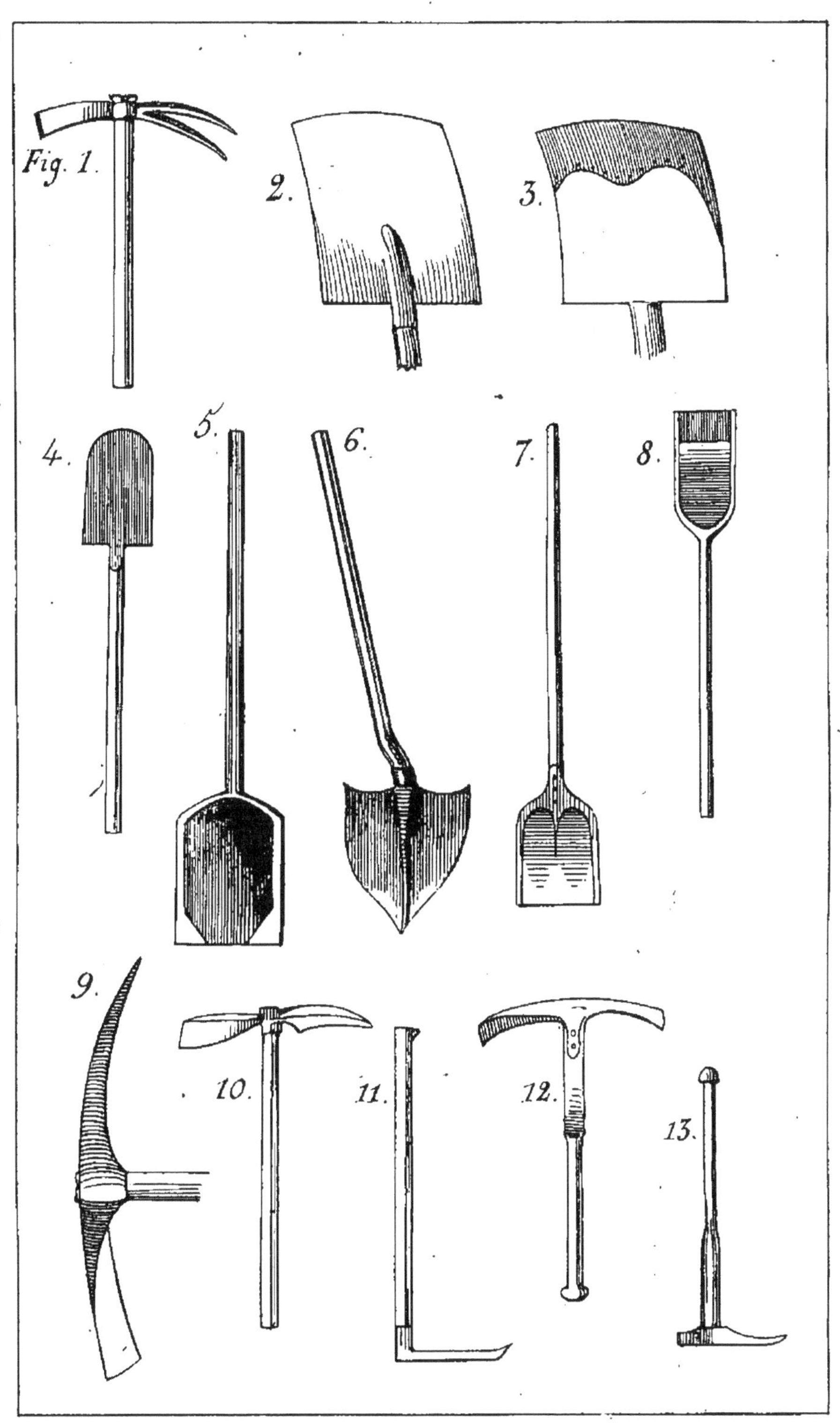

Instrumens pour le defoncement des Terres.

DÉFONCEMENT DES TERRES A BRAS D'HOMMES.

D'après le premier mode, quels que soient les outils dont on se serve (1), on commence ordinairement par ouvrir, sur l'un des côtés du terrain, une tranchée longitudinale dont la profondeur, une fois fixée, règle celle du défoncement entier, et dont la largeur, proportionnée à cette profondeur, doit être telle que l'ouvrier puisse travailler sans gêne au fond de la jauge. — On transporte les terres extraites à l'autre extrémité de la pièce, de manière à pouvoir combler le dernier vide, et on remplit successivement chacune des tranchées intermédiaires, en ouvrant celle qui fait suite, de manière que la terre de la superficie, rejetée la première, recouvre le sous-sol, tandis que celle des couches inférieures est ramenée vers la surface.

Dans les terrains de consistance moyenne, on emploie avec avantage la *pioche à deux dents fig.* 1, nommée dans quelques lieux *bicorne,* au fer de laquelle on donne communément 0ᵐ 406 à 487. — Avec cet outil, dont les dents pénètrent avec facilité et dont la partie opposée est acérée de manière à couper les racines qui se rencontrent accidentellement à sa portée, on détache de grosses mottes, qu'il est ensuite très facile de briser en les frappant une seule fois de la douille, c'est-à-dire de la partie moyenne de l'outil qui sert à recevoir un manche de 0ᵐ 704 à 758, et à le fixer au moyen d'un coin de fer ou de bois. — On rejette ensuite la terre ainsi divisée avec la pelle, et on continue de la même manière jusqu'à ce que la jauge ait atteint les dimensions en tous sens qu'on désire lui donner.

(1) Tous ceux figurés dans cette section peuvent être mesurés sur une échelle de 0ᵐ 043 pour 1 mètre.

Le choix des pelles n'est pas indifférent. Pour quiconque a mis la main à l'œuvre, il est bien démontré que la première condition de ces outils, c'est de pouvoir pénétrer avec facilité dans la terre ou les pierrailles. — La légèreté vient ensuite. Sous le premier de ces rapports, la *pelle-bêche concave fig.* 2, qui est tout en fer et qui sert indistinctement aux travaux de labour et de terrasse, est, sans contredit, une des meilleures. Sous le second, il est évident que la *pelle en bois,* simplement doublée de tôle à son extrémité *fig.* 3 est préférable. — Cette dernière qualité doit l'emporter sur la première dans les terres faciles.

Les dimensions des pelles sont communément de 0^m 325 à 0^m 406 de long sur 0^m 271 de large. — Le manche varie dans sa longueur de 0^m 704 à 1 mètre; rarement il a plus de 0^m 812.

Les figures suivantes donnent une idée des variations de formes qu'on a fait subir dans différens pays à ces sortes d'outils : la *fig.* 4 représente une pelle entièrement en bois d'aune ou de hêtre, employé, à défaut d'autres, sur des sols peu pierreux et peu consistans; la *fig.* 5, une pelle ferrée, cintrée et à béquille, plus propre au même usage; la *fig.* 6, une pelle anglaise en fer; la *fig.* 7, une autre pelle anglaise également en fer, ainsi que la suivante, *fig.* 8, dont on fait un fréquent usage dans le Dauphiné.

Lorsque le sol offre une grande résistance ou contient beaucoup de pierres, à la pioche précédemment décrite on substitue la *tournée, fig.* 9, la *tournée dauphinoise; fig.* 10, dont on garnit la pointe d'acier trempé, ou les *pics.* Le premier et le second des outils, *fig.* 11 et 12, sont en usage sur les bords du Rhône et du Rhin pour les défoncemens qui précèdent la plantation de la vigne, dans les terrains complètement rocailleux; le second surtout, qui se termine du côté opposé à la pointe par une sorte de marteau, convient également pour bêcher et pour casser la pierre. — Le troisième, *fig*. 13, à deux taillans opposés, est employé en Belgique pour faire des tranchées dans les sous-sols d'une consistance pierreuse, homogène et d'une décomposition facile, tels que diverses marnes, des tufs, des schistes argileux, etc. Du reste, l'opération se conduit de la même manière qu'avec la pioche.

Les pics, destinés à vaincre des obstacles puissans, doivent avoir plus de force encore que les tournées ; aussi leur épaisseur est-elle plus considérable, comparativement à leurs autres dimensions. — Le fer des plus longs ne dépasse guère 0^{m}325. Cependant le dernier, *fig*. 13, atteint parfois de 0^{m}406 à 0^{m}407. — Pour faire les manches, on emploie le pommier sauvage, l'érable et de préférence le frêne.

(*La suite au prochain n°.*)

(*Maison Rustique du XIXe siècle.*) ₒ

MALADIES DES VINS ET MOYENS DE LES GUÉRIR.

Nous devons à M. Housset, membre honoraire de la société d'agriculture de Bordeaux, les indications suivantes, qu'il donne comme étant le fruit de son expérience.

1° Moyens de guérir l'acidité du vin.

Plusieurs moyens ont été employés pour détruire l'acidité ; le meilleur que j'aie pu connaître, c'est l'emploi de l a magnésie mélangée avec des œufs ; la quantité qu'il faut employer pour chaque barrique (2 hectol. 28 lit.) est subordonnée à la force de l'aigreur. L'on peut employer depuis 90 grammes jusqu'à 130 de magnésie bien battue avec 6 à 8 blancs d'œufs. On met le tout dans la barrique ; on agite fortement dans tous les sens ; on laisse la barrique débondée jusqu'au lendemain : le goût d'acidité a disparu.

Il ne faut pas être surpris si le vin a un peu de goût de terroir : c'est l'affaire de deux jours pour que ce goût disparaisse ; mais avant toute chose, il faut changer la barrique ; la première, étant imprégnée du principe acide, pourrait de nouveau le faire dominer dans la liqueur.

Un second moyen de combattre l'acidité du vin consiste dans l'emploi de la craie. Ce moyen peut se combiner avec le passage du vin sur la rape., ainsi qu'il suit : 6 à 8 jours avant de sortir le vin de la cuve, il faut opérer la barrique de celui qui est aigre. Pour cela, on prend une forte jointée des deux mains de craie en poudre, bien sèche ; on la met dans la barrique ; puis on agite dans tous les sens avec le fouet. On jette ce vin dans la cuve immédiatement après que l'on a sorti le vin nouveau ; on agite le marc avec des perches, et on laisse reposer jusques au lendemain où on le remettra dans une barrique : voilà toute l'opération. Mais, dira-t-on, puisque la magnésie fait disparaître l'acidité, pourquoi ne pas en faire usage, et recourir au contraire à la craie ? Il faut observer que la magnésie coûte fort cher, et la quantité qu'il faudrait pour enlever l'aigreur du vin coûterait plus que le vin ne pourrait valoir, au moins dans bien des cas.

On fait usage de la magnésie lorsque le vin commence à prendre l'acidité : ce que l'on appelle vulgairement *se piquer;* car, si l'acidité était bien prononcée, cela coûterait fort cher, comme nous venons de le dire.

2° Moyen de guérir le goût de fût.

Le goût de fût est tellement mauvais, que le vin qui en est atteint ne peut s'allier avec d'autres liquides, quels qu'ils soient, sans les gâter, et cependant ce mauvais goût est plus facile à détruire que celui de l'acidité et par un moyen moins dispendieux. Pour cela, quatre litres de lait sont suffisans.

Voilà la manière d'opérer ; il faut commencer par transva-

ser le vin attaqué du fût dans une autre barrique dans laquelle
on met aussitôt 2 à 4 litres de lait : cette quantité est subordonnée à la force du goût de fût. La quantité ne peut pas
nuire ; au contraire, le vin est ainsi plus tôt dépouillé de sa lie
et plus tôt potable.

Lorsque le lait est dans la barrique, on agite fortement
dans tous les sens ; on laisse la barrique débondée jusqu'au
lendemain, moment où l'on peut s'assurer que le mauvais
goût a totalement disparu ; on laisse ainsi le vin se reposer 7
à 8 jours, puis on le décante dans une autre barrique.

Si, contre les apparences, le goût de fût n'est pas totalement
détruit, il faut faire une nouvelle opération avec moins de
lait : 2 litres suffiront alors.

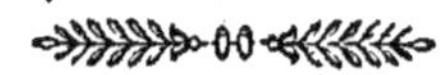

SUPPRESSION DES ÉCHALAS.

Je me propose de faire connaître les résultats de plusieurs
années d'observations sur la culture de la vigne. Il s'agirait
de se passer d'échalas.

Je ne dirai rien que je ne l'aie expérimenté par moi-même
dans 8 ares de vignes cultivés de mes mains.

Le procédé que je propose réunit trois avantages bien
marqués :

Le premier consiste à épargner au vigneron une dépense
annuelle et continue, fort onéreuse, par la nécessité de remplacer, à chaque printemps, les échalas mis hors de service.

Le deuxième est la facilité d'aller et venir à travers la vigne en la cultivant. Débarrassé de ces inutiles soutiens, l'ouvrier cultive mieux la terre, parce que rien ne gêne son opération ni le déploiement de ses forces ; et, en outre, il laboure une plus grande superficie qui n'est pas au-dessous de
la proportion de 3 à 4.

Le troisième avantage et le plus important consiste à procurer au raisin une maturité plus parfaite et une grosseur plus considérable.

Voici la raison tirée de la manière de tenir le cep.

Quand je suis assuré que les pampres ont fait paraître tout le fruit que l'on peut en attendre, je les coupe, en laissant une seule feuille sur le raisin, et je ralentis l'ascension de la sève, qui, à l'instant, se répartit entre les feuilles restantes, les raisins et le bois destiné à la taille de l'année suivante, qui acquerra plus de force par ce surcroît de nourriture qui ne semblait pas lui être destiné. Mais l'abondance de sève ne sera pas absorbée par les trois récipiens indiqués : aussi, après 8 jours au plus, le bouton voisin de la feuille laissée sur le raisin part et se hâte de rétablir le mouvement ascensionnel ou perpendiculaire de la sève. Alors la prudence exige de ne pas contrarier la nature en faisant disparaître ce nouveau jet : on s'exposerait à refouler la sève dans les boutons inférieurs, qui perceraient et anéantiraient l'espérance de l'année suivante. Néanmoins, le moment viendra de le couper à son tour. C'est quand il aura 0^m 15 ou 0^m 18 d'élévation, ou plus si l'on veut. A ce moment, je le retranche, observant toutefois de laisser deux feuilles à sa base, qui suffiront, avec la troisième mentionnée plus haut, pour couvrir le raisin. Après cette double opération, si la vigne pousse encore, il est inutile de s'en occuper, tant sa vigueur est ralentie.

Mon cep, dirigé de la sorte, forme une espèce de gobelet sensiblement évasé. J'arrive maintenant à la maturité. Cet évasement produit un bien précieux avantage, celui de concentrer les rayons du soleil sur le raisin et sur le bois, qui se trouvent fortement échauffés à la partie supérieure ; et cet effet, par manière de dire, parle aux yeux. Ici l'on peut demander ce que deviendra la partie inférieure du raisin qui, horizontalement, reçoit peu de chaleur. La réponse est facile. Le feuillage de ma vigne n'est pas très épais; conséquemment, plusieurs rayons solaires pénètrent à travers ses ouvertures, arrivent jusqu'à terre, où ils sont réflétés et contraints de porter leur action sur le bas des raisins, qui, placés maintenant entre deux foyers de calorique, arrivent à une maturité des plus satisfaisantes.

Mais, dira-t-on, si vous tenez la vigne aussi courte, il sera impossible de la coucher. Les ceps destinés à subir le *recouchage* doivent être jeunes et vigoureux : alors on laisse monter 2 ou 3 branches qui suffisent, et au-delà, pour atteindre ce but ; attachées ensemble, elles dominent toute la vigne, et sont faciles à trouver quand on veut pratiquer les fosses destinées à les recevoir : c'est un quatrième avantage.

Et si l'on ajoute que l'*accolage* disparaît à peu près en totalité, il sera bien difficile de ne pas reconnaître au procédé proposé une incontestable supériorité sur la vieille routine d'*échalasser* la vigne. Je ne sais s'il me sera donné de persuader mes concitoyens : c'est mon grand désir. Mais ce qui n'est point un problème pour moi, c'est que quiconque voudra m'imiter, satisfait plus qu'on ne pourrait l'espérer, ne me quittera que le jour où un plus heureux procédé viendra renverser celui que je propose.

Il serait facile d'étendre ces aperçus, chose parfaitement inutile. J'ai eu l'intention de rendre service, et non de paraître savant. CORNESSE.

ALTÉRATION DES POMMES DE TERRE EN 1845.

MÉMOIRE DU MINISTÈRE DU COMMERCE.

L'extension et le perfectionnement de la culture des pommes
de terre se rattachent trop intimement aux progrès de l'agriculture
française et au bien-être des classes ouvrières les plus nécessiteu-
ses, pour que l'administration soit indifférente aux craintes mani-
festées, tant pour le présent que pour l'avenir, à l'occasion de la
récolte de ce tubercule précieux en 1845. Cette récolte, moins
abondante généralement que celle de 1844, du moins dans les terres fortes, argileuses ou calcaires, se trouve diminuée encore par
une altération spéciale qui pourrait devenir très préjudiciable pour
les cultivateurs et pour le pays, si l'on ne tirait tout le parti possible des tubercules qui en sont atteints. Il importe surtout de prendre toutes les précautions nécessaires pour éviter le retour de cette
altération, au cas où les circonstances qui ont occasioné la mauvaise récolte de cette année viendraient à se reproduire ultérieu-
rement.

L'administration est aujourd'hui bien convaincue que l'on s'était
exagéré d'abord la gravité du mal et les dangers qu'on attribuait à
la consommation, par les hommes ou par les animaux, des tubercules altérés. Rien ne prouve non plus l'analogie de l'altération
observée en France avec les maladies prétendues contagieuses de
la pomme de terre qui ont été signalées, dans quelques pays voisins, depuis plusieurs années. Cependant l'administration a voulu
consulter les hommes que leurs études spéciales mettaient le plus
à même de la bien renseigner, et elle a cru utile de porter à la
connaissance des cultivateurs le résumé succinct des réponses faites
par eux aux questions qui leur avaient été posées sur la nature, la
marche et les causes probables de l'altération observée; sur les
moyens d'utiliser les produits altérés, et d'éviter, autant que possible, à l'avenir, le retour d'un accident aussi préjudiciable aux
intérêts des cultivateurs et des consommateurs pauvres.

Cette mesure a paru d'autant plus nécessaire à l'administration,
que les imperfections du mode de culture employé dans diverses
localités, en augmentant l'effet désastreux de la température ex-

cessivement humide en 1845, paraissent avoir exercé une influence incontestable sur la gravité du mal dont on se plaint.

Tout le monde s'accorde à reconnaître dans la température exceptionnelle de l'année, dans les variations atmosphériques qui ont eu lieu, la cause première de l'altération des pommes de terre et de leur faible rendement dans beaucoup de localités.

Le désaccord n'existe que sur la manière dont cette cause première et générale a agi pour transmettre aux plantes cette altération.

Mais, quelle que soit l'opinion qui vienne à prévaloir, ce qui importe avant tout, dans la circonstance présente, c'est de porter à la connaissance des cultivateurs l'ensemble des procédés et moyens indiqués comme les plus efficaces ou les plus recommandables ;

1° Pour conserver, autant que possible, en vue des besoins subséquens de la consommation et de l'agriculture, les produits non encore attaqués ;

2° Pour utiliser ceux attaqués, de manière à ce que la perte soit la moins grande possible ;

3° Pour atténuer, sinon prévenir, la reproduction de semblables effets à l'avenir.

Titre Ier. — Récolte et conservation des pommes de terre.

1° *Arrachage des pommes de terre.* — Le cultivateur a tout intérêt à arracher au plus tôt les pommes de terre dans les champs infestés, surtout lorsque la terre y est humide. En effet l'époque actuelle, et en raison de l'excès d'humidité que contiennent le sol et l'atmosphère, le mal fait des progrès rapides. A Grignon, entre deux champs de même apparence, placés dans les mêmes circonstances, et récoltés de quinze jours de distance, le premier a présenté une proportion de deux pour cent de tubercules gâtés; le second en a offert une de treize pour cent. D'ailleurs, en arrachant de bonne heure, on se met à l'abri de la germination et des repousses, et l'on a plus de chances de pouvoir profiter d'un temps favorable pour cette opération, chose toujours importante dans l'intérêt de la bonne conservation des produits, et particulièrement désirable cette année. Dans les champs des pommes de terre dites coureuses, on fera bien de mettre à part tous les deuxièmes et troisièmes tubercules, développés le plus loin des tiges, car ils seront généralement intacts et faciles à conserver.

Avant de rentrer les pommes de terre, il est bon de les laisser exposées sur le sol, afin qu'elles puissent se ressuyer à l'action de l'air et du soleil; il faut éviter toutefois de trop prolonger cette exposition, car alors les tubercules verdissent et contractent une saveur âcre. S'ils viennent à être mouillés, il faut les étendre sous des hangars, en couches minces, et les remuer souvent jusqu'à ce qu'ils soient complètement secs.

Dans tous les cas, les tubercules gâtés et même seulement tachés de brun devront être mis à part et employés comme on le dira plus loin; autrement ils nuiraient probablement à la conservation de ceux qui sont encore dans leur état normal. On devra, autant que possible, profiter d'un beau temps pour récolter les tubercules destinés à la reproduction de l'année prochaine ; ceux-ci seront choisis parmi les tubercules les plus mûrs et de la plus belle apparence.

2° *Conservation des pommes de terre dans leur état de fraîcheur.* — L'imperfection de la maturité, et la présence, dans les masses, de tubercules déjà gâtés qui, malgré les triages faits avec le plus de soin, échapperont à l'attention des ouvriers, seront des causes actives de décomposition. Aussi, l'on ne saurait trop prendre de précautions pour les combattre, ou tout au moins en atténuer les effets.

Les caves, celliers, etc., dans lesquels les pommes de terre seront emmagasinées, devront être, avant tout, secs et aérés ; les racines seront déposées en couches moins épaisses que dans les années ordinaires, s'il est possible, et remuées souvent, dans le but de donner de l'air à toutes les parties de la masse et d'enlever les tubercules gâtés.

L'on contribuera encore à diminuer la fermentation intérieure des tas en implantant dans ceux-ci des bourrées de branchages secs qui établiront une aération utile. Ce moyen sera surtout avantageux dans les grandes masses.

Si le manque de place dans les bâtimens pour emmagasiner la récolte forçait d'avoir recours aux silos, le mode employé en Angleterre pour la conservation des *turneps* (navets), et dans quelques parties de la France pour les betteraves, les pommes de terré, etc., pourrait être, cette année, appliqué avec avantage à la conservation des pommes de terre. Il consiste à former, sur un terrain bien sec, des tas séparés, en forme de pain de sucre ou de prisme allongé, que l'on recouvre, comme des silos ordinaires, de feuilles sèches ou de paille, puis enfin d'une couche épaisse de terre battue avec le dos de la bêche et retirée des fossés pratiqués autour des tas. Au centre de ces tas ou prismes, on placera verticalement, de distance en distance, des fagots qui serviront à l'aération de la masse. Par l'emploi de cette méthode, il n'y aurait probablement pas lieu de redouter les effets d'une putréfaction rapide et générale.

Titre II. — Emploi des pommes de terre.

1° *Pour la nourriture de l'homme.* — Depuis un mois, plus de cent personnes consomment chaque jour, à l'institut de Grignon, des pommes de terre provenant des récoltes attaquées, sans que le goût ni la santé des consommateurs aient pu, jusqu'à présent, révéler la moindre particularité dérivant spécialement de ce genre d'alimentation.

Parmi les moyens les plus assurés de conserver les tubercules que l'on destinera à la consommation de l'homme, on pourrait proposer, en premier lieu, la méthode employée en Suisse, en 1816 et 1817, sur la recommandation du célèbre agronome Pictet. Ce procédé consiste à dessécher, dans les étuves et au soleil, les pommes de terre que l'on a fait cuire préalablement, et que l'on réduit en petits fragmens pour les étendre sur des toiles et des claies.

Ainsi desséchée, cette sorte de pulpe se conserve indéfiniment, et peut servir aux besoins du ménage. Peut-être serait-il bon d'employer également la méthode suivie dans une grande partie de la France et de l'Allemagne pour la conservation des pommes, des poires et des prunes, que l'on fait dessécher au four.

Un autre moyen de conserver les tubercules, même un peu altérés, consiste à les faire macérer à froid dans de l'eau acidulée avec de l'acide sulfurique (huile de vitriol du commerce). Voici comment on peut pratiquer l'opération : on coupe les pommes de terre en tranches, que l'on jette dans un vase contenant de l'eau acidulée avec un centième de son poids d'acide sulfurique ; on laisse reposer les tubercules dans cette eau pendant vingt-quatre à vingt-huit heures, jusqu'à ce qu'ils prennent une couleur tirant sur le blanc. On jette cette eau, qui a acquis une odeur forte et nauséabonde ; on lave ensuite les pommes de terre jusqu'à ce que le goût acidulé ait disparu ; puis on les sèche à l'air ou au four. On obtient ainsi 25 pour 100 du poids des pommes de terre, en morceaux ayant une apparence crayeuse, et qui, passés au moulin, fournissent une farine blanche et nourissante.

On a remarqué que des pommes de terre altérées assez profondément, et dégageant une odeur infecte, perdaient presque instantanément cette odeur quand elles étaient plongées dans l'eau acidulée.

Dans un ménage, on pourrait donc traiter par portions et successivement les tubercules qui paraîtraient tachés ; il va sans dire que si on les destine à la préparation des mets, il faudra les peler et enlever les portions gâtées, au couteau, avant de les couper et de les mettre macérer.

La préparation des alimens est facile : il suffit de mettre tremper les rondelles sèches, plusieurs heures à l'avance, dans l'eau ordinaire, pour les ramollir avant de les soumettre à la cuisson.

Ces conserves de pommes de terre seront peut-être un peu moins nutritives que les tubercules sains qui n'ont subi aucune préparation ; mais ce moyen peu dispendieux de conservation pourra éviter une perte réelle, et permettra d'utiliser une quantité considérable de ces racines, qu'il faudrait jeter au fur et à mesure qu'elles s'altèreraient.

2° *Emploi pour la nourriture des animaux.* — Les pommes de terre les plus altérées, celles qui sont complètement ramollies et ne présentent plus qu'une masse putrescente, doivent être écartées de la nouriture du bétail. Quant aux tubercules gâtés partiellement, il sera prudent de s'abstenir de les faire consommer crus, du moins en quantité un peu considérable.

On peut, avec le même avantage et selon les dispositions particulières de chaque exploitation agricole, faire cuire les pommes de terre altérées au four, à la vapeur ou dans l'eau.

Indépendamment des modifications utiles qu'une température

élevée détermine dans la nature des matières alimentaires, la coction aura surtout pour effet de changer la manière d'être de certains principes qui, nuisibles dans leur état naturel, paraissent devenir tout-à-fait innocens après avoir subi l'action du calorique. C'est ainsi que déjà, dans les circonstances ordinaires, les pommes de terre cuites sont plus saines que les pommes de terre crues, surtout lorsque ces dernières sont données aux animaux avant qu'ils n'y aient été progressivement accoutumés.

À Grignon, les porcs reçoivent depuis cinq semaines une ration journalière de 7 à 8 litres de pommes de terre attaquées, cuites au four, sans en éprouver d'inconvéniens appréciables. Pendant huit jours ces animaux consommèrent des tubercules de rebut, en grande partie putréfiés, mais cuits; ils n'en furent pas davantage incommodés.

Quels que soient les résultats hygiéniques, la cuisson des tubercules ne constitue pas une dépense sans compensation ; ainsi , *huit hectolitres de pommes de terre données cuites au bétail en représentent au moins neuf hectolitres données crues.*

Les pommes de terre ne doivent faire qu'une portion assez faible de la totalité de la nourriture ; le tiers ou la moitié au plus. Au lieu de les donner seules, il serait particulièrement utile de les mélanger avec les substances qui doivent entrer dans la nourriture du bétail, et que la cuisson peut aussi améliorer ; tels sont les balles de céréales, les siliques de navette ou colza, la paille hachée, les fourrages grossiers également hachés, les diverses racines, le son, etc.

Il ne faudra pas négliger d'avoir recours au sel comme excellent anti-putride. Dans cette circonstance, on ne doit pas oublier les bons effets qu'on obtient de son emploi pour la consommation des fourrages avariés. Ce n'est pas isolément qu'on administrera le sel au bétail ; les pommes de terre en seront saupoudrées, afin que la saveur relevée de ce condiment puisse masquer la saveur et même l'odeur propres aux tubercules altérés, que la cuisson ne fait pas toujours disparaître d'une manière complète.

La proportion de sel à employer varie d'un demi-kilogramme à un kilogramme par quintal métrique de tubercules. Si donc l'on voulait faire consommer 10 kilogrammes de pommes de terre à une vache, chaque jour, il faudrait aussi lui donner 75 grammes de sel, valant 3 à 4 centimes. C'est principalement à l'égard des bêtes ovines que l'addition du sel sera profitable ; la dose utile pour un troupeau de 100 têtes pourra s'élever chaque jour à un kilogramme, dont la valeur est de 45 centimes au plus.

Cette dépense, toute nouvelle pour un grand nombre de cultivateurs, devant être répétée tous les jours, paraîtra peut-être excessive ; cependant, ici encore, comme pour la cuisson des tubercules, nous ferons observer que, loin d'être onéreuse, l'association du sel avec la nourriture rend celle-ci plus profitable, plus nutritive et plus économique. Si l'on peut dire que 3 *kilogrammes de foin salé valent autant pour le bétail que 4 kilogrammes de foin non salé*, c'est surtout lorsqu'il s'agit de fourrages et racines altérés, dont la consommation, sans ce mélange, serait souvent plus nuisible qu'utile.

Les animaux seront abreuvés avec de l'eau parfaitement propre et ferrée, que l'on prépare facilement en mettant quelques morceaux de vieux fer dans les vases qui contiennent l'eau destinée au bétail.

3° *Transformation en alcool, ou fécule, glucose, etc.* — Les observations microscopiques ont démontré, d'un manière certaine, que l'altération attaquait presque exclusivement le parenchyme de la pomme de terre, et que la fécule restait à peu près intacte, même dans les tubercules les plus pourris, d'où on peut encore l'extraire avantageusement, soit par la distillation, soit par les procédés ordinaires de fabrication de la fécule.

Comme la désorganisation et la coloration des parties parenchymateuses rendent plus difficiles l'extraction et le lavage à blanc de la fécule, tandis que la distillation utilise aussi complètement la totalité de cette fécule dans les pommes de terre les plus altérées que dans les plus saines, les cultivateurs devront rechercher principalement ce mode d'emploi pour la partie avariée de leur récolte, toutes les fois qu'ils le pourront. Dans la belle distillerie de la Maison-Rouge, près Metz, on n'a pas hésité à offrir de payer 2 fr. 30 centimes l'hectolitre de pommes de terre altérées, ou à peu de choses près le prix payé cette année pour les tubercules sains.

Les animaux engraissés avec les résidus de la distillation des pommes de terre altérées paraissent s'en trouver aussi bien que s'ils étaient nourris de résidus de tubercules sains.

Toutefois, les cultivateurs qui n'auraient aucun moyen de faire distiller leurs pommes de terre plus ou moins altérées devront se hâter de les vendre aux fabricans de fécule, qui les paieront, vraisemblablement, de vingt à vingt-cinq pour cent, seulement, au-dessous du cours des pommes de terre saines.

.L'extraction de la fécule dans les ménages, au cas où l'on n'aurait pas de féculeries dans son voisinage, est encore une opération fort simple et très peu coûteuse, à laquelle on pourrait se livrer avantageusement, et que tous les pharmaciens sé feraient probablement un plaisir d'enseigner aux cultivateurs qui leur en feraient la demande.

La pulpe, ou résidu de l'extraction de la fécule, pourra se conserver et se donner au bétail, comme celle des pommes de terre saines.

D'ailleurs, il restera toujours aux cultivateurs qui préféreraient y recourir les moyens plus simples de conservation indiqués plus haut, tels que la dessication au four, la macération dans l'eau acidulée, la coction, etc.

Titre III. — Culture. — précautions a prendre.

S'il est impossible d'empêcher le renouvellement des variations atmosphériques auxquelles on attribue l'altération des pommes de terre en 1845, du moins peut-on disposer toutes choses pour que ces circonstances soient moins préjudiciables à l'avenir. L'observation a démontré, cette année, que les cultures qui se trouvaient dans les conditions les plus favorables de sol et de préparation avaient notablement moins souffert que celles qui étaient dans des circonstances contraires ; on a de même observé que certaines variétés étaient moins attaquées que d'autres, dans une même localité; il importe donc de bien préciser ce qu'il faut entendre par *conditions favorables de sol et de préparation*, afin que les cultivateurs cherchent à s'en rapprocher autant qu'ils le pourront.

1° *Nature du sol.* — Bien qu'aujourd'hui la pomme de terre semble être la plus rustique des plantes sarclées, et qu'on la cultive dans presque tous les sols, les cultivateurs ne doivent pas oublier qu'elle est originaire d'un climat plus chaud que celui du nord de la France, et qu'elle affectionne, par nature, les terrains sablonneux, profonds, parfaitement meubles et perméables, frais sans être humides.

S'il n'est pas possible de lui consacrer partout le sol léger qu'elle préfère, on devra donc s'attacher, avec plus de soin que par le passé, à donner aux autres natures de terres auxquelles on sera forcé de la confier une préparation assez parfaite pour leur communiquer cet assainissement et cet ameublissement qui favoriseraient l'absorption ou l'évaporation de l'excès d'humidité qui a détruit cette année une partie de la récolte.

Ces façons préparatoires, dont nous allons parler, devront être d'autant plus minutieuses et soignées, que l'on aura affaire à des terres plus fortes et plus compactes, argileuses ou calcaires. Si quelques-unes de ces terres ne pouvaient être amenées, à cet égard, à la perfection de préparation et d'assainissement désirable, il serait préférable vraisemblablement, du moins pour les grandes exploitations, d'y substituer la culture de la betterave, du rutabaga, des choux, des féveroles, etc., à celle de la pomme de terre. L'expérience de 1845 démontre, d'une manière bien fâcheuse, qu'il est une limite au delà de laquelle on ne peut pas compter sur la rusticité des pommes de terre, sans s'exposer aux plus graves mécomptes.

2° *Place dans la rotation.* — Il est très regrettable que les idées d'assolement et d'alternat économique des récoltes soient aussi peu répandues encore qu'elles le sont généralement en France; autrement, la pomme de terre, beaucoup mieux cultivée, y donnerait certainement des produits tellement abondans, partout où sa culture est profitable, que les pertes signalées en 1845 pourraient passer inaperçues.

Loin de faire de la pomme de terre une culture préparatoire sur laquelle on concentre les fumures, le défoncement et les façons d'ameublissement qui doivent profiter à tout une rotation culturale, on la place au hasard sur des terres à peine labourées, et que souvent l'on ne fume même pas : ici, sur un défrichement tout couvert de mottes et de gazons; là, sur un trèfle rompu; quelquefois encore, après un blé mal fumé, comme préparation, sans nouvel engrais, à une céréale de printemps; et plus souvent, enfin, après deux céréales qui ont complètement épuisé et sali le sol, comme récolte jachère faite sur un seul mauvais labour, en planches bombées qui ne laissent point assez de terre végétale sur leur épaulement, et qu'en tous cas on se garde bien de fumer. Dans quelques localités, l'usage s'est établi, chez les cultivateurs, d'autoriser les manouvriers à cultiver *à moitié* la pomme de terre sur leurs terres; le cultivateur fournit le sol, auquel il donne un seul labour préparatoire sur la sole de jachère du déplorable assolement triennal, et les manouvriers fournissent la semence et les façons. Il semble qu'une idée généreuse et profitable aux pauvres gens réside dans cette combinaison : malheureusement l'imperfection des façons et l'absence de fumure réduisent tellement le produit, qu'il serait évidemment préférable pour tous les intéressés de faire des avances plus considérables, sauf à répartir les produits de manière à indemniser celle des parties qui aurait fait ces avances.

En bonne culture, on doit considérer la pomme de terre moins pour son propre produit que comme un moyen lucratif et commode de nettoyer, d'ameublir et de bien amender, par le mélange intime et répété d'une masse considérable d'engrais, une couche de terre d'une grande profondeur. Dans ce but, on doit toujours placer cette plante précieuse en tête de la rotation, comme remplacement de la jachère ; mais à la condition de donner une fumure abondante et toutes les façons nécessaires pour assurer le succès d'une céréale de printemps, d'une prairie artificielle semée dans cette céréale, et d'une troisième récolte au moins, soit de colza, soit de céréale d'automne, prise sur la prairie artificielle rompue.

Dans de telles conditions, qu'on ne pourra obtenir sans se conformer aux prescriptions culturales dont nous allons parler, toutes les chances favorables à la pomme de terre se trouveront réunies, et l'abondance de ses produits rassurera les populations contre la possibilité d'une excessive cherté.

L'orge, le blé de mars ou l'avoine, avec graine de trèfle, de sainfoin ou de luzerne, sont les récoltes qui succèdent le plus avantageusement à une bonne culture des pommes de terre de séconde saison; on ne devrait cultiver les céréales d'automne, dans le centre et le nord de la France, que sur des champs qui auraient produit les variétés plus précoces, telles que *la shaw, la truffe d'août*, etc.

3° *Préparation du sol.* — Aussitôt après l'enlèvement de la céréale qui devrait précéder une culture de pommes de terre, il convient d'enterrer, par un labour superficiel, le chaume et les mauvaises herbes qui couvrent encore le sol. On accorde généralement une importance trop grande aux chétives ressources que présentent ces chaumes pour le pâturage. En bonne culture, le gros bétail ne doit pas compter sur une nourriture aussi misérable, et la stabulation permanente doit être le but de tout cultivateur progressif. Quant aux moutons, c'est dans des pâtures semées ou dans des prairies artificielles qu'il faut tâcher de leur fournir, à l'automne, le parcours dont ils ont besoin.

Dès le commencement de l'hiver, un labour, aussi profond que possible, défoncera le sol uniformément à 25 centimètres au moins de profondeur, et enfouira déjà tous les fumiers dont on pourra disposer, les mélangeant avec les détritus de chaume et d'herbes enterrés par le précédent labour.

Si le terrain n'a rien à craindre de l'humidité, on pourra faire des planches très larges ; dans le cas contraire, on devra labourer en planches plates d'autant plus étroites et dérayées plus profondément, que le sol sera plus imperméable. Des rigoles d'assainissement ou saignées transversales, profondes et soigneusement curées, seront pratiquées dans le sens des pentes, de manière à offrir un écoulement facile à l'eau de chaque dérayure ; enfin des fossés ouverts ou même couverts devront être pratiqués soit autour, soit au milieu des champs, partout où leur présence sera reconnue nécessaire. En un mot, enfin, le terrain destiné à la plantation des pommes de terre devra être assaini avec autant de soin que s'il portait la plus belle récolte de seigle, de froment ou de colza. Dans les terres très compactes et dans un climat humide, on se trouvera parfaitement de faire creuser les dérayures et les raies d'écoulement à la bêche, en rejetant la terre qui provient de cette opération sur le milieu des planches.

Dans ces mêmes terres fortes, on devra donner un troisième labour très énergique, avant la fin de l'hiver ou au commencement du printemps, en ayant soin d'employer encore, avant de le pratiquer sur les terres non fumées au labour précédent, tout le fumier dont on pourra disposer. La forme à donner aux planches, la profondeur et le défoncement des dérayures, les saignées d'écoulement, etc., devront être pratiqués avec plus de soin encore pour ce labour que pour le précédent. Dans les terres très perméables et légères, ce troisième labour sera rarement indispensable; mais jamais il ne saurait être nuisible, et presque toujours il y aura profit à le donner en temps utile.

Avant la plantation, on achèvera de conduire sur les terres non encore fumées, qui devront être les plus perméables et les plus saines, autant que possible, soit par leur nature, soit par leur inclinaison, tous les fumiers suffisamment consommés qui auront été faits depuis le précédent labour, et on les enterrera, en même temps que les tubercules plantés, par un quatrième labour.

On ne saurait assez insister sur la nécessité de bien persuader aux cultivateurs que la culture de la pomme de terre, soit par ses produits, soit comme préparation aux récoltes suivantes, est assez profitable, lorsqu'elle est bien exécutée, pour payer largement toutes ces façons, et qu'une économie mal entendue à cet égard est toujours une cause certaine de pertes d'autant plus considérables que le sol est plus compact ou plus pauvre, moins propre, par conséquent, à la nature de la pomme de terre. Non-seulement on a remarqué, en 1845, que les champs mal préparés étaient fortement attaqués par la pourriture, mais le rendement des pommes de terre y était presque nul, et ce fait malheureusement se reproduit chaque année. *(La suite au prochain N°)*

LETTRE SUR LA MALADIE DES POMMES DE TERRE.

*A Monsieur le rédacteur de l'*Echo de Vésone.

Monsieur, j'ai lu avec grand intérêt tout ce qui a été dit sur la maladie de la pomme de terre, et j'ai essayé de quelques procédés recommandés; mais ma récolte entière n'en sera pas moins compromise, car la maladie suit son cours; une fois attaqué, le tubercule est perdu s'il n'est promptement consommé. J'ai donc renoncé à la lutte et me suis résigné à faire consommer au plus vite; pour cela, j'ai triplé le nombre de mes porcs et les ai tenus à l'étable, afin d'y gagner un commencement d'engraissement et des fumiers.

J'ai retardé le cours de la maladie et le développement de la fermentation et de la pourriture en étendant les pommes de terre sur le grenier, et en faisant choisir tous les jours celles qui étaient le plus attaquées; mais comme la maladie marchait encore plus

vite que la consommation, je me suis décidé à faire cuire à la vapeur les tubercules attaqués. Les plus gros sont pelés, et on met
de côté les parties les plus saines ; le reste est livré au bétail. Je
n'ai reconnu aucun inconvénient à nourrir mes porcs de pommes
de terre malades; il y a plus, celles déjà gâtées, toutes noires,
toutes moisies extérieurement, ont été grossièrement écrasées sur
le sol et mangées impunément par la volaille.

Quant à celles choisies après la cuisson à la vapeur et pelées
chaudes, on les coupe en tranches plates de 4 millimètres environ; on les expose sur des claies, et pendant 24 heures, au soleil
ou à l'air ; puis, toujours sur des claies, on les sèche au four, d'où
elles sortent très dures et parfois légèrement rissolées. Une dessication entière est indispensable.

Tel est, je crois, le seul parti à prendre dans les circonstances
où nous nous trouvons. Les pommes séchées au four pourront se
conserver pendant plusieurs années. J'en ai fait moudre, et j'ai
obtenu une farine très fine et très sèche ; j'en ai mêlé un cinquième à quatre cinquièmes de farine de froment (on pourrait aller jusqu'à un quart et même un tiers); le mélange s'est parfaitement
opéré ; la pâte a bien levé, et le pain était excellent.

Ce procédé est simple et facile. Parmi nos cultivateurs, vous
n'en trouverez aucun qui puisse faire de la fécule pour panifier ses
résidus. M. Ducluzeau a une féculerie ; il est industriel ; son conseil sera utile à des féculiers ; il faut le remercier de l'avoir vulga-
risé ; mais il ne sera jamais suivi par le peuple des cultivateurs.
Nous devrons tous préférer de faire cuire, consommer ou sécher ;
nous nous ménagerons ainsi les ressources d'un bon légume ou
d'une excellente farine, propre à faire du bon pain, de la pâtisse-
rie, des potages, des purées, etc.

J'ai parlé de la cuisson à la vapeur, parce que c'est la plus facile, la plus économique, celle qui donne le plus de qualité au
tubercule; aussi les porcs en sont-ils très friands. Tant que j'aurai des herbes pour leur soupe, je leur donnerai la pomme de terre cuite, à l'état sec et sans eau, chaude ou froide, comme je leur
donnerais des châtaignes ; l'engraissement est plus rapide.

Si on ne veut pas cuire à la vapeur, on les cuira à l'eau, routi-
nièrement ; mais pourquoi pas à la vapeur ?... Au lieu de remplir
le pot d'eau, on ne le remplira qu'au tiers et on couvrira ; les deux

tiers des pommes de terre seront cuites à la vapeur. Un petit grillage en fer ou en bois, placé au dessus de l'eau, dans le pot,
serait encore mieux ; si on veut opérer plus en grand, on remplira
de pommes de terre une barrique défoncée à un bout, et on les
placera sur une chaudière ou grande marmite, à demi remplie
d'eau, le fond restant ; *dans la partie du milieu qui doit être en
contact avec la vapeur*, ayant été préalablement percé de trous
larges et nombreux ; on couvrira bien la barrique, *sans charger
le couvercle*; on remédiera à toute fuite de vapeur, dans le bas surtout, et tout sera cuit en une heure de forte ébullition, *celles du
haut avant celles du bas.* A la rigueur, on pourrait donc faire dix
cuites par jour.

Je termine par une observation. La maladie attaque particulièrement les pommes surtout d'un sol argileux et humide ; les terres
sèches, calcaires ou sablonneuses ont toujours produit des légumes restés sains jusqu'ici.

Dans mes récoltes, j'ai aussi remarqué deux fructifications : la
première, la fructification normale, était plus grosse, mais attaquée ; la seconde, plus récente, n'était pas mûre entièrement ; mais
elle était tout-à-fait saine. Ce sont ces petites pommes de terre
qu'il faut choisir pour ensemencer. J'ai essayé de bien des modes
de conservation, et je reviens toujours à l'usage de les placer dans
mes parcs à bœufs, en prenant le soin de les couvrir de graine de
foin pendant les gelées seulement.

Recevez, etc.   E. C.

Lamolle, ce 8 novembre 1845.

NOUVEL ENGRAIS AMMONIACAL.

M. Boussingault, ayant remarqué que la magnésie, base que l'on
a regardée jusqu'à présent comme très nuisible à la végétation, se
trouve dans les cendres de tous les végétaux, et y est dans une
proportion toujours en rapport avec la quantité de phosphore re-
trouvée également dans les cendres, et celle de l'azote qui entre
dans la composition des plantes, a été conduit à penser que les
végétaux devaient s'assimiler facilement et avec avantage le phosphate ammoniaco-magnésien. Il a voulu vérifier par l'expérience

cette conséquence de ses recherches analytiques. Le 1er mai dernier, il a planté des graines de maïs hâtif (quarantain) déjà ger-
mées, dans deux séries de pots en grès, contenant chacun 20 décimètres cubes de terre arable, et il a versé dans la moitié de ces
pots 15 grammes de sel double phosphaté par pièce. Il a ensuite
porté en pleine terre les deux séries de pots.

Pendant les vingt-cinq premiers jours, la végétation est restée la
même dans les deux séries ; à partir de cette époque, il y a une
différence en faveur des pots arrosés avec la phosphate. Le 25
juillet, les plants de maïs de ces derniers pots avaient une hauteur double et un diamètre de tige triple de ceux de l'autre série. Ce
rapport avait un peu diminué le 25 août ; la hauteur n'était plus
alors qu'une fois et demi celle des maïs non phosphatés, et le diamètre des tiges du double. Enfin, au moment de la maturité, les
maïs phosphatés portaient deux épis complets et un épi avorté,
tandis que les autres ne portaient qu'un épi complet et un épi
avorté. Enfin, chaque grain des premiers avait un poids double de
celui des seconds.

M. Boussingault, qui a fait, comme on sait, un grand nombre
d'expériences sur les engrais artificiels, dit n'avoir jamais rencontré de résultats différentiels aussi considérables. Il pense qu'on
pourra employer avec beaucoup de succès ce sel, qu'il ne sera d'ailleurs pas difficile de se procurer.

DESTRUCTION DES LOCHES ET DES LIMACES.

Un propriétaire rural de Lot-et-Garonne, ayant reconnu que
les loches sortent de terre à l'entrée de la nuit pour n'y rentrer
qu'à l'aurore, a imaginé de faire répandre à la volée, un peu avant
le jour, sur un champ de blé qu'elles avaient presque dévoré, de
la poussière de chaux hydraulique. A peine les loches ont-elles res-
senti l'action de la chaux, que, d'après le rapport du métayer qui
avait été chargé de cette opération, elles se sont repliées sur elles-
mêmes et sont mortes peu de temps après. Ce procédé est fort
simple et peu dispendieux ; un hectolitre de repasse de chaux hydraulique (chaux de rebut) ne se vend pas au delà de 0 fr. 30 c. à
0 fr. 40 c.

LES MIETTES DE LA TABLE.

A l'instar de ce qui se fait à LONDRES pendant la saison rigoureuse, un philanthrope, demeurant dans un des faubourgs de NAMUR, fait circuler depuis quelque temps en ville une petite charrette fermée, attelée d'un cheval et conduite par un cocher portant un costume qui ressemble un peu à celui de cuisinier. Cet attelage va recueillir, dans les maisons aisées, les restes des dîners; le tout est proprement et soigneusement rassemblé, et, en rentrant, on en fait des potages et des ragoûts qui sont distribués gratuitement aux indigens.   - *(Impartial de BRUGES.)*

CONSERVATION DES ŒUFS.

Pour conserver les œufs, au lieu de faire usage de la chaux ou d'un vernis quelconque, les Ecossais plongent leurs œufs dans de l'eau bouillante, où ils les laissent un moment. Le blanc en contact avec la coque se congèle, forme une couche mince imperméable à l'air, et garantit l'œuf de la décomposition. Cette méthode mérite la préférence sur toutes les autres, car elle atteint mieux le but qu'on se propose.

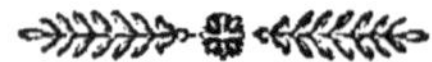

COMICE AGRICOLE DE MONTAGRIER.

On nous écrit de Montagrier :

Le 28 septembre dernier, le comice de Montagrier a célébré son 18ᵉ anniversaire.

A 9 heures, la charrue traçait un sillon large et profond : c'était la charrue Dombasle. M. le président a expliqué le mécanisme de cette charrue; il en a fait ressortir les avantages, et, après avoir reconnu qu'un sol pierreux et maigre de terre, que des pentes rapides et une propriété très divisée, ne permettaient son usage que comme exception dans le canton de Montagrier, il a dit qu'il espérait que des modifications heureuses viendraient l'approprier à la localité. A la veille de confier à la terre le blé, espoir de la récolte prochaine, c'était une bonne idée que celle de .

— 54 —

montrer la meilleure et la plus économique méthode d'ensemencer. Le laboureur ouvrait la terre avec une charrue au versoir très élevé ; un homme suivait., déposant dans le sillon le blé grain à grain : c'est ce qui s'appelle semer à la raie , manœuvre d'un usage presque général chez nos voisins de l'Angoumois, qui la confient aux femmes et aux enfans. Le *semoir Hugues* lui doit le jour ; mais M. Ducluzeau a trouvé le moyen de la faciliter et de lui donner une plus grande importance par le chaulage qu'il fait subir au blé. — Nous dirons une autrefois en quoi consiste le chaulage , qui , revêtant tout le grain d'une forte couche de matières actives, le rend plus facile à semer , plus précoce , plus vivace , et le garantit de la rapacité des insectes et des oiseaux.

A midi, inspection de la race bovine ; à 2 h., ouverture des procès-verbaux de tous les commissaires-inspecteurs ; à 3 h., distribution des primes. — M. le secrétaire fait l'éloge ou la critique de chaque objet présenté au concours. Une mention des plus honorables a été donnée à M. Delaveau, pour avoir établi un assolement de 4 ans sur la propriété de M. le président Fourtou, membre du comice ; M. Delaveau a modifié avec succès la charrue Dombasle.

La maladie des pommes de terre ne pouvait pas être passée sous silence ; il fallait dissiper l'erreur que , cette année, tous ces tubercules étaient nuisibles. M. le président, qui a une foulerie, s'est chargé de ce soin ; il a déclaré bonnes et valables, pour tout usage les pommes *non atteintes*, et bons encore, *pour la foulerie*, les tubercules malades au premier degré. S'appuyant de l'exemple, M. Ducluzeau a montré et fait distribuer un pain de sept kilogrammes composé de blé et de pommes de terre. Tous ont admiré la beauté et la saveur de ce pain, qui peut rendre de grands services à la classe indigente, puisqu'il doit lui donner une nourriture aussi saine et aussi abondante à un tiers de moins de frais. M. Ducluzeau a promis la formule de ce pain.

Pour terminer cette journée si pleine de faits utiles , que nous sommes obligé de taire pour la plupart, tout ce qui peut donner à une soirée de l'éclat et du plaisir se pressait dans le salon de M. le président. On sait que depuis dix-huit ans il ne permet pas à d'autres de faire les honneurs de cette solennité. Soixante-dix convives avaient accepté la plus franche et la plus cordiale des invitations.

COMICE AGRICOLE-DE CHAMPAGNAC.

Le dimanche 28 septembre 1845, à une heure de l'après-midi, les membres du comice se sont réunis en séance publique à l'hôtel de la mairie ; ce jour avait été fixé pour la distribution des primes ; presque tous les membres sont présens ; plusieurs dames de la localité et des environs, ainsi qu'un grand nombre de cultivateurs et colons du canton, ont assisté à cette solennité.

Après la lecture du procès-verbal, M. Lapeyronnie, président du comice, a pris la parole, et, dans un de ces discours si bien appropriés à la circonstance, il a su montrer d'abord l'utilité des comices, où l'exemple est joint au précepte ; puis il a fait l'historique du comice du canton de Champagnac, qui a rendu de si grands services à l'agriculture en adoptant pour base fondamentale de son institution la culture des plantes et racines fourragères et la création de nombreuses prairies artificielles. Après avoir ensuite déploré les nombreux désastres qui ont frappé cette année presque toutes les récoltes du canton, il a su relever le courage des agriculteurs et les encourager plus que jamais à persister dans la ligne de progrès dont les communes du comice qu'il a l'honneur de présider doivent s'enorgueillir à juste titre.

La distribution des primes a eu lieu publiquement ; leur nombre s'élève à 236, et la somme à distribuer est de 527 fr.

A 5 heures la séance est levée ; les pattes de pies ont été brûlées sur la place publique, et la journée a été terminée par le bal.

COMICE AGRICOLE DE CADOUIN.

Le 12 octobre dernier, le comice de Cadouin s'est réuni pour la distribution annuelle des primes. Le matin, un concours de labourage a eu lieu. La charrue perfectionnée par M. Emile Chansard, président du comice, a présenté un travail aussi bon que la charrue Dombasle. Elle a de plus l'avantage, que lui donne son timon raide, de pouvoir être transportée sur le joug.

A 2 heures, la séance a été ouverte par un discours de M. Emile Chansard, président, qui s'est attaché à faire connaître les meilleurs moyens de mettre les terres à l'abri des torrens, des innondations et des ravins. Celui qu'il préconise le plus, et qui est dû à son initiative et à son expérience, est la conversion en fourrages de tous les terrains sujets à inondation.

Les primes ont ensuite été distribuées. Elles s'élevaient à 500 fr.

Pendant les intervalles de la distribution de chaque prime, la musique jouait une fanfare.

Un banquet et un bal ont terminé cette solennité agricole.

COMICE AGRICOLE DE BERGERAC.

Vingt-trois laboureurs se sont présentés au concours. A l'issue de la messe du comice, qui a été dite à 8 heures, les autorités se sont rendues sur les lieux avec le jury qui devait apprécier les efforts des concurrens. Après un examen attentif de la régularité, de la rectitude et de la profondeur des sillons, le nombreux cortége, précédé de la compagnie des pompiers en tenue, a regagné la ville. La cour et les abords de la sous-préfecture présentaient l'aspect d'une foire. De tous côtés, arrivaient poulains et pouliches, bœufs, vaches et taureaux.

La liste close, les autorités et les membres du comice ont pris place sur une estrade dressée au milieu de la vaste promenade de l'Ormière. Un harnachement, consistant en une selle et une bride d'un travail et d'un prix qui excitaient la convoitise des concurrens, était sur l'estrade et attirait les regards. C'était une addition aux prix votés par le conseil général, un don fait par un anonyme.

M. le sous-préfet, président du comice, a prononcé un discours.

La distribution a commencé ensuite.

Après la distribution, les danses et les jeux commencèrent, ou, pour dire plus juste, continuèrent, malgré une légère bruine qui donna des craintes pour la soirée ; mais la bruine et les craintes furent de courte durée.

A 6 heures, un banquet de quarante couverts réunit MM. les membres du comice chez M. Dupuy, maître d'hôtel, à la Madeleine. Il y régna gaîté franche et cordialité.

Un feu d'artifice, composé de pièces nombreuses et variées, fut tiré de 8 h. à 9 h. 3|4 ; la plupart de ces pièces, d'un effet très agréable, excitèrent de bruyans applaudissemens.

Annales Agricoles et Littéraires.

N.° 1.

N.° 2.

PARTIE LITTÉRAIRE

ET SCIENTIFIQUE.

NOTICE SUR QUELQUES INSCRIPTIONS DE SÉTIF,

PAR M. DE MOURCIN.

Les Romains occupèrent le nord de l'Afrique pendant plusieurs siècles; ils y firent d'immenses travaux, et le sol algérien est encore couvert des débris de leurs monumens; là sont de véritables trésors pour l'archéologue; là se trouveraient de nombreux monumens historiques. C'est de ce côté que doivent se tourner les regards des savans.

La ville de Sétif est dans un des lieux les plus remarquables de cette contrée; elle est située sur un plateau qui a près de 30 myriamètres de long sur 12 ou 15 de large, et qui, dit-on, est élevé de 433 mètres au-dessus de la mer. Le sol de cette vaste plaine est d'une extrême fertilité; la culture en est facile. Les Romains ne pouvaient négliger une pareille position; ils y établirent une forte colonie.

Mais qui fut le premier fondateur de cette colonie? Serait-ce Cécilius Métellus, surnommé le Numidique? On n'en sait rien. Seulement le nom de *Nervand-Martia*, qu'elle portait, comme on le verra plus bas, indique suffisamment que Trajan en était considéré comme le véritable fondateur ou le bienfaiteur.

M. le général de Sillègue, qui, pendant quelques années, a eu le commandement de cette contrée, m'a assuré qu'il restait encore à Sétif les vestiges de trois enceintes concentriques, dont la plus vaste pouvait contenir 60,000 âmes, ce qui prouve que la nouvelle cité avait grandi à diverses époques, ou qu'elle avait éprouvé des décroissemens successifs.

D'importans travaux ont été exécutés sur cet emplacement, et, en homme de goût, M. de Sillègue y a établi une vaste promenade au bout de laquelle ont été mis en ordre tous les débris romains les plus importans.

Parmi ces débris se trouvent surtout de nombreuses inscriptions latines que M. de Sillègue a réunies dans un album qu'il a bien voulu me communiquer, et dont quelques-unes sont également profitables pour l'archéologue et pour l'historien. Malheureusement elles fourmillent de fautes, parce que le dessinateur chargé de les copier n'était pas habitué à la lecture de ces sortes de monumens.

Je ne parlerai point des diverses inscriptions tumulaires qui appartiennent à des familles particulières. Elles sont pour nous d'un intérêt trop secondaire, et il en est de plus importantes que je ne ferai qu'indiquer ; telles sont les suivantes :

1° Deux inscriptions dans lesquelles il est question de l'empereur Commode, et dont l'une est conçue en ces termes :

| . . . . . AVREL. AVG. ANTO-
NINO CÆS. IMP. M. AV-
RELI. ANTONINI AVG.
P. P. FIL. SITIFIS. DD
PP. | *C'est-à-dire :* | A Marc-Aurèle-Antonin-Auguste
César, empereur,
Fils de Marc-Aurèle-Antonin-Auguste,
Père de la patrie,
Les colons de Sétif ont dédié
Et érigé ce monument. |

2° Un autel consacré à Maximien-Hercule, et que, sur le dessin, il est impossible de déchiffrer en entier.

Il était naturel que Maximien fût honoré en Algérie d'une manière toute particulière, lorsqu'il avait mis tous ses soins à délivrer le pays des bandes de voleurs dont il était infesté.

C'est même par suite de cette circonstance qu'il reçut le surnom d'*Hercule*, ayant véritablement exécuté un des travaux
de ce héros fabuleux.

3° Deux autels votifs, consacrés à la *Diane des Maures* :

DIANÆ AVGVSTÆ

MAVRORVM SACRVM.

Il paraît que cette Diane était fort vénérée dans la contrée ;
et en effet il était naturel que la *blanche déesse*, Λευχοθέα,
comme l'appelaient les Grecs, en la confondant avec l'Aurore,
ou *lebâná* et *lebná*, comme disaient les Hébreux, fût l'objet
d'un culte particulier chez un peuple qui n'avait pas de chemins, et qui, la nuit, ne s'occupait qu'à piller ou à se garder
du pillage.

Les savans peuvent tirer d'autres conséquences de cette
consécration.

Mais la plus importante de toutes ces inscriptions est bien
certainement l'épitaphe suivante, dont la fin surtout a été
très-mal copiée et que j'ai tâché de restituer (*V. planche n° 1*) :

Restituée.	*Mise en meilleur ordre et en toutes lettres.*
DIVO. CÆSAR.	DIVO CÆSARI
P. CORNELIO. LICINIO. VA-LERIANO. NEPOTI.	PUBLIO-CORNELIO-LICINIO VALERIANO ; NEPOTI,
IMP. CNS. P. LICINI. VALERIA-N. AVG. FILIO. IMP. CÆS.	IMP. CNEIVS-PVBLIVS-LICINIVS VALERIANVS AVGVSTVS ; FILIO,
P. LICINI. GALLIEN. AVG. FRA-TRI. P. CORNELI. LICIN. SA-LONIN. NOBILISSIM. CÆS. AVG.	IMP. CÆSAR PVBLIVS-LICINIVS GALLIENVS AVGVSTVS ; FRATRI, PVBLIVS-CORNELIVS LICINIVS-SALONINVS NOBILISSIMVS CÆSAR-AVGVSTVS.
COL. NERVANÆ AVG. MART. VILLANOR. SITIFINS. DD. PP.	COLONIA NERVANÆ – AVGVSTÆ – MARTIÆ, VILLANORVM SITIFINSIVM, DICAVERVNT, POSVERVNT.

Cette inscription peut être traduite comme il suit :

Au divin César

Publius-Cornélius-Licinius Valérianus ;

Son aïeul,

L'empereur Cnéius-Publius-Licinius Valérien Auguste ;

Son père,

L'empereur César Publius-Licinius Gallien Auguste ;

Son frère,

Publius-Cornélius-Licinius Salonin,

Très noble César Auguste.

La colonie de l'auguste Nervana-Martia

Et des habitans du Sétif

A consacré et érigé ce monument.

Il résulte de cette inscription que Publius-Cornélius-Licinius Valérianus est mort jeune et après avoir été investi du titre de *César*, que ce prince était fils de GALLIEN, petit-fils de VALÉRIEN Ier et frère de SALONIN.

Ce prince n'ayant à son décès que le titre de *César*, lorsque son frère Salonin était revêtu de celui d'*Auguste*, on doit en conclure qu'il était plus jeune que ce dernier.

Dans l'inscription, il n'est point question de *Jules Gallien* (*Quintus-Julius Gallienus*), dont parlent quelques auteurs ; il est probable qu'il était encore très jeune. C'était sans doute le troisième fils de Gallien.

Il n'est pas question non plus de *Salonin-Gallien* (*Publius-Cornelius-Saloninus-Gallienus*) ; s'il a existé, ce qui est encore douteux, il aurait été alors dans la plus tendre enfance.

Mais à quelle époque remonte la mort du jeune prince ? Jusqu'à présent il est impossible de le dire d'une manière précise.

Seulement on sait que Valérien Ier tomba entre les mains de Sapor, roi des Perses, en l'année 258 de l'ère chrétienne; qu'il mourut prisonnier de ce roi barbare, auquel il servait de marche-pied pour monter à cheval, et que Gallien ne fit rien pour le retirer de l'esclavage.

Or, dans le monument qui nous occupe, il est question de *Valérien;* il est donc probable qu'il n'était point encore prisonnier. C'est donc vers l'année 256 ou 257 que je fixerais la mort du prince et l'érection du monument.

Toujours est-il qu'il est aujourd'hui bien certain que Gallien eut au moins trois fils :

1° Salonin (Publius-Cornélius-Licinius), empereur, massacré par ordre de Postume, avec Silvain, son gouverneur, vers la fin de l'année 260 ;

2° Le César Publius-Cornélius-Licinius Valérien, décédé vers l'année 257 ;

3° Jules-Gallien (Quintus-Julius Gallienus).

Ce monument nous apprend aussi que *Sétif* était une colonie romaine qui portait le nom de *Nervana-Martia,* et qui regardait Trajan comme son premier ou son second fondateur. Ce nom de *Nervana* qu'elle porte ne laisse guère de doute à cet égard, car Trajan portait le nom de *Nerva,* et il n'est guère probable que dans un règne d'un an et quelques mois l'empereur *Nerva,* père adoptif de Trajan, ait pu s'occuper de la fondation des colonies.

La colonie de Sétif pourrait donc remonter, pour sa première fondation, ou du moins pour la seconde, et pour la construction de sa plus vaste enceinte, vers les premières années du second siècle.

Quant au mot *Martia* qui fait partie du nom de la colonie : *Nervana-Martia,* il est en abrégé sur le monument ; il est mal rendu par le dessin ; je ne puis donc être sûr de l'avoir restitué avec exactitude. Ce qui cependant me porterait à le croire, c'est que parmi les inscriptions découvertes est un autel consacré au dieu Mars :

<table>
<tr><td>MARTI
VICTORI
AVG. SAC.
M. VLPIVS M.
F. PAP. ANDRO-
NICVS. OAED.
IIVIR. FLAM.
IIVIR. QQ. PE-
CVNIA SVA. (1).</td><td>*C'est-à-dire :*</td><td>À l'auguste Mars
Vainqueur,
Marcus-Ulpius, fils de Marcus,
De la tribu *Papiria*,
Edile duumvir, *flamine duumvir*,
A fait tous les frais
De ce monument.</td></tr>
</table>

La colonie de Sétif paraîtrait donc s'être mise sous la protection du dieu Mars, et alors ce serait bien de là qu'elle aurait tiré son surnom de *Martia : Nervana-Augusta-Martia*.

D'un autre côté, le nom de *Sétif* paraît ne pas s'être appliqué seulement à la ville, mais aussi à toute la population qui en dépendait au-dehors : *Villani Sitifinses*. Et en effet toute cette population faisait partie de la *colonie* ou de la *cité*. Aussi cette colonie ne s'appelait pas seulement *Nervana-Martia*, du nom de sa capitale ; souvent on la nommait *colonie du Sétif*, COLONIA SITIFIS, comme le prouvent plusieurs inscriptions, notamment celle de Commode, que j'ai citée.

Ce qu'il y a de très remarquable, c'est que ce mot *Sétif*, en latin *Sitifi* ou *Sitifis*, est arabe et synonyme de *commune* ; de la racine chaldéenne SCHETAPH, *associer, mettre en commun, faire participer*.

La campagne de Sétif s'étend au nord-est à environ 5 myriamètres, où elle se termine par une chaîne de montagnes, nommée le *Bou-Taleb* ; c'est là, sur le revers méridional, que se trouvaient une foule de maisons de plaisance apparte-

(1) *Quodcumque pecuniâ suâ.*

nant aux riches propriétaires de *Nervana-Martia;* c'est là que l'on a trouvé aussi un vieux cimetière, d'où provient une partie du musée de Sétif.

Le mot *Bou-Taleb* signifie le *père dur, sévère et inflexible, le père de l'affliction.* Ce mot aurait-il pour cause l'existence du vieux cimetière dont je viens de parler, ou serait-il la conséquence des désastres que les neiges font souvent éprouver aux caravanes au milieu de ces montagnes ? Ces désastres sont fréquens ; nous venons d'en ressentir les effets.

Je dois faire connaître une dernière inscription qui, sans avoir l'importance de celle des Valériens, n'en est pas moins très curieuse : c'est celle d'un autel votif consacré à la victoire par *Marcus-Longeius Silvain,* fils de *Marcus.* C'est probablement ce *Silvain* qui fut précepteur et gouverneur de Salonin, qu'il conduisait et dirigeait comme s'il eût été son père, et qui périt avec lui.

Cette inscription, dessinée sous le n° 2, peut être mise en toutes lettres ainsi qu'il suit :

VICTORIÆ AVGVSTI		A la victoire d'Auguste.
SACRVM.		Marcus-Longeius
MARCVS LONGEIVS,		Silvain,
MARCI FILIVS,	*C'est-à-dire :*	Fils de Marcus,
PAPIRIA,		De la tribu *Papiria,*
SILVANVS,		S'est acquitté de son vœu
VOTVM SOLVIT LIBENTI		Avec une vive satisfaction.
ANIMO. (1)		

C'est, comme l'on voit, une consécration à la victoire de

(1) Au lieu de *Longeius,* on pourrait lire *Lonceius.* J'ai préféré la première forme à la seconde.

l'empereur. Elle prouve l'attachement de Silvain à ses princes et semble indiquer les rapports qui existaient entre eux.

Ces divers monumens nous font donc connaître :

1° L'existence et les noms du second fils de Gallien ;

2° Le nom de la ville de Sétif, *Nervana-Augusta-Martia*, et l'époque approximative de sa fondation ;

3° Les noms de la colonie, prise dans son ensemble, *colonia Sitifis*, ou *colonia Sitifinsium* ;

4° Les noms et prénoms du précepteur de Salonin, ou du moins ce qu'il y a jusqu'à présent de plus probable sur cet objet ;

5° Enfin, ils semblent indiquer que les enfans de Gallien, tout jeunes qu'ils étaient, avaient fait des voyages à Sétif et dans les autres parties de l'Algérie.

J'ai rédigé cette notice un peu à la hâte et sans faire toutes les recherches dont elle pouvait être l'objet. S'il s'y est glissé quelques erreurs, elles pourront plus tard être rectifiées ; je n'ai eu pour but que d'engager les archéologues à tourner leurs regards vers les antiquités de l'Algérie.

Le rédacteur-éditeur, AUG. DUPONT.

Vu : *Le secrétaire-perpétuel,* DE MOURCIN.

PARTIE AGRICOLE.

D'UN ASSOLEMENT CONTINU,

À DOUBLES ET TRIPLES RÉCOLTES, À SUBSTITUER A TOUS LES
ASSOLEMENS A JACHÈRE ; PAR M. DEZEIMERIS.

Mémoire lu à l'académie des sciences le 16 février 1846.

Ce n'est point une mémoire scientifique que je viens communiquer à l'académie ; c'est une instruction purement pratique. Je crois avoir trouvé un moyen aussi simple que sûr *de doubler les produits agricoles dans tous les pays à jachère ;* je viens l'exposer dans toute sa simplicité. Ce travail aura la sécheresse d'une formule ; je désirerais qu'il en eût aussi la précision. Ce n'est qu'à raison de l'importance de la matière que je me permettrai de réclamer l'attention sans laquelle on ne peut suivre des faits de détail.

Dans les départemens bien cultivés du nord de la France, les terres donnent une récolte chaque année : céréales, plantes commerciales, racines sarclées ; dans les départemens du centre et du midi, la terre donne une année du blé, et l'année suivante rien ; ou du blé une année, de l'avoine l'année suivante, et rien la troisième.

Dans le nord, le sol, bien exploité, donne un intérêt raisonnable *des capitaux considérables qui représentent sa valeur ou qui servent à son exploitation ;* ailleurs, le sol, mal cultivé, ne sert qu'un médiocre revenu pour le faible capital qu'il représente et pour les misérables capitaux qui l'exploitent.

Pour tirer de cette déplorable situation les pays arriérés, on leur a proposé d'adopter les assolemens des pays prospères; de substituer l'agriculture flamande à leur vieille routine, tradition de la pratique romaine gâtée par l'ignorance du moyen-âge; et comme une telle substitution ne saurait se faire de toutes pièces sans l'intervention de capitaux d'exploitation considérables, on s'est mis à la recherche de la pierre philosophale des temps modernes, à la recherche du crédit agricole, ou crédit de la pauvreté. On a cherché des expédiens capables de déterminer les financiers à prêter leur argent aux cultivateurs, qui ne peuvent ni servir des intérêts à jour fixe, ni rembourser un capital, aux mêmes conditions auxquelles ils le livrent au commerce, qui comprend parfaitement la valeur du mot échéance, paie les intérêts à jour convenu, et peut calculer d'avance à quelle époque, dans des circonstances normales, il sera en mesure de se libérer.

On est là, et quant au but et quant aux moyens, dans une voie mauvaise et sans issue. Il n'est pas possible, il ne sera jamais possible, quoi qu'on fasse, que l'agriculture emprunte aux mêmes conditions que le commerce; et il est bien plus impossible encore de substituer de prime-abord et de toutes pièces l'agriculture flamande à l'agriculture qui fonde sur le repos du sol, sur la jachère, le rétablissement de la fécondité épuisée par une ou deux récoltes de céréales.

Nous avons démontré dans un précédent travail, et l'expérience d'une foule de désastres agricoles avait démontré avant nous, que la suppression de la jachère au moyen de la culture des racines sarclées, entreprise sur une grande échelle (sur un quart ou un cinquième des terres), était un système ruineux , un système impraticable pour quatre-vingt-dix-neuf cultivateurs sur cent.

Peut-on songer à supprimer la jachère en substituant au repos du sol la culture des plantes commerciales ?

Ce procédé a été mille fois proposé ; mais il n'a pu l'être que par des personnes étrangères à la pratique , par des agronomes passant leur temps à chercher dans les livres des formules d'assolemens , pour en comparer *arithmétiquement* les produits et prôner ceux qu'on appelle de riches assolemens. Mais on n'opère pas précisément sur le sol comme sur le papier ; il est moins aisé de réaliser de brillans systèmes avec la charrue qu'avec la plume , et des chiffres ne sont pas des récoltes.

Non , la culture des plantes commerciales ne peut pas avantageusement , ne peut pas , sans des inconvéniens très graves , être substituée à la jachère. Une foule d'agriculteurs , séduits par les promesses d'une fausse science , l'ont bien appris à leurs dépens.

Dans tous les pays où la jachère occupe le tiers ou la moitié des terres , on n'a pas le quart des fumiers qui seraient nécessaires pour obtenir , même avec son secours , des récoltes passables de céréales. Venir disputer au blé ce peu d'engrais pour en donner une partie à de nouvelles cultures épuisantes , c'est ruiner le sol et ruiner le cultivateur , pour se donner le plaisir de substituer , à grands frais , deux récoltes misérables à une récolte médiocre.

Il faut pourtant sortir du régime de la jachère , car la France n'est plus un de ces pays qui , possédant dix fois plus de terres que n'en peuvent exploiter leurs populations , en cultivent un coin chaque année , pour laisser le coin qui fut cultivé l'an dernier regagner , dans un long repos ; la fécondité qu'a mise à profit la récolte qui vient d'être recueillie.

La valeur capitale du sol cultivable en France est trop élevée pour qu'on ne soit pas dans la nécessité d'en retirer un revenu tous les ans.

Une récolte tous les ans, cela se peut-il ? Tout le monde le dit ; nous croyons l'avoir démontré nous-même, et nous voulons établir aujourd'hui que cela n'est ni bien difficile ni bien coûteux, en suivant une autre voie que celles dans lesquelles on s'est tenu constamment engagé jusqu'à ce jour.

En tout pays mal cultivé, c'est par les fourrages, et par les fourrages seuls, qu'on peut toujours sortir avantageusement du régime de la jachère. Mais par quels fourrages ? Ceux qui sont connus et usités jusqu'ici y doivent servir, mais n'y peuvent suffire. A l'aide de ceux que nous avons déjà proposés dans de précédens mémoires, et sur lesquels nous allons fournir de nouveaux renseignemens, on peut avoir non-seulement des récoltes tous les ans, mais plusieurs récoltes chaque année ; et au lieu d'un repos de quinze mois en deux années donné à la terre, comme on le fait dans l'assolement biennal *blé-jachère ;* au lieu d'un repos de plus d'un an sur trois, *comme* dans l'assolement *blé-avoine-jachère ;* au lieu d'un repos de treize à quatorze mois en quatre ans, comme on le voit dans la culture alterne de l'assolement quadriennal, *racines-céréales de printemps trèfle-blé ;* au lieu de tous ces intervalles perdus, la terre sera à peu près incessamment occupée.

Précisons la place et la part qu'il faut conserver aux fourrages usités ; nous partirons de ce point, connu de tout le monde, pour prouver la nécessité et marquer l'emploi de ceux que nous avons à faire connaître ; nous pourrons de là apprécier leur importance dans l'ensemble d'un système agricole nouveau. Nous supposerons, dans ce qui va suivre, qu'on a à opérer dans un pays où l'assolement usité est biennal : *blé-jachère.*

Nous avons déjà répété avec tout le monde qu'il faut y introduire le trèfle, et qu'il faut y accorder à cette plante précieuse autant de place qu'elle peut en occuper sans inconvénient pour elle-même. Ne pouvant revenir sur le même sol plus souvent que tous les quatre ou cinq ans, elle doit être restreinte au quart, ou mieux au cinquième ou au sixième de l'étendue des terres labourables ; et, au début d'un système d'amélioration, elle ne saurait même occuper un pareil espace ; car il s'en faut bien qu'on possède dans cette proportion des terres en état de la produire. Nous avons donc, dans la culture du trèfle, l'emploi d'un sixième des terres tout au plus, ou du tiers de la jachère (1).

Nous supposerons qu'un second tiers puisse être occupé par des racines et par du seigle-fourrage, de la vesce, de la jarrosse, du maïs, en un mot par tous les fourrages usités jusqu'à ce jour dans les contrées où l'on en cultive le plus. Avec les conditions de fécondité du sol et de propreté déjà acquises, que supposent ces cultures pour être des cultures avantageuses, exemptes d'inconvéniens, admettre qu'elles puissent occuper un second tiers de la jachère, c'est, pour la majorité des cas, supposer au delà du possible.

Que ferons-nous du dernier tiers de la jachère, et n'y a-t-il rien de plus à demander au tiers précédent ?

Ici commence, quoiqu'il ne se restreigne point à ces limites, le domaine des fourrages hâtifs, plantes vraiment merveilleuses, en ce que leur culture ameublit et nettoie admirablement le sol, que les autres laissent se tasser et se salir, en ce qu'elles

---

(1) La luzerne et le sainfoin, occupant le sol pendant six ans ou plus, et ne pouvant revenir sur la même terre avant huit ou dix ans, ne peuvent entrer dans l'assolement. Il faut en avoir quelques pièces séparées, un dixième ou un douzième des terres labourables, qu'on doit rompre et remplacer par d'autres d'égale étendue dès que leurs produits commencent à baisser.

coûtent peu, produisent beaucoup, s'intercalent sans peine dans tous les systèmes d'exploitation, y laissant subsister sans difficulté tout ce qu'on désire en conserver, simplifiant les procédés culturaux, et rendant les travaux aratoires faciles en toute saison et quelles que soient les conditions défavorables du temps. Qu'on prenne des plantes fourragères dont le développement soit très rapide ; qu'on les fasse se succéder incessamment à elles-mêmes ou succéder sans intervalles à d'autres cultures, pendant tout le temps que le sol serait resté nu, et l'on verra se réaliser comme d'eux-mêmes tous les résultats qui viennent d'être énoncés.

Entrons dans quelques détails simples, pratiques, à la portée de tout le monde ; et, pour indiquer ce qu'a à faire l'agriculteur améliorateur depuis la saison dans laquelle nous allons entrer, partons de la supposition déjà faite il y a un instant, qu'il a déjà mis à profit tous les bons préceptes connus, et que les deux tiers de ce qui constituait autrefois chez lui la jachère sont en ce moment, au mois de février, occupés ou vont l'être par du trèfle et par tous les fourrages usités. Nous prenons ce point de départ, afin de bien déterminer le point où les principes connus ont porté l'art agricole à l'usage des pays arriérés, et ce que nous pensons y avoir ajouté de neuf ; mais plus loin nous laisserons de côté cette supposition, et nous indiquerons ce que doit faire l'agriculteur chez lequel nulle amélioration n'a encore été réalisée et qui est encore asservi à la routine vulgaire.

Pour plus de précision, prenons une petite métairie de 12 hectares de terres labourables, comme il y en a tant dans la moitié méridionale de la France.

Dans la supposition d'améliorations déjà faites d'après les principes connus, six hectares sont occupés par du blé d'hiver, deux hectares sont en trèfle, deux hectares sont ou vont être en fourrages divers, seigle, vesces, jarrosse. Dans cette sole viendront aussi se placer des pommes de terre ou des betteraves sur le quart, le tiers ou la moitié d'un hectare.

Restent donc deux hectares disponibles. Qu'y faut-il faire?

Les métairies du genre de celles que nous avons en vue ont un hectare et demi ou deux hectares de prés naturels, bons ou mauvais, qui servent à nourrir, tant bien que mal, un attelage de bœufs, seuls animaux qu'on y entretienne.

Si dès l'année dernière notre cultivateur avait déjà deux hectares de trèfle et deux hectares de fourrages, il aura pu nourrir convenablement cet hiver, outre son attelage, deux ou trois animaux de plus, et vers la fin de février il devra avoir à sa disposition de vingt-cinq à trente charretées de fumier.

Au 1er mars, ou plus tôt si la saison s'y prête, qu'il porte quatre ou cinq charretées de fumier sur un quart d'hectare des terres destinées à rester en jachère, qu'il laboure ce quart d'hectare, et qu'il y sème, pour être consommé en vert, un mélange de seigle de printemps, d'orge céleste, de pois quarantains et de moutarde blanche.

Huit ou dix jours après, qu'il répète la même opération sur un second quart d'hectare, puis sur un troisième, après un même intervalle de temps, et ainsi successivement, jusqu'à ce qu'il ait fumé et ensemencé la totalité des deux hectares qui avaient été destinés à rester en jachère.

Lorsqu'on n'a plus de gelées à craindre, au mélange indiqué ci-dessus on substitue un mélange de sarrasin, de maïs quarantain, de moha, d'alpiste et de pois quarantains, et, dans les terres légères, de spergule géante.

Dès que le premier des fourrages ainsi semés sera bon à faucher, ce qui arrivera avant la fin de mai, il faut l'enlever, porter de nouveau du fumier sur le même champ, le labourer sans perdre un seul jour, et y semer de nouveau le mélange de sarrasin , maïs quarantain., alpiste, moha et pois quarantains.

Pour la seconde fois , et de huitaine en huitaine , chaque quart d'hectare sera fumé et ensemencé aussitôt qu'on en aura fauché le fourrage.

A cette époque de l'année, moins de deux mois (juin et juillet) suffiront pour le développement de ce second semis de fourrages hâtifs , et les mêmes terres en pourront recevoir, sans fumure , un troisième semis , de la fin de juillet au milieu du mois d'août. Ce dernier fourrage sera récolté à temps pour livrer le sol , dans un parfait état d'ameublissement et de propreté , aux semailles de blé d'hiver , en octobre.

Voilà trois récoltes obtenues sur des terres qui étaient destinées à rester en jachère ; mais ce n'est pas tout.

Les terres actuellement occupées par de la vesce, de la jarrosse , etc., sont destinées, après avoir donné ces fourrages , à rester nues et à recevoir plusieurs labours jusqu'aux semailles d'hiver. Ces cultures ne se font pas sans motifs ; elles ont pour objet de nettoyer et d'ameublir le sol. A cela près, c'est de la peine sans profit. Or , on peut se procurer beaucoup de profit sans plus de peine , tout en assurant d'une manière encore plus parfaite le nettoiement et l'ameublissement du sol. Pour cela., à mesure qu'on fauche la vesce, la jarrosse, il faut fumer la terre qu'on vient de dépouiller, et l'ensemencer immédiatement en fourrages hâtifs. Sur la portion de la sole de jachère qui était déjà soustraite à l'inactivité, ce seront de doubles récoltes qu'on se procurera de cette sorte.

Enfin., après la moisson, une partie des pièces qui viendront de porter du blé, au lieu d'être abandonnées sans culture jusqu'au printemps suivant, pourront, avec de grands avantages pour la production et pour le sol , recevoir une fumure et une semaille de fourrages hâtifs. Ce sera, sur quelques-unes, le mélange déjà indiqué : sarrasin, maïs quarantain, alpiste, moha, pois quarantains ; sur d'autres, ce seront des raves ou navets, production précieuse comme nourriture fraîche d'hiver pour le bétail.

Et à l'occasion de ce genre de nourriture, nous dirons l'avantage infini qu'il y a de placer sur un demi-hectare, prélevé sur ceux qui devraient recevoir du blé en automne, une plantation de choux cavaliers, lesquels offriront tout le long de l'hiver une des ressources les plus précieuses qu'on puisse dire. Au printemps, ce demi-hectare, débarrassé des choux, devra recevoir une céréale de mars, ou du sarrasin destiné à porter graine, et en même temps de la graine de carottes blanches à collet vert, qu'on y sèmera comme on sèmerait de la graine de trèfle. Après la moisson de cette céréale ou de ce sarrasin, on donnera aux carottes un vigoureux coup de herse. Quelques semaines plus tard, on les hersera de nouveau ; ce seront là les seuls frais qu'exigera la culture de ces racines, si coûteuses quand on les cultive isolément, à cause de la difficulté des nombreux sarclages qu'elles réclament. On les laissera en terre durant l'hiver, et on ne les récoltera qu'à mesure qu'elles seront consommées.

Voilà donc non-seulement la jachère supprimée, mais les intervalles des récoltes usitées mis à profit : le tout pour l'entretien d'une grande quantité de bétail, la production d'abondans fumiers et la fécondation rapide du sol.

Mais reprenons un des points de notre sujet.

Nous avons supposé, au bout des indications que nous venons de donner, que nous opérions sur un domaine déjà en grande voie d'amélioration, puisque nous y supposions le trèfle et les fourrages annuels établis sur les deux tiers de la jachère. Supposons maintenant qu'il n'y existât encore rien de pareil ; l'établissement de l'assolement *continu* demanderait deux ou trois années de plus, mais ne présenterait du reste aucune difficulté sérieuse, et la manière d'y procéder serait toujours la même. Reprenons l'indication de la série des travaux à exécuter.

A l'époque de l'année où nous nous trouvons, une métairie de douze hectares, exploitée en pleine routine, a six hectares en blé et six hectares en jachère.

Dans la sole de blé, il existe presque toujours une pièce de choix, d'un demi-hectare, d'un hectare, ou plus peut-être, dont le sol est bon, et à laquelle on donne habituellement plus de soin et plus de fumier qu'aux autres, parce qu'elle paie mieux les avances qu'on lui fait. Au mois de mars, il faudra y semer, sur le blé, de la graine de trèfle, qu'on recouvrira au râteau, ou mieux à la herse roulante.

Si l'on avait une pièce de terre légère, à la fois substantielle et très meuble, on pourrait encore, avec espoir de succès, semer de la même manière, sur le blé, de la graine de carottes.

Ce serait un bon calcul de faire un sacrifice pour ces deux pièces de choix, et de leur donner quelque engrais pulvérulent. Nous savons combien peu de cultivateurs de la classe de ceux dont nous nous occupons sont en position d'acheter des engrais ; mais c'est ici le premier fondement de tout un système d'amélioration, et désormais nous ne leur proposerons plus des sacrifices que nous savons n'être pas à leur portée.

La métairie complétement arriérée dont nous nous occupons maintenant n'a, au mois de mars, qu'une douzaine de charretées de fumier, au lieu de vingt-cinq ou trente dont pouvait disposer celle dont il s'agissait tout-à-l'heure.

Il faut faire choix, dans la solde de jachère, des deux hectares les meilleurs. C'est sur ces deux hectares seulement que devront être employés les fumiers actuellement

existans et tous ceux qui se feront dans le cours de l'année ;
ce sont ces deux hectares aussi qui seront destinés à recevoir
de la graine de trèfle, dans le blé des semailles prochaines.

Mais ici encore il y a manière de procéder.

Dans cette sole de jachère, et sur les deux hectares en
question, il y a nécessairement quelques pièces de choix,
d'une qualité supérieure à toutes les autres. Nous en tiendrons
en réserve le meilleur morceau, pour y planter en juin ou
juillet des choux cavaliers, et nous y trouverons bien un demi-
hectare, ou peut-être plus, en état de porter du fourrage
passable sans fumure. C'est de la vesce, de la bisaille ou de
la jarrosse qu'il faut y mettre. Cela fait, et toujours sur les
deux hectares en question, tous les fumiers qui sont faits et
qui se feront, et à mesure qu'ils se feront, devront être employés à faire venir des *fourrages hâtifs*, à la suite les uns
des autres, et aussi à la suite des vesces, de la bisaille et
de la jarrosse qui viennent d'être indiquées.

Les quatre hectares de jachère dont nous ne pouvons, cette
année, tirer parti, faute de fumier, seront, bien entendu,
traités d'une manière convenable, c'est-à-dire labourés, roulés
et hersés en temps opportun, et pour le moins trois fois dans
l'année.

Après la moisson faite, on jugera s'il se trouve dans la
partie de la sole de blé qui n'est point déjà occupée par le
trèfle et par les carottes quelque pièce qui soit en état de
recevoir, sans fumure, une semaille de graine de raves.
Dans le cas contraire, il faudra réserver pour l'année suivante l'usage de ces cultures.

Nous aurons ainsi atteint l'époque des semailles d'automne.
C'est de cette époque que nous conseillons aux cultivateurs
de faire choix pour leurs semailles de trèfle, au moins dans la
moitié méridionale de la France. Nous exposerons ailleurs les

avantages décisifs qu'il y a à semer ce fourrage avec le blé d'hiver ; et en même temps que lui, vers le commencement du mois d'octobre.

Nous n'avons pas besoin de dire qu'il faudra recommencer la même série de travaux au printemps de l'année prochaine, ni d'indiquer en détail comment on devra procéder. Tout se résume en ce seul précepte : employer tous les fumiers à faire venir des fourrages hâtifs ; à quoi il faut ajouter que le cultivateur qui n'en a que vingt charretées fait mieux de les appliquer à un seul hectare de terre, pour en tirer deux ou trois fourrages successifs, que de les distribuer sur deux hectares pour avoir un fourrage de chacun d'eux.

Celui qui suivra exactement les indications que nous venons de fournir, et qui pratiquera d'ailleurs avec tout le soin convenable ses opérations culturales, sera surpris, malgré nos promesses, des quantités de fourrages qu'il parviendra à se procurer, du nombre d'animaux qu'il sera en mesure de nourrir à l'étable, quoique avec des terres médiocres, des masses de fumier qu'il en retirera, et de la rapidité du nettoiement, de l'ameublissement et de la fécondation de son sol.

Nulle difficulté dans ce système de culture ; rien qui n'y soit à la portée de toutes les intelligences et de toutes les bourses. Il se résume en ces peu de mots :

Jachère supprimée et remplacée par de doubles et de triples récoltes, terres en totalité et constamment occupées, sans nulle interruption ; *moitié* des terres en céréales, et néanmoins *totalité* des terres en fourrages ; fourrages en seconde récolte, fourrages hâtifs réitérés ; plus d'une tête de gros bétail entretenue par hectare, en terres médiocres ; substitution facile et peu coûteuse de cet assolement à un assolement quelconque usité en pays mal cultivé ; accroissement considérable des produits et des bénéfices.

Nous nous permettrons de donner à ce système de culture le nom d'*assolement Dezeimeris,* parce que jamais, dans aucun temps ni dans aucun pays, on n'a rien pratiqué de semblable, et parce qu'il est juste, si ce système est bon, qu'en apprenant à le connaître et à en profiter, on sache en même temps à qui on en est redevable.

DÉFONCEMENS DE TERRES A BRAS D'HOMMES.

(SUITE ET FIN.)

Rarement un défoncement d'une certaine profondeur peut s'opérer à bras sans l'aide de quelques-uns des outils dont il a été parlé. Toutefois, dans les sols remarquablement faciles, de consistance légère, de nature sableuse ou sablo-argileuse, sans presque aucune pierre, il arrive que l'emploi de la bêche est possible. — Dans ces sortes de terrains, bien qu'on ne les travaille ordinairement que superficiellement, les pluies entraînent facilement les sucs extractifs des engrais à une profondeur telle que les racines ne peuvent plus en profiter. Il est avantageux, de loin en loin, d'atteindre les couches inférieures. Cette sorte de défoncement, pratiqué, dans divers lieux, à la profondeur d'un fer de bêche seulement, en renouvelant la terre, produit d'excellens effets, notamment sur les cultures du lin, du chanvre et des céréales, qui se succèdent à de courts intervalles sur les mêmes champs.

La dimension du fer des bêches doit être proportionnée, non-seulement à la profondeur ordinaire des labours, mais aussi à la force de l'ouvrier et à la nature du terrain. — Dans plusieurs localités on lui donne de 0^m 325 à 0^m 487 de long, sur 0^m 217 à 0^m 271 de large. Dans d'autres, seulement 0^m 244 à 0^m 271 sur 0^m 217. La longueur des manches varie de

0^m 650 à 0^m 812. — Le plus souvent il est simple ; quelquefois il se termine par une poignée en forme de béquille. — Nous avons réuni dans les figures ci-jointes les principales bêches particulièrement propres aux défoncemens, telles qu'elles sont employées dans divers pays ; *fig.* 1, bêche de Paris ; *fig.* 2, bêche anglaise ; *fig.* 3, bêche Louchet de Picardie ; *fig.* 4, bêche italienne à oreilles, carrée ; *fig.* 5, 6, deux bêches du Puy-de-Dôme ; *fig.* 7, bêche de Normandie ; *fig.* 8, bêche de Poncins ; *fig.* 9, bêche romaine ; *fig.* 10, bêche belge ; *fig.* 11, bêche à oreilles, de Lucques ; *fig.* 12, bêche à hoche-pied, de Toulouse ; *fig.* 13, bêche à chevilles du midi de la France.

Les bêches *fig.* 1, 2, 3 et 4, et notamment les trois premières, qui diffèrent peu entre elles, sont employées fort communément dans les terres légères et sans mélange de pierrailles. — Celles qui sont désignées par les n°s 5 et 6, destinées plus particulièrement à creuser des rigoles d'arrosement dans les prairies naturelles, produisent, en cas de besoin, un défoncement plus profond ; il en est de même de la bêche *fig.* 8, qui se recommande, ainsi que celle *fig.* 7, par sa légèreté. — Les bêches *fig.* 12 et 13 rendent le travail plus facile au moyen du hoche-pied mobile ou des chevilles, sur lesquelles l'ouvrier peut mettre le pied, sans user aussi promptement ses chaussures. — Enfin, les bêches *fig.* 9, 10, 11 et 12 sont préférables, à cause de leur forme, dans les terrains un peu rocailleux ou traversés par de minces racines. — Toutefois, dans ces sortes de sols, pour peu qu'ils offrent assez de consistance, on remplace la bêche par la fourche.

Le défoncement à la fourche, *fig.* 14, entraîne en pareil cas moins de fatigue, produit plus de travail et peut donner du reste à peu près les mêmes résultats. — La fourche, comme la bêche , doit néanmoins être considérée plutôt comme outil de simple labour que de défoncement.

Les défoncemens exécutés à bras d'hommes offrent généralement plus de perfection ; mais ils sont beaucoup plus dispendieux que les autres. Aussi les emploie-t-on rarement dans la grande culture. Cependant il est des cas où, faute de machines convenables, ou, comme on peut le conclure de ce qui précède, d'après la nature ou la disposition du terrain, il est impossible de recourir à la charrue.

(Maison Rustique du XIXe siècle.)

ÉCONOMIE DES ENGRAIS.

La culture des fourrages, créatrice des produits nets les plus élevés, donne seule profit.

Suivant les expériences de Taër, Pavis, Cesaire-Nièvre, 1,000 kil. de fumier produisent, indépendamment de la force du sol, le dixième de leur poids en grain, ou 100 kil., représentés en moyenne par 133 litres de seigle ou froment ; mais les 200 kil. de paille produits avec le grain donneront 400 kil. d'engrais : les 100 kil. de grain n'auront donc fait perdre à l'économie générale que 600 kil. d'engrais.

1,000 kil. de fumier font produire, en deux ou trois ans, 750 kil. de fourrage sec qui donneront 1,500 kil. de fumier. On trouvera donc, comme bénéfice net, moitié du fumier employé, et la valeur comme nourriture des 750 kil. de fourrage.

Taër, et après lui M. Varembey, ont donc raison de dire que l'emploi le plus utile du fumier est sur les prairies pour la prompte amélioration de l'ensemble de l'exploitation, puisqu'il reproduit moitié en sus de ce qu'il consomme, et que les céréales ne reproduisent que le tiers de tout par leurs pailles.

Ainsi, par la fumure des prairies, 10 fr. de fumier produisent 15 fr. de fumier et pour 36 fr., ou au moins 30 fr., de fourrage. Total, 45 fr.

Et par la fumure des céréales, ces 10 fr. ne produisent en grain que 21 fr. 30 c. au prix moyen actuel de 1 fr. 60 c. le décalitre, et en paille, 4 fr. Total, 25 fr. » c.) 45 fr. »
Balance en faveur des prés..... 19 fr. 70)

Si, transportant ces calculs à l'hectare de prairies ou de céréales, nous observons que les prés arrosés n'exigent en moyenne que vingt-deux journées de travail, et que les céréales d'hiver en demandent quatre-vingt-dix ou quatre-vingt-onze, on dira : de 450 fr., produit des prés, retranchant 22 fr. (1), reste 428 fr.

Et de 253 fr., produit des céréales, diminuant les quatre-vingt-dix journées de frais, il reste 163 fr.

Balance en faveur de la fumure des prés : 265 fr.

Est-ce donc qu'il faut se livrer exclusivement à la culture des prairies? Non ; car il faut des céréales pour la nourriture de l'homme et des pailles pour le bétail ; mais il ne faut pas, comme on le fait beaucoup en Bourbonnais, sacrifier les prairies aux terres en culture. De plus, les fumures énergiques, seules profitables, font verser les céréales, et n'ont qu'une action favorable sur les prairies. — Veux-tu du blé? Fais des prés, a dit maître Jacques Bujault, notre collègue non résidant, de regrettable mémoire. — Les céréales ne viennent jamais mieux que sur un champ de fourrages fumés, disent MM. Varembey, Dezeimeris, et je partage entièrement leur opinion.   Des C.

____

(1) J'ai attribué tous les frais aux supplémens de récoltes obtenues par la fumure, pour simplifier les calculs. Le même motif m'a fait établir le prix moyen de la journée à 1 fr.

ALTÉRATION DES POMMES DE TERRE EN 1845.

MÉMOIRE DU MINISTÈRE DU COMMERCE.

(Suite et fin.)

4° *Fumure.* — On a crû remarquer que des champs de pommes de terre abondamment fumés avaient fourni des tiges gorgées de sucs, qui avaient été plus promptement détruites à l'automne, ou plus fortement attaquées par les influences atmosphériques du mois d'août, que celles des champs voisins qui avaient reçu des fumures moins abondantes. Mais une observation attentive a démontré que l'altération des tubercules était loin de correspondre exactement à celle des feuilles et des tiges, et l'on a même constaté que certains pieds de pommes de terre présentaient des feuilles et des tiges parfaitement vertes et vigoureuses, tandis que les tubercules étaient fortement altérés, alors que d'autres touffes, dont les tiges étaient complètement détruites ou noires, n'avaient pas un seul tubercule attaqué. On ne peut donc raisonnablement attribuer à un excès de fumure une part égale à celle des mauvaises cultures, dans l'altération des pommes de terre en 1845; et comme d'ailleurs, dans les années ordinaires, les produits sont généralement proportionnels à la quantité d'engrais employée, on ne saurait trop engager les cultivateurs à fumer abondamment, en employant, autant que possible, de 40 à 60,000 kilogrammes au moins de bon fumier par hectare.

Toutefois, il est facile de comprendre que les fumiers d'étable, frais et peu décomposés, appliqués en grande quantité au moment de la plantation, sans les mélanger suffisamment avec le sol, soit sur le tubercule même, soit en couverture après le premier ou le second binage, ont nécessairement pour effet de concentrer une plus grande quantité d'humidité au pied des plantes, et peut-être même d'y favoriser une fermentation putride. On devra donc réserver ces méthodes vicieuses de fumure, indices presque certains d'une mauvaise culture, trop pauvre en engrais, pour les terres parfaitement saines, où la sècheresse est beaucoup plus à craindre que l'humidité. Dans les terres fortes, au contraire, on devra fu-

mer le plus tôt possible en fumiers également et suffisamment fer-
mentés, afin d'amalgamer ce fumier avec le sol par trois labours
successifs, ou par deux au moins. On ne saurait trop recommander
aux cultivateurs, à cette occasion encore, d'apporter plus de soins
à la fabrication de leurs fumiers, et notamment de les disposer en
plusieurs tas parallèles qui se confectionnent les uns après les autres, et qui permettent de conduire toujours, dans les champs, des
engrais de même nature, au même degré de décomposition.

Comme on ne peut pas entrer en tout temps, l'hiver, dans des
terres en labour pour y répartir les fumiers préparés qu'il importe
d'enterrer le plus tôt possible, on devra les conduire au moins à la
lisière de ces champs, en grosses masses bien également tassées et
dressées sur le bord des chemins d'exploitation, d'où on les répar-
tira plus promptement, au premier jour favorable, sur la surface
du labour.

Dans tous les cas, on s'attachera à fumer les premières les terres
les plus humides par leur nature ou leur défaut d'inclinaison, réservant les plus légères et les plus inclinées pour les fumures de
printemps ou d'été, comme nous l'avons déjà dit.

5° *Choix des variétés.* — Dans les mêmes localités, on a cru
remarquer que certaines variétés avaient été beaucoup plus altérées que d'autres en 1845 ; malheureusement, cette observation a
complètement varié dans des circonstances différentes de climat, et
ne permet pas, en conséquence, d'en tirer une indication pratique
générale.

En effet, tandis que, dans l'ouest et le centre, les variétés rou-
ges et celles qui sont ou très hâtives, ou très tardives, sont signalées comme ayant beaucoup moins souffert que les variétés dites de
seconde saison, que l'on cultive généralement, c'est précisément
le contraire qui a été observé dans le nord-est, où la *shaw*, la *hollande jaune* et la *truffe d'août* notamment, ont présenté généralement beaucoup plus d'altération que la *patraque jaune*, la *rouge*
ou *faulquemonne*, la *violette*, l'*ox-noble*, etc. Dans certaines localités, la *violette* a été fortement attaquée, tandis qu'elle est restée intacte dans d'autres.

Il y a d'ailleurs une raison économique qui domine toutes les
autres dans le choix des variétés de pommes de terre destinées à
la grande culture ; c'est l'abondance du produit et la rusticité. Les

innombrables variétés cultivées dans les jardins ne peuvent lutter, à cet égard, contre les variétés assez peu nombreuses cultivées dans les champs pour le bétail ou l'industrie ; et, dût-on, dans une année malheureuse comme 1845, voir la récolte d'une variété très abondante plus fortement attaquée que celle d'une variété moins productive habituellement, il faudrait encore donner la préférence à la première.

Toutefois, comme il existe heureusement des variétés suffisamment productives, telles que la *shaw*, la *patraque jaune* et la *tardive d'Irlande*, etc., dont la maturité s'accomplit en trois saisons très différentes, on recommande aux cultivateurs de choisir ainsi trois variétés de première, seconde et troisième saison, au lieu de se borner à la culture d'une seule variété. De cette manière, chacune des variétés présentant un degré différent de maturation quand viendraient à éclater des influences atmosphériques nuisibles, on aurait plus de chances de voir une partie notable de la récolte échapper à ces influences.

6° *Choix des tubercules à planter.* — Quelles que soient les variétés cultivées en plein champ, on devra toujours préférer, pour la semence de 1846, les plus gros tubercules, parmi ceux qui ne présenteront aucune trace d'altération. On devra planter ces tubercules entiers, contrairement à l'usage établi trop généralement de les couper en quartiers, ou même d'en extraire les yeux seulement, ou de ne planter que de petits tubercules.

Le désir d'économiser quelques hectolitres de semence par hectare a seul pu motiver les pratiques vicieuses dont il vient d'être parlé ; mais des expériences nombreuses, faites dans des localités très différentes, et qui ont donné partout des résultats identiques, ne permettent pas de douter que toute économie de ce genre est une faute d'autant plus grave, que le produit s'est toujours montré proportionnel, dans chaque essai, au volume et par conséquent à la quantité des pommes de terre employées pour semence. Ces résultats ont tous été favorables à l'emploi des pommes de terre les plus grosses, plantées sans être coupées.

En Allemagne, où les altérations diverses attaquent les récoltes de pommes de terre depuis plusieurs années, presque tous les savans appelés à rechercher les causes du mal ont placé en première ligne l'usage de planter des morceaux de pommes de terre au lieu de tubercules entiers; les circonstances actuelles commandent donc de s'abstenir de cette pratique vicieuse.

Quant aux petites pommes de terre, elles résultent ordinairement d'une formation imparfaite et tardive, qui offre moins d'énergie vitale aux plantes qui en proviennent et, par conséquent, plus de prise aux agens destructeurs qui pourraient les atteindre.

Les gros tubercules, choisis parmi les plus sains et plantés sans être coupés, devront donc toujours obtenir la préférence.

Il paraît établi déjà, par l'expérience, que les tubercules altérés de 1845 n'ont pas perdu leur faculté germinative, et qu'ils pourraient, en conséquence, être replantés en 1846; mais on devra s'abstenir complètement de leur usage : 1° parce qu'ils se conserveraient mal jusqu'au moment de la plantation ; 2° parce qu'ils donneraient vraisemblablement naissance à des plantes pour le moins aussi chétives que celles fournies par les tubercules petits ou coupés ; et 3° enfin, parce que l'administration se propose de faire faire, l'an prochain, avec ces tubercules, des expériences tendant à éclairer la pratique sur les causes et la transmission de l'altération observée cette année, et qu'il serait au moins imprudent de multiplier inutilement des essais de ce genre avant d'être éclairé sur leurs résultats.

7° *Espacement des plantes.* — L'oubli des avantages que peut présenter la pomme de terre comme culture préparatoire, fondamentale, dans un bon assolement alterne ; l'usage de la préparer à peine, de ne pas la fumer du tout, de n'employer pour la plantation que des tubercules avortés ou coupés, toutes ces circonstances, qui tendent à réduire notablement le produit de chaque touffe, ont trop naturellement disposé les cultivateurs à rapprocher outre mesure les pieds de pommes de terre, dans l'espoir mal fondé de compenser la vigueur des plantes par leur quantité sur une même surface.

Dans l'est, on voit souvent des champs de pommes de terre dont les tiges rabougries sont tellement rapprochées, qu'on les prendrait plutôt pour une récolte fourragère, étouffante, que pour une culture sarclée. Dans les années les plus favorables, et sauf de très rares exceptions, ce mode de culture n'augmente guère que l'épuisement du sol et la difficulté des façons, au grand préjudice de la récolte ; mais, dans une année comme 1845, cette végétation, qui couvre entièrement le sol, s'oppose à l'évaporation et favorise au plus haut degré les altérations qui ont été observées.

Pour les fortes variétés, préférées dans la grande culture, lorsqu'elles sont préparées et fumées convenablement, un espacement de 8 à 9 décimètres sur tous les sens paraît éminemment favorable à l'abondance de la récolte, en même temps qu'il rend plus faciles les binages et les buttages énergiques, et qu'en découvrant une partie du sol pendant une grande partie de l'année, il favorise son assainissement par évaporation et par infiltration, et s'oppose aux conséquences fâcheuses d'un excès d'humidité. Dans les terres humides et fortes où l'on cultive la pomme de terre, il conviendra donc de la planter à quatre ou cinq raies seulement, au lieu de trois ou même deux, et en quinconce si c'est possible, pour qu'il soit plus facile de la façonner sur tous les sens avec les instrumens à cheval. On parvient facilement à planter en quinconce en traçant au rayonneur, ou à la charrue, des raies perpendiculaires à celles du labour, espacées entre elles de 8 à 9 décimètres ; les planteuses déposent régulièrement un tubercule dans la raie ouverte par la charrue, vis-à-vis chaque raie tracée transversalement, et l'enfoncent avec le pied dans la terre meuble de la raie précédente, pour que les chevaux ne le dérangent pas en retournant la tranche qui *doit* le couvrir.

8° *Façons pendant la végétation.* — Pendant leur végétation, les pommes de terre exigent impérieusement, si l'on veut en obtenir tout le produit possible, des façons d'autant plus énergiques et multipliées, que la terre est plus forte ou la température plus défavorable. Ces façons, trop souvent négligées ou imparfaitement données, devraient toujours comprendre, au moins pour les terres compactes, et nonobstant la bonne préparation dont il a été parlé plus haut, deux vigoureux hersages, plusieurs binages, et tout au moins un énergique buttage.

Les deux hersages doivent être donnés avec de puissantes herses à dents de fer, par un temps bien sec autant que possible ; le premier, huit à quinze jours après la plantation ; le dernier, lorsque les tiges des pommes de terre ont déjà quelques centimètres de hauteur. Pour le mieux, on doit, à chaque hersage, donner au moins deux dents croisées. Cette opération a le triple effet d'ameublir le sol, de favoriser la germination des mauvaises herbes, et de détruire en grande partie celles qui sont déjà poussées. On est à peu près unanime sur son utilité; cependant, c'est par exception seulement qu'elle est pratiquée convenablement, d'après ce déplorable principe , trop général en agriculture, que les façons qui ne sont pas indispensables peuvent toujours être négligées. En vain la récolte fait-elle payer chèrement cette tendance déplorable, l'empire de l'habitude y ramène fatalement presque tous les cultivateurs ; il serait bien désirable que la douloureuse expérience de 1845 pût modifier leurs idées à cet égard, et les porter à viser au produit plus grand qui peut résulter de la perfection culturale, plutôt qu'à l'économie des façons, qui occasione toujours une récolte plus faible et plus exposée à toutes les chances de destruction.

Tout le monde reconnaît également l'utilité des binages les plus énergiques, répétés aussi souvent que la présence des mauvaises herbes les rend nécessaires ; cependant, la pratique les néglige presque partout, ou ne les donne qu'imparfaitement et beaucoup trop superficiellement. Dans les pays les mieux cultivés, on trouve que la houe à cheval laisse beaucoup à désirer encore, et le perfectionnement de ce précieux instrument est une chose éminemment désirable ; dans beaucoup de localités, on ne donne encore les binages qu'à bras. Ce dernier procédé est non-seulement quatre ou cinq fois plus onéreux, et presque toujours plus imparfait encore que le binage à la houe à cheval, mais il a en outre l'inconvénient de devenir quelquefois impossible, faute d'ouvriers pour l'exécuter en grand, autant de fois qu'on devrait le faire quand la température est excessivement humide, et favorise, comme cette année, la multiplication des mauvaises herbes. On ne saurait donc assez recommander aux cultivateurs de s'affranchir de cette impossibilité, par l'adoption de la houe à cheval, qui permet de multiplier les binages, sans augmenter notablement le prix de revient des produits. On a constaté, partout où l'on a trouvé, cette année, des pommes de terre altérées, que celles dont les binages avaient été négligés, et qui étaient le plus enherbées, étaient aussi les plus attaquées et les moins productives. On peut donc considérer l'achat d'une houe à cheval comme un placement à très gros intérêt, non-seulement pour les grands, mais encore pour les moyens et même les petits cultivateurs.

On a cru pendant long-temps que le buttage était aussi néces-

saire que les binages au succès de la culture des pommes de terre.
L'expérience paraît avoir démontré que dans les sols qui redoutent
la sècheresse plus que l'humidité, et dans les années ordinaires,
on s'était peut-être exagéré l'importance et la nécessité de cette
opération. D'ailleurs, quand on cultivait les pommes de terre trop
rapprochées, et qu'on les façonnait avec la houe et le buttoir à un
cheval, comme il convient de le faire, surtout quand ces façons
étaient données trop tardivement, ou que les animaux étaient ma-
ladroitement conduits, cas encore assez fréquent, on avait également observé qu'il pouvait en résulter des inconvéniens d'autant
plus graves que le buttage était plus énergique. Malheureusement
on s'est trop hâté de généraliser ces exceptions, et de les ériger
en doctrine, proscrivant le buttage partout et toujours. Comme
cette proscription dispensait les cultivateurs d'une façon délicate
et difficile à bien donner à l'époque à laquelle il faut l'accomplir,
elle a trouvé de trop nombreux partisans, et ç'a été une cause
évidente, en 1845, de l'altération des tubercules dans certaines
terres. En effet, on a remarqué que le buttage, vigoureusement
et soigneusement pratiqué, avait exercé la plus heureuse influence
sur la récolte des tubercules. D'ailleurs le buttage est éminemment
favorable à l'effet préparatoire de la culture des pommes de terre,
pour les récoltes suivantes; et comme un espacement suffisant des
plantes remédie en grande partie aux inconvéniens reprochés aux
instrumens butteurs, comme on peut toujours perfectionner le
travail à la main sans trop de frais, et obtenir d'une récolte énergiquement, mais habilement buttée, un produit au moins égal,
quoi qu'on en ait dit, et quelque sèche que soit la température, à
celui d'une culture non buttée, on devra revenir à cette utile opération et la pratiquer avec tout le soin possible.

_ Si les pommes de terre sont plantées en quinconce et espacées
à 8 ou 9 décimètres, comme il a été dit, on devra butter au moins
une fois dans les deux directions, régulariser la butte à la binette
à main, et pratiquer un auget au sommet de cette butte, pour
conserver les eaux pluviales et en faire profiter les racines. Le
buttage se donnera fort économiquement avec le butteur à un
cheval, dont on aura soin de réduire la largeur du cep et la partie
inférieure des deux versoirs à leur minimum possible. Les buttoirs
les plus employés laissent beaucoup à désirer à cet égard, ainsi

que par leurs dimensions trop matérielles ; mais, tels qu'ils sont encore, ce sont des instrumens fort utiles, dont la grande et la moyenne culture intelligentes ne sauraient se passer.

Question économique, ou prix de revient. — Si, malgré toutes les précautions indiquées dans la présente instruction, les cultivateurs doivent redouter encore l'influence désorganisatrice d'une température anormale comme celle de 1845, pour leurs cultures de pommes de terre, il paraît certain, du moins, comme on l'a dit en tête de ce chapitre, qu'en se conformant à ces prescriptions, ces influences fâcheuses auront des conséquences beaucoup moins redoutables que celles qu'elles ont eues cette année. Mais il reste à déterminer si les cultivateurs peuvent se livrer, sans perte, à tant de dépenses et de soins pour une culture dont ils ne tiraient souvent qu'un profit insignifiant, tout en ne lui consacrant qu'une dépense infiniment moins considérable.

Heureusement la solution à donner à cette question ne saurait faire l'objet d'un doute. L'hectare de pomme de terre, bien cultivé et bien fumé, peut donner un produit moyen à peu près certain d'au moins 250 à 300 hectolitres, dans les circonstances où un hectare mal préparé donnerait à peine 150 hectolitres. En admettant que les deux champs eussent nécessité l'emploi de 20 hectolitres de semences chacun, et que l'altération de cette année y ait attaqué, dans l'un comme dans l'autre, 40 hectolitres de tubercules, le champ bien cultivé laisserait encore un produit net de 240 hectolitres de tubercules sains, déduction faite des soixante hectolitres altérés ou semés, c'est-à-dire d'une valeur brute d'au moins 480 fr.; tandis que le champ mal cultivé laisserait seulement un produit net de semences et d'altération de 90 hectolitres, valant 180 francs.

La différence de produit serait donc encore, dans cette hypothèse, de 300 francs par hectare, alors que le supplément aux frais de culture serait tout au plus de 40 à 50 francs.

VOYAGE AGRICOLE EN PÉRIGORD.

M. BUGEAUD ET M. DEZEIMERIS.

Le génie d'un seul homme et son influence morale ont parfois entraîné des masses hors de leur centre et de leurs habitudes, car il est souvent arrivé que l'exemple du bien et du beau a dessillé les yeux, et que la vérité s'est fait jour à travers les vieilles routines et les vieilles erreurs, ces ténèbres de l'intelligence. Jamais circonstance ne fut plus frappante que le fait que je vais signaler.

Il n'y a pas encore trente ans que l'agriculture était dans son enfance dans une grande partie du Périgord, dans le canton de Lanouaille surtout, où les terres paraissaient frappées de stérilité, abandonnées à l'indifférence et à l'incurie de ses habitans. Après la restauration, le colonel Bugeaud revint dans ses foyers, au milieu de ses concitoyens, suspendit au mur l'épée qui devait reluire un jour au milieu des combats pour la gloire et le soutien des Français; puis ensuite il se livra tout entier, avec passion même, aux travaux de la campagne, et contribua en peu de temps aux progrès rapides de l'agriculture.

En peu d'années, par la création des prairies artificielles, par l'usage d'un nouveau mode d'amendement, par le chaulage des terres, par l'introduction de plusieurs instrumens aratoires peu connus, par un système enfin de colonage mixte surveillé par des domestiques et des régisseurs, il fit d'un domaine jadis médiocre en apparence une brillante propriété, qui peut aujourd'hui passer sans exagération pour une des belles fermes-modèles du département de la Dordogne.

Bien que vivement impressionné du système agricole de l'honorable député de Bergerac, M. Dezeimeris, j'étais fort aise de connaître aussi le mode de culture adopté pour la propriété de M. le duc d'Isly, non seulement par pure curiosité, mais aussi pour comparer les deux méthodes afin de connaître les avantages de chacune.

Lire souvent des traités spéciaux d'agriculture théorique et pratique, c'est bien ; faire surtout l'application de la théorie à la pratique, sans se jeter inconsidérément dans des innovations ruineuses ou du moins douteuses, c'est encore mieux ; mais visiter les beaux domaines où l'agriculture passe pour être considérablement en progrès, n'est-ce pas étudier la véritable science ? n'est-ce pas le vrai, le plus puissant moyen d'arriver à de profondes connaissances en agronomie ? L'œil a souvent plus saisi dans une heure que nous n'avons appris en plusieurs années par la lecture d'une multitude d'ouvrages. Qui ne sait pas, en effet, qu'en agriculture comme dans tous les arts, c'est la perception des phénomènes par l'examen des faits qui sert le plus au développement de notre intelligence et partant aux progrès des sciences ?

Quelques détails sur la propriété de M. le maréchal Bugeaud devront être favorablement accueillis du public ; c'est dans cette pensée que j'ai osé me permettre de faire le récit de mon voyage.

A un kilomètre et demi environ de Lanouaille, chef-lieu de canton, qui doit sa prospérité agricole et son commerce aux bienfaits et aux conseils de M. le maréchal, se trouve un vaste domaine connu sous le nom de Ladurantie, composé de quatorze exploitations rurales, d'un château moderne encore en construction, mais d'architecture modeste et d'un bon goût.

Les quatorze métairies sont exploitées par le mode de colonage mixte, c'est-à-dire que huit sont soumises à l'exploitation de colons à gages ou métairies de réserve, sous les ordres de huit domestiques et la surveillance d'un régisseur, tandis que les six autres sont cultivées par des colons ordinaires, sous la simple surveillance d'un autre régisseur. Lorsqu'une de de ces habitations a été améliorée par les colons à gages, on y place un métayer avec la condition expresse de ne jamais déroger au mode de culture adopté et aux principes ou usages établis. Si l'indifférence ou l'incapacité notoire du colon l'empêche de continuer les travaux indiqués, sa famille devient alors l'objet de la surveillance des domestiques et exploite d'après leur ordre; bien souvent aussi elle est renvoyée de l'habitation, comme ayant un chef inhabile ou ne comprenant pas les améliorations obtenues par celui qui l'avait précédée. On saisit facilement les avantages immenses qui doivent résulter d'une pareille exploitation.

Ces habitations sont peu éloignées les unes des autres et dominées par le château, qui se trouve presque au centre, sur un vaste plateau, d'où l'œil du maître peut s'étendre au loin et découvrir presque toute l'étendue du domaine.

La terre est de nature calco-argileuse plus ou moins calcaire, assez meuble et légère cependant, qualités que j'ai dû attribuer à la grande quantité de fumier et de chaux dont on fait un fréquent usage.

Les prairies artificielles y sont cultivées avec le plus grand succès; un tapis de verdure de riant aspect, et des champs immenses de trèfle de Hollande, dessinent parfaitement bien les sols des céréales et des avoines.

Les terres nouvellement labourées et à planches de trois à quatre mètres de largeur sur une longueur de trois cents mètres sont d'une régularité admirable. Il est rare, je dirai peut-être même impossible, d'exécuter les labours avec autant de goût et de perfectionnement. On dirait des sillons jalonnés ou tirés au cordeau.

L'assolement adopté sur cette propriété et suivi dans les environs de Lanouaille paraît offrir de grands avantages aux habitans de ce pays; c'est l'assolement quadriennal:

1re *année.* Blé avec trèfle, mais de préférence avoine avec trèfle.

2e *année.* Trèfle.

3e *année.* Plantes sarclées.

4e *année.* Jachère complète, durant laquelle on fait plusieurs labours pour la destruction des herbes nuisibles aux plantes agricoles.

On chaule les blés et les avoines au moment du semis, et l'on fume les plantes sarclées; les fumiers y sont en abondance; car il y a dans chaque habitation plusieurs bœufs de travail et à l'engrais. Les pierres calcaires ne se trouvent point sur les lieux ; mais un four à chaux fonctionne à volonté pour l'approvisionnement de toutes les métairies, et est à très peu de distance, sur la propriété même.

N'ayant pu visiter que deux métairies de réserve, mes observations seront un peu abrégées ; elles pourront cependant donner une idée assez précise de la construction des granges, des étables, et des soins relatifs à la nourriture des bestiaux.

Dans chaque métairie de réserve soumise à ma visite, j'ai remarqué une vaste grange, deux écuries de chaque côté ; l'une pour les bœufs de travail, l'autre pour les bœufs d'engrais. Les écuries sont d'un demi-mètre plus basses que le sol de la grange ; de telle sorte que les bœufs, n'ayant que des goulières sans crèche, se trouvent la tête presque au-dessus du niveau du sol de la grange, et mangent ainsi sur la terre ou sur des planches.

Un domestique est chargé de surveiller ces animaux pendant leur repas, afin de leur distribuer en petite quantité les foins nécessaires et les remettre en place lorsqu'ils se jettent en avant ou en côté. Un puits, hermétiquement fermé, se trouve à peu de distance des étables, dans la grange ; des baquets sont auprès pour être remplis par la pompe et pour être portés devant chaque animal après son repas. Cette surveillance active du domestique, cette distribution partielle de leur nourriture m'ont paru très efficaces pour le bon entretien et surtout pour l'engraissement des vieux bœufs, car tous mangent lentement, ne salissent point leur nourriture et boivent à propos une eau très fraîche et très pure.

Les foins sont l'objet de la plus grande sollicitude ; ils sont entassés avec précaution sur les planchers des écuries et sur d'autres, au fond de la grange, dans le bas ; et sur les côtés se trouvent les pailles pour les litières ; dans le fond, une petite chambre pour le domestique à qui le soin et la surveillance des animaux sont confiés.

J'ai rarement vu des terres arables aussi bien clôturées que celles de cette propriété ; on y voit partout des rideaux de ver-

dure en châtaigneraie former des haies presque impénétrables
et d'un grand produit. L'œil s'y plonge aussi sur d'immenses
massifs de châtaigneraie et de jeunes taillis qui décorent la
plus grande étendue de cette propriété.

*Observations sur les deux systèmes de M. Dezeimeris et de
M. le maréchal Bugeaud.*

Après l'examen de cette propriété, un peu légèrement fait,
il est vrai, j'oserai me permettre de faire quelques rapproche-
mens et de mettre face à face, pour les faire mieux ressortir
l'un par l'autre, les systèmes d'agriculture de MM. Dezeimeris
et Bugeaud, ces deux praticiens et agronomes si avantageusement connus dans toute notre France agricole.

M. Dezeimeris est dominé par une prédilection pour les
prairies artificielles hâtives, dont il est, je crois, le premier
inventeur ; il fait aussi usage des prairies artificielles vivaces ;
mais il paraît traiter avec une certaine indifférence les prairies
naturelles : ce sont, en effet, pour lui, des fourrages secon-
daires.

M. le maréchal Bugeaud paraît passionné pour les prairies
artificielles vivaces, et il cherche à améliorer les prairies naturelles. Pour lui, le trèfle est la base fondamentale de l'agriculture.

Le premier se livre exclusivement au commerce du jeune
bétail ; car il trouve plus avantageux d'acheter de jeunes veaux
de cinq à six mois pour les revendre à dix-huit mois ou deux
ans ; tandis que le second préfère acheter de vieux bœufs, usés
par la fatigue, et à bon marché, pour les engraisser et les livrer
à la boucherie. Chacun de ces agronomes peut avoir raison
dans sa spécialité, car ils sont dans des pays et dans des situa-
tions différentes. Dans la Gironde, on n'a pas l'usage d'engraisser les bœufs, tandis qu'en Périgord et surtout dans le Limousin, c'est une industrie de localité généralement adoptée.

L'un nourrit presque constamment ses animaux avec des
fourrages en vert, tandis que l'autre n'en fait usage qu'au printemps.

Celui-ci ne cultive pas de plantes sarclées, pour éviter les grands frais de culture; celui-là, au contraire, en cultive beaucoup, afin de multiplier les sarclages, dans le double but d'ameublir les terres et de les nettoyer.

M. Dezeimeris n'admet pas de jachère; car il sème et fume abondamment chaque fois qu'il donne une façon à sa terre. M. Bugeaud adopte la jachère entière et fait plusieurs labours pour le bon entretien des terres et les laisser reposer.

Le député de Bergerac cultive spécialement les céréales et peu d'avoine; le député d'Excideuil cultive particulièrement les avoines et point de céréales.

L'un a des étables sans goulière, une crèche lui paraissant suffisante; l'autre n'admet que des goulières sans crèche, cela lui paraissant plus commode.

Celui-ci sépare les animaux de chaque âge et de chaque sexe; celui-là les réunit tous ensemble sans aucune distinction.

L'un et l'autre sont cependant d'accord sur les points les plus essentiels de l'agriculture; il se servent de mêmes instrumens aratoires, font exécuter les labours avec la même régularité, dans les mêmes conditions, et suivent le même système d'assolement pour la culture des prairies artificielles.

Hamilthon-Frichou.

———————

NOUVELLES DÉCOUVERTES.

Notre ami Jules Delanoue vient de signaler à la société d'agriculture, sciences et arts de Valenciennes plusieurs découvertes dont la science, l'industrie et l'économie domestique auront bientôt à s'enrichir :

« Le pudlage de la fonte au sortir du fourneau a été effectué à Pont-l'Evêque (Isère). Il en est résulté une meilleure qualité de fer, économie d'un tiers du temps et de 30 p. 100 du combustible. Ce procédé ne peut réussir qu'autant que la fonte produite est toujours truitée, c'est-à-dire assez peu carburée pour être affinable sans mazéage.

» Le chaulage des terres se poursuit avec le plus grand succès dans la Mayenne. Les chauffours à anthracite y prennent des proportions colossales. Le mètre-cube de chaux n'y exige que 300 kil. de combustible.

» Les câbles en fil de fer sont devenus en 1844 d'un usage général dans les départemens de la Loire, la Haute-Loire, la Loire-Inférieure, la Sarthe et la Mayenne. Ils offrent sur les câbles en chanvre une économie qui varie de la moitié aux deux tiers. Leur emploi exige certaines précautions pour les épissures et l'entretien. Le câble en fil de fer étant sujet dans certains cas à se rompre brusquement sans que rien l'indique à l'avance, on y adjoint un câble en chanvre lorsque les ouvriers se placent dans les bennes ; mais tout fait espérer que les ouvriers n'emploieront bientôt plus ce mode de transport aussi fatigant que dangereux.

» MM. les ingénieurs signalent l'extension des exploitations de bitume, et, à ce sujet, permettez-moi de vous faire remarquer que les gaz inflammables occuperont à l'avenir une place immense dans l'industrie. Ainsi depuis quelque temps déjà les gaz du gueulard des hauts-fourneaux sont utilisés pour la cuisson de la chaux et le chauffage des massiaux, des machines à vapeur ou de l'air des souffleries ; plus récemment on a réussi à l'employer au pudlage.

» On vient de réussir dans le Doubs à transformer en gaz des braises, fraisils et autres combustibles de qualité très inférieure, et ces gaz procurent la plus haute température dont on ait besoin pour le travail du fer.

» Enfin, les schistes bitumineux donnent maintenant, par une distillation convenable, divers hydrocarbures liquides dont l'emploi dans l'éclairage tend à se multiplier chaque jour à mesure qu'on les épure ou qu'on les brûle dans des appareils mieux appropriés.

» On s'occupe en ce moment d'ériger aux Antilles une sucrerie qui n'emploiera son combustible qu'à l'état de gaz.

» Il est fort possible qu'un jour nos appartemens ne soient plus chauffés qu'au moyen de courans d'air chaud et que nos alimens ne soient plus préparés dans nos cuisines qu'au moyen de gaz inflammables.

» On songe en ce moment à l'emploi du gaz dans le laboratoire de chimie de la Sorbonne, et déjà les Anglais nous ont devancés dans cette voie. »

PARTIE LITTÉRAIRE

ET SCIENTIFIQUE.

—

DESSIN.

(EXPLICATION DU DESSIN.)

BELZUNCE.

Belzunce est une des célébrités du Périgord. Né au château de Laforce, le 4 décembre 1671, il fut sacré évêque de Marseille le 30 mai 1710. Chacun connaît sa conduite héroïque durant la peste qui désola cette ville en 1720 et 1721.

Belzunce a composé plusieurs ouvrages presque tous consacrés à l'instruction de ses diocésains. — Il est mort au siége de son diocèse, le 4 juin 1755, après avoir refusé l'archevêché de Bordeaux. (*Voir son portrait.*)

Le rédacteur-éditeur, AUG. DUPONT.

Vu : *Le secrétaire-perpétuel,* DE MOURCIN.

Annales agricoles et Littéraires.

Belzunce

Annales Agricoles et Littéraires.

Ancien hôpital des Lépreux à Périgueux.

Annales Agricoles et Littéraires.

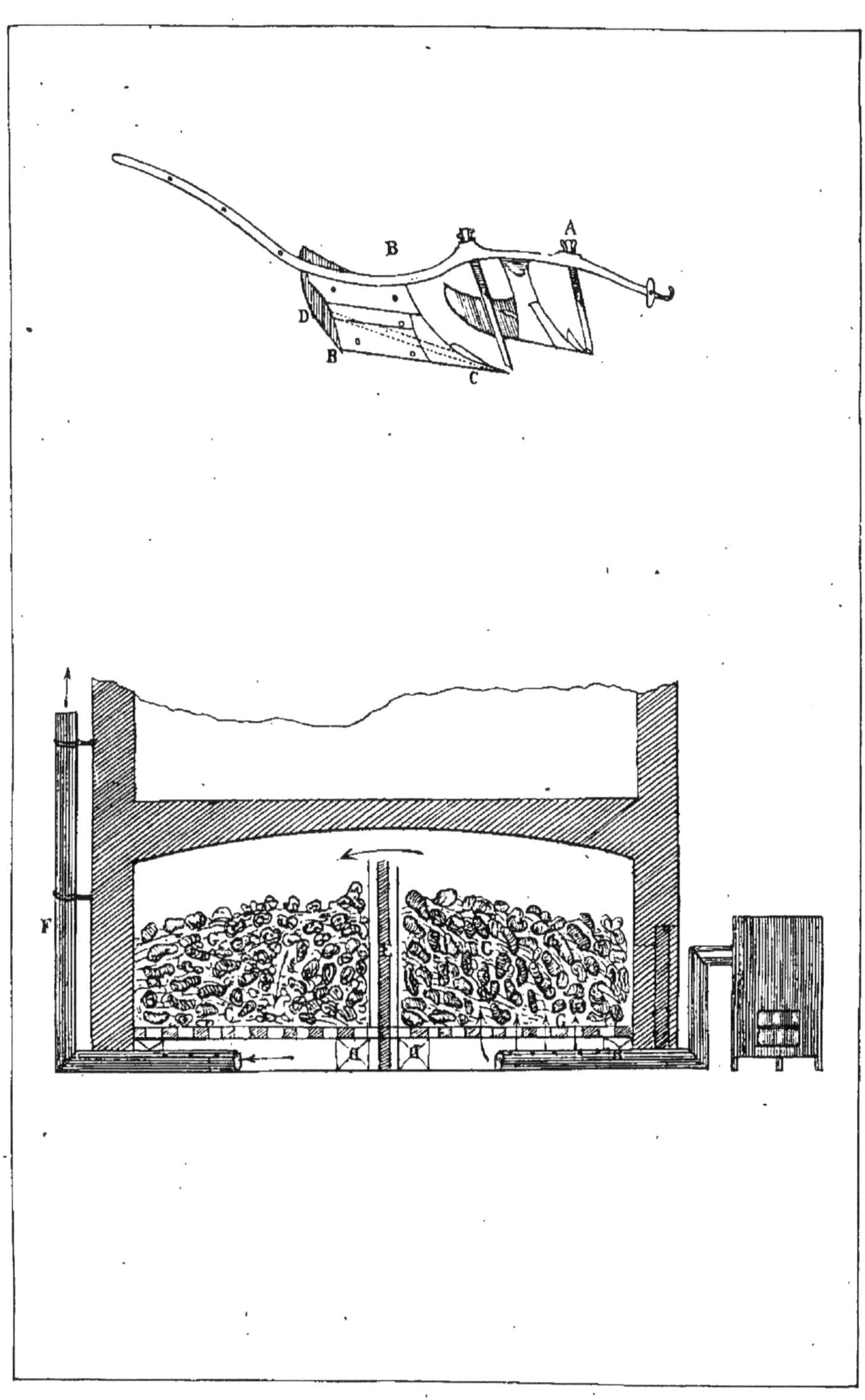

Charrue Morton. Appareil pour la conservation
des pommes de Terre.

PARTIE AGRICOLE.

—

FAUSSE ENTENTE DE L'UN DES PRINCIPES
LES PLUS IMPORTANS DE L'ÉCONOMIE AGRICOLE.

S'il est vrai de dire que les principes de la science agricole sont peu connus, peut-être est-il encore plus vrai d'ajouter que les principes de l'économie agricole sont presque généralement ignorés. De là vient que rien n'est si commun que des revers en agriculture, et que ces revers sont plus ordinairement le partage des hommes que leur position sociale, leur éducation, leurs études spéciales même sembleraient devoir garantir de ces sortes de résultats.

On raisonne agriculture ; on comprend, on explique avec facilité l'ensemble et les détails de cette science. Il y a plus, on se livre à des applications qui sont sans reproches, aux yeux du plus rigide censeur, et cependant on n'obtient aucun avanage ; on perd, on se décourage, on s'arrête.

Eh bien ! tout cela vient de ce que l'on ignore les principes de l'économie rurale ; de ce que l'on ne sait pas coordonner les moyens d'application dont on fait usage, avec les résultats que l'on a en vue ; de ce que l'on confond la *belle culture* avec la *bonne culture*, la culture qui frappe les yeux avec celle qui remplit la bourse ; de ce que l'on veut cultiver un domaine comme un jardin.

A la vérité, il y a, de la part des hommes qui se laissent

ainsi séduire par les apparences, moins de tort qu'on ne pourrait le supposer; car les principes de l'économie rurale, bien
qu'appliqués depuis long-temps par les cultivateurs proprement dits, par les hommes que l'on qualifie si dédaigneuse-
ment d'ignorans, de routiniers, n'ont été réunis, en corps
de doctrine, que depuis peu de temps, et qu'il n'est presque
pas d'ouvrages d'agriculture dans lesquels on les trouve exposés. Aussi les plus célèbres agronomes paraissent-ils les avoir
ignorés; aussi peut-on signaler, dans leurs écrits, dans leurs
pâroles, des opinions contraires à ces principes. C'est ainsi
que l'un d'entre eux, le célèbre Arthur Young, interrogé,
par un agronome distingué de nos contrées, *sur la manière
dont il faut cultiver un domaine,* répondit, sans hésiter, par
ces paroles, dont le sens est aussi faux que dangereux : —
Comme un jardin.

Le jardinier n'est pas un agriculteur; c'est un industriel,
pour qui la terre n'est qu'un des moyens indirects, passifs,
de son industrie; laquelle gît surtout dans le travail de ses
mains, dans les avances de temps et d'argent; le tout pour
provoquer des produits dont la valeur se règle sur ce qu'ils
ont coûté.

L'agriculteur, au contraire, donne des denrées dont la valeur est connue d'avance, à très peu de chose près; dont la
valeur se règle, non sur ce qu'elles ont coûté, mais sur le prix
que peuvent y mettre, selon les temps et les lieux, les populations qui s'en nourrissent. Et voilà pourquoi, sous la main
de celui-ci, la terre devient l'instrument le plus actif de son
travail; pourquoi il a le plus grand intérêt à lui laisser prendre, à ce travail, une part qui ne lui coûte rien, qui diminue
d'autant le prix de revient de ses produits, qui lui constitue
un bénéfice; pourquoi tous ces moyens d'application doivent
être simples, limités, économiques; pourquoi, enfin, comme

le dit le savant professeur d'agriculture de Paris, M. Moll, dans un travail dont nous rapportons ci-après un extrait, pourquoi, *en faisant bien, il fait mal, et en faisant mal, il fait bien.*

Mais avant d'arriver à cet extrait, citons sur le même sujet quelques paroles d'un autre agronome qui s'est acquis aussi, et avec juste raison, une grande réputation d'habileté : M. Jules Rieffel, directeur de l'institut agronomique de *Grand-Jouan* (Loire-Inférieure).

« Pendant long-temps, nous dit-il, l'agriculture française n'a connu qu'un beau idéal, type unique vers lequel devaient converger tous les efforts des cultivateurs les plus zélés. Cette erreur fatale a été la cause d'innombrables mécomptes, surtout dans les détails, plus encore que dans l'ensemble. Car, en général, quand un propriétaire voit trop diminuer ses revenus, il s'arrête, et souvent se dit alors que ce qu'il y a de mieux à faire, c'est de suivre la routine du pays. Il y a quelque chose de parfaitement juste dans cette assertion, et que le bon sens démontre : c'est que la routine locale est appuyée sur les circonstances locales ; et, en agriculture, il faut toujours prendre la localité pour base de ses opérations, puisque le premier point d'appui est le sol.

» Dans un de mes voyages agricoles, ajoute M. J. Rieffel, le secrétaire d'une société d'agriculture me conduisit chez un riche propriétaire, qui passait pour le meilleur agriculteur du pays. A mon arrivée sur les lieux, je fus effectivement frappé de la beauté des récoltes et de l'état d'embonpoint des bestiaux. Bâtimens, chemins, instrumens, clôtures ; tout enfin était artistement beau. « C'est de la véritable agriculture belge, me dit mon introducteur ; personne chez nous n'a encore pu faire mieux. » Je m'inclinai respectueusement. Notre visite dura toute la journée ; et l'inspection des lieux, nos conversa-

tions et mes calculs économiques ne tardèrent pas à me convaincre que cette agriculture ne payait pas ses frais. Sur le soir,
dans un moment d'entretien particulier avec le propriétaire,
je lui communiquai mon observation. Il parut d'abord étonné
de l'objection, attendu que sa position de fortune le mettait
largement à même de se passer des revenus de cette proprié-.
té. Il me fallut quitter mon rôle d'économiste, toujours trop
sec et métallique pour le caractère français. Je m'adressai au
cœur, et alors les sentimens les plus généreux en jaillirent.
Cet excellent homme, qui croyait de bonne foi être dans les
meilleures voies, m'avoua que, depuis douze années qu'il avait
entrepris l'amélioration de cette terre, il n'avait pu solder ses
dépenses. Il ne tenait pas des notes très exactes; mais il estima,
de mémoire, à 4,000 fr. environ la somme qu'il ajoutait annuellement au capital de l'exploitation, et il ne faisait pas
état de la rente du sol. Or, dans les alentours, les fermiers
voisins payaient généralement 40 francs par hectare. »

Ecoutons maintenant M. Moll :

« Une des plus grandes erreurs que l'on ait commises en
France, sous le rapport agricole, a été de croire que la *bonne
agriculture* n'avait qu'un type unique, n'affectait qu'un caractère : *créer le plus grand produit brut possible sur une étendue donnée de terre, se rapprocher par conséquent le plus possible de la culture jardinière.* Cette opinion, qui a pris naissance dans la comparaison faite entre les jardins maraîchers
et les champs, et qui a été accréditée et répandue par la plupart de nos agronomes, cette opinion a produit les plus déplorables résultats. C'est à elle principalement qu'il faut attribuer le peu de succès de tant d'entreprises agricoles faites par
des hommes riches et instruits, dans les contrées arriérées de
la France ; c'est à elle encore qu'on doit faire remonter cette
idée fausse que, pour faire de la bonne agriculture, il faut

de grands capitaux , de nombreux ouvriers , de belles routes.

» Envisagée dans ses rapports avec l'exploitant, l'agriculture peut présenter deux types bien distincts : il y a une agriculture qui tend à créer un grand produit brut sur une minime étendue de terre, et qui, dans ce but, accumule sur cette petite superficie une somme considérable de travail et de dépenses quelconques ; il y a une autre agriculture qui, cherchant avant tout à diminuer les frais d'exploitation, réduit le plus possible la somme de travail appliqué à la terre, et consent à n'en tirer qu'un produit brut minime, à la condition de n'y consacrer qu'une dépense plus minime encore.

» La première de ces deux agricultures était seule considérée comme bonne. La seconde était regardée comme essentiellement défectueuse. Là est l'erreur. Chacun de ces deux systèmes peut être bon ou mauvais, suivant les circonstances.

» Tel est l'état arriéré de nos connaissances en matière agricole, que nous n'avons même pas d'expression pour désigner ces deux types, dans lesquels rentrent plus ou moins tous les systèmes de culture du monde. Je serai donc obligé d'employer, en les francisant tant bien que mal, les termes usités dans la langue allemande, et je nommerai le premier *système intensif,* et l'autre *système extensif.* On voudra bien me pardonner ce néologisme, en considération de l'utilité qu'il y a de donner une expression à chaque chose. Le sujet même qui nous occupe en fournit du reste une preuve. Tous les jours, on entend dire à des personnes de bon sens, ayant des connaissances pratiques en agriculture : « Notre contrée est trop arriérée pour qu'on puisse y faire de la *bonne culture;* elle y serait impossible, ou du moins très onéreuse. » Et ce non-sens, cette contradiction flagrante, ne choque personne, tant on s'est habitué à considérer la bonne culture comme quelque chose d'absolu et d'indépendant des résultats que doit en tirer l'exploitant. Cependant cela revient à dire : *En faisant bien, on fait mal; en faisant mal, on fait bien.*

» Il faut enfin s'entendre sur ce mot de *bonne agriculture.*

» L'agriculture étant une industrie que le cultivateur exploite dans le seul but d'en retirer un bénéfice, elle doit, pour être bonne, donner du profit, et l'agriculture la plus parfaite est celle qui offre le revenu *durable* le plus élevé possible pour les capitaux quelconques engagés, capitaux fonciers et capitaux d'exploitation. Il est bien entendu que l'accroissement du capital foncier, lorsqu'il résulte de l'application d'une portion des profits annuels à des améliorations foncières, fait aussi partie des revenus.

» Posons donc en principe ici que jamais il ne faut faire de mauvaise agriculture; mais que souvent, très souvent, la *bonne agriculture* d'une localité sera tout autre que la bonne agriculture d'une contrée différente; et, pour ne citer qu'un exemple, l'agriculture flamande, que l'on considère vulgairement comme la plus parfaite, serait aussi mauvaise dans les landes de Bordeaux, en Sologne, en Bretagne, dans le Berry, que le serait la *bonne* culture landaise, solognote, bretonne, appliquée aux environs de Lille ou de Gand. Donc, à chaque localité, à chaque concours de circonstances, son système de culture.

» Ce n'est pas à dire qu'il faille imiter servilement tout ce qui se pratique dans chaque pays, ni même abandonner au hasard ou à des tâtonnemens empiriques le soin de perfectionner. La science peut indiquer, sinon d'une manière toujours certaine, du moins avec autant de probabilité que peuvent le faire la médecine et l'économie politique dans leurs sphères, la route à suivre, les écueils à éviter, les

obstacles qu'on peut rencontrer et les moyens de les surmonter.

» Rien n'est plus facile, par exemple, que de déterminer
quel est celui des deux systèmes mentionnés qui convient dans
certains lieux donnés. Le système *intensif* est à sa place dans
les pays riches, où la terre est fertile et a une haute valeur,
où les produits ont un prix élevé, où les débouchés sont faciles, et surtout où il y a une nombreuse population d'ouvriers
ruraux qui loue ses bras à bon marché (comparativement au
prix des produits). Là, il faut de grands capitaux pour bien
cultiver. Là, on fait beaucoup d'avances à la terre, et on en
obtient, en retour, beaucoup de produits.

» Le système *extensif* convient partout où règnent les circonstances contraires, dans les localités arriérées, où le sol
est en mauvais état et a peu de valeur, où les fermes sont étendues, mal bâties, où la main-d'œuvre est rare, inhabile et
chère.

» A côté de ces deux types offrant les caractères extrêmes,
il existe beaucoup de lieux qui se rapprochent plus ou moins
de l'un ou de l'autre, où par conséquent il conviendra d'adopter des termes moyens, participant dans les proportions variées de la culture intensive et de la culture extensive. C'est
au cultivateur à juger de ce qui convient; et c'est là, il faut
bien le dire, une tâche parfois difficile.

» Pour préciser mieux le caractère de chacun de ces deux
systèmes-types, je dirai que le principal élément de production doit être, dans le premier, le *travail;* dans le second, la
nature. Dans le premier, récoltes sarclées, multiplicité des labours, hersages, binages, sarclages, menues cultures de toute
espèce, nourriture des bestiaux à l'étable au moyen des fourrages artificiels et des récoltes-racines, etc., etc. Dans le second, culture d'une portion minime du sol, absence ou res-

triction des récoltes qui exigent beaucoup de travail, emploi de
tous les moyens qui peuvent diminuer celui-ci, mise en pâturage et en plantations d'une portion notable des terres, nourriture du bétail au pâturage le plus long-temps possible....

» Nous l'avons dit et nous le répétons, *ce n'est que dans un
sol riche que le travail est payé.* Or, la culture intensive,
employant, comme on sait, beaucoup de travail, devient
essentiellement ruineuse du moment où cette condition n'existe
pas....

» Je viens d'entrer dans des considérations qui s'appliquent
en partie à tout système de culture ; cela me permettra d'a-
bréger ce qui me reste à dire sur la *culture extensive.*

» Rappelons ici tout d'abord que cette culture, appliquée
d'une manière plus ou moins absolue, est la seule qui convienne dans une grande partie du centre et de l'ouest de la
France, contrées de landes, sol pauvre et à population rare.

» On se tromperait fort si l'on croyait pouvoir induire de
ce que j'ai dit plus haut que, dans ce système, la culture
peut être négligée. La surface cultivée doit être restreinte.
On peut réduire jusqu'à un certain point le travail sur cette
surface exiguë ; mais il en est un qu'on ne saurait diminuer,
auquel on doit au contraire donner le plus d'extension possible : c'est le travail qui a pour but la *fertilisation du sol.* Précisément parce que le travail de l'homme est rare et chér, il
ne faut l'appliquer que sur un sol riche, c'est-à-dire bien
fumé.

» D'où vient que la culture des terres pauvres est presque
toujours onéreuse ? C'est qu'avec une dépense égale, ou à peu
près, à celle qu'exigent les terres riches, on n'y obtient
qu'un produit très inférieur à celui que donnent ces dernières. Quelle que soit la différence dans le loyer du sol, elle
ne saurait établir une compensation, car nul abaissement de

loyer, allât-il jusqu'à l'annulation , ne peut rendre la culture
avantageuse dans un sol où les frais dépassent habituellement
le produit brut.

» N'est-il pas évident pour tout le monde que si on parve-
nait à obtenir, sans augmenter les frais autres que ceux de
fumiers, un produit de moitié plus élevé, par exemple , on
aurait fait un grand pas , car on aurait dès-lors rendu lucrative une culture jusque-là onéreuse ? Et quand même on devrait acheter cet avantage par une réduction notable de l'espace cultivé , il n'y aurait pas à balancer un instant : car un
seul hectare bien fumé, et dont la culture est profitable, est
évidemment plus avantageux que 20 , que 50 , que 100 hectares de terre pauvre , dont les produits ne compensent jamais
les frais de culture ; et 15 hectolitres de blé obtenus sur un
hectare, laissant un bénéfice de 60 à 80 fr., valent évidemment mieux que 5 à 600 hectolitres produits par 100 hectares , et coûtant plus qu'ils ne valent.

» Eh bien , le système extensif a précisément pour effet,
comme nous l'avons dit , de restreindre beaucoup la superficie cultivée , afin de pouvoir accumuler sur cet espace restreint toutes les ressources de l'exploitation en engrais, et
d'y faire ainsi de la culture lucrative.

» Jusque-là point de difficultés : sur 100 hectares en prendre 10 , 20 , 30 des meilleurs, leur consacrer tous les fumiers que l'on éparpillait auparavant sur la surface totale,
et en retirer ainsi, non pas un produit brut, aussi élevé
peut-être , mais un produit net satisfaisant, au lieu de la
perte qu'occasionait auparavant la culture de la totalité,
c'est là ce que chacun peut effectuer.

» Mais que faire maintenant de ce qui reste? A quoi appliquer les 70, 80, 90 hectares qu'on retire de la culture?

» Nous avons dit qu'appliquée à l'ensemble , la culture

était onéreuse ; qu'appliquée à une portion plus ou moins restreinte, elle devenait lucrative. Donc, ne dût-on retirer aucun produit des terres non cultivées, l'avantage serait encore bien réel ; car d'une valeur négative on aurait fait une valeur positive, d'un passif on aurait fait un actif.

» A plus forte raison y aura-t-il profit si on peut, sans aucun frais, avec des frais très minimes, obtenir un produit quelconque de ces terres ; ce sera enfin surtout le cas, si ce produit est en *fourrage*, c'est-à-dire de nature à permettre de tenir plus de bestiaux, et de produire, dès-lors, plus de fumier.

» Or, rien n'est plus facile que d'arriver à ce résultat. Toutes les terres, même les plus pauvres, abandonnées à elles-mêmes, fournissent un *pâturage* plus ou moins abondant. Dans certaines terres argilo-siliceuses, et où précisément la culture rencontre plus de difficultés, l'herbe pousse même avec une telle vigueur, qu'à peine abandonné à lui-même, le sol arable se transforme en herbage.

» Cette transformation spontanée s'opère en plus ou moins de temps, et d'une manière plus ou moins complète, dans tous les terrains ; mais il en est, comme les terrains secs, crayeux ou sablonneux, dans lesquels l'engazonnement ne s'obtient ainsi qu'après un temps si long, qu'il y a presque nécessité, et dans tous les cas avantage, à semer des graines de plantes fourragères.

» Dans la plupart des ouvrages d'agriculture, on donne des listes plus ou moins longues de plantes fourragères à faucher ou à pâturer, pour chaque espèce de sol.

» Malgré l'avantage de composer un herbage d'un grand nombre de plantes, il n'est pas nécessaire d'en semer de plusieurs espèces. Une ou deux suffisent ; on les choisira parmi celles qui non seulement conviennent au sol, mais dont la graine est à bon marché, car c'est là une considération fort important

portante.

» Il en est ainsi du trèfle blanc et du ray-grass commun, qui s'accommodent de presque tous les terrains. Huit à dix kilos de trèfle blanc, avec douze à quinze de ray-grass, ensemencent très bien un hectare. On peut y en ajouter, dans les terrains riches et frais, un de *fromental (arena elatior)*, *d'agrostis traçante (agrostis stolonifera)*, de *dactyle pelotonné (dactylis glomerata)*; dans les terres sèches, calcaires, crayeuses ou sablonneuses; de la *lupuline*, du *sainfoin*, du *brome des prés*, du *phéole des prés (phleum pratense)*; en supposant, bien entendu, que l'on puisse se procurer à peu de frais les graines de ces plantes.

» Le *cultivateur intelligent* qui a des terres de cette nature ne s'en tiendra pas à ces indications. Il observera soigneusement la végétation spontanée; il essaiera de cultiver en petit d'abord les plantes qu'il y verra pousser avec plus de vigueur, et que les bestiaux mangeront le plus volontiers. Il pourra enrichir ainsi sa culture de fourrages précieux, comme l'ont fait MM. Bailly et Rieffel, en cultivant l'ivraie multiflore. On a soin de semer séparément les semences légères, comme celles de la plupart des graminées, et les semences pesantes, comme celles du trèfle, de la lupuline, du phéole...

» Quant à l'assolement à suivre dans la portion en culture, il doit être combiné de façon à produire la quantité de paille nécessaire pour la litière, et une masse suffisante de fourrages pour l'hiver, en supposant qu'il y ait peu ou point de prés.

» Comme l'étendue soumise à la culture doit être d'autant plus restreinte que le sol est plus pauvre, de telle sorte qu'on puisse toujours fumer abondamment cette étendue et la maintenir dans un parfait état de fertilité, on rentre, dans cette portion, dans les conditions de la culture intensive, c'est-à-dire que tout ce qui est en culture, étant nécessairement bien fumé et riche, pourra être traité comme une terre exploitée par le système intensif.

» On y fera donc, non-seulement des céréales et des prairies artificielles, trèfle, luzerne, sainfoin, etc., à leur défaut fourrages annuels de vesces, mélanges, sarrasin, maïs, millet, seigle, spergule, etc., mais encore des récoltes-racines; seulement on observera plus que jamais cette règle si essentielle, de ne faire de ces dernières que ce qu'on peut fumer fortement, par conséquent de régler l'étendue à leur consacrer moins sur les convenances de l'exploitation que sur la quantité de fumier dont on dispose.

» Les récoltes-racines, on ne saurait trop le répéter, sont de celles qui ne souffrent pas de médiocrité. Il faut les faire parfaitement, ou n'en pas faire du tout : 40,000 kilogrammes de betteraves, obtenus sur un hectare, valent mieux que 75,000 kilogrammes récoltés sur trois.

» Il n'y a que les plantes commerciales (colza, pavots, garance, etc.) qui devront être exclues d'une façon à peu près absolue de ces assolemens, à cause de la nécessité d'accroître annuellement la richesse du sol.

» Les seules récoltes de vente seront donc les céréales.

» J'ai dit plus haut que ce système de culture est le mieux approprié aux circonstances physiques et économiques d'une grande partie du centre et de l'ouest de la France. C'est en effet le seul système par lequel on pourra défricher les vastes landes et bruyères de ces contrées, avec facilité, économie et chance de succès (au point de vue pécuniaire).

» Vouloir, au contraire, effectuer cette opération avec le système ordinaire, c'est-à-dire en conservant en culture tout ce qu'on défriche, c'est courir le risque à peu près certain de faire pendant long-temps une culture onéreuse, et parfois même de diminuer la valeur de son sol, au lieu de l'accroître.

» Presque toujours il conviendra de réduire dès l'abord l'étendue des terres arables. On ne gardera comme telles que les plus fertiles et les plus rapprochées de l'exploitation. Le reste sera mis immédiatement en pâturage.

» Tant qu'on ne pourra pas disposer d'une grande quantité d'engrais, on n'accroîtra que faiblement la superficie cultivée. Chaque fois qu'on aura défriché une certaine étendue de landes-bruyères, on retirera donc de la culture une étendue à à peu près égale de terre, qu'on mettra en pâturage.

» Les idées que je viens d'émettre ici sur les systèmes de culture sont neuves. Elles n'ont pour elles que des faits, nombreux, à la vérité, et concluans, mais que la théorie n'avait pas encore analysés, groupés, réunis en corps de doctrine.

» Je serais d'autant plus étonné que ces idées fussent admises sans opposition, qu'elles heurtent de front l'opinion d'une foule d'agronomes et même de beaucoup d'agriculteurs praticiens, surtout parmi ceux qui n'ont pas un grand fonds d'expérience.

» Mais, comme la vérité finit toujours par être vraie pour tout le monde, et que la raison finit toujours par avoir raison, je ne désespère pas du tout de voir un jour ces principes adoptés généralement.

» J'attends de leur application le prompt et fructueux défrichement de nos immenses bruyères, l'amélioration de toutes nos contrées à sol pauvre, le desséchement et la mise en culture de la majeure partie des 200 mille hectares d'étangs qui couvrent et empestent une portion notable du territoire français. Enfin, j'y vois encore une source de richesses pour une foule de contrées où la culture arable lutte péniblement contre la compacité et l'humidité du sol, contre la pénurie de bras et l'absence de routes, et où elle ne donne, la plupart du temps, ses produits qu'avec des frais qui en dépassent la valeur.

» Il faut bien le dire, la pratique, dans cette circonstance, s'est montrée plus intelligente que la théorie. Tandis que celle-ci continuait à se traîner dans l'ornière des vieilles idées absolues de progrès, comme les inventèrent les agro-nomes du XVIIIe siècle, ne mentionnant les pâturages que pour les frapper d'anathème, des faits d'une haute gravité passaient inaperçus dans beaucoup de localités ; d'ignorans cultivateurs, dirigés par leur simple bon sens, mettaient la charrue de côté et transformaient leurs terres arables en herbages. Et ce qu'il y a de plus remarquable, ce n'est pas seulement dans des localités à culture arriérée que cela se passait ainsi, mais aussi et surtout dans des contrées fort avancées, et jusque dans le département du Nord, ce berceau, cette patrie de la culture riche, de la culture perfectionnée, en un mot, de la culture *intensive*.

» Des faits de ce genre, se reproduisant de jour en jour plus nombreux, ne peuvent plus être passés sous silence ou considérés comme des anomalies, des exceptions. La bonne, la vraie théorie devait nécessairement s'en emparer, les analyser, les coordonner, pour en tirer un corps de doctrine à ajouter désormais aux autres principes fondamentaux de la science rationnelle de l'agriculture. »

(*L'Agriculture de la Gironde.*)

DE L'ORGANISATION D'UN SERVICE MÉDICAL,

EN FAVEUR DES INDIGENS DE LA CLASSE RURALE.

Au milieu des agitations, des tiraillemens et des passions de l'époque actuelle, c'est vraiment un beau et consolant spectacle que ce mouvement de bien public qui entraîne tous les esprits, toutes les intelligences à la recherche du soulagement des misères humaines. Fatigué de suivre les ardentes péripéties des luttes politiques qui tourmentent cette société, l'œil se repose avec joie sur les nobles travaux qu'inspirent à des âmes généreuses l'amour de l'humanité souffrante, et cet esprit de bienfaisance éclairée, dirigé vers l'amélioration morale et physique du sort des classes malheureuses. Une société qui se fait remarquer par de pareilles tendances, par de semblables instincts, n'est pas pourrie au cœur, comme on a osé le dire.

Il y a dans ce travail des intelligences incessamment occupées à la recherche du problème de la perfectibilité de la condition humaine une puissante garantie d'avenir, une source précieuse d'espoir et de consolation. Gardons-nous seulement des fautes, des erreurs de ces jeunes et ardentes imaginations dont le zèle immodéré s'égare en se précipitant imprudemment dans la voie du progrès social! C'est sans doute un beau et noble travail que celui des réformes de la condition humaine; mais ce n'est pas en un jour qu'il peut être donné d'atteindre le but auquel tendent de si généreux efforts, et on le manque en le dépassant. Gardons-nous plus encore de ce faux apostolat qui, en couvrant du masque du bien public ses dangereux desseins, ne plaint les misères humaines que pour les faire crier, et ne se mêle aux douleurs du peuple que pour en aigrir les redoutables ressentimens. A ce peuple qui souffre, cela n'est que trop vrai, mais qui souffrait bien plus encore autrefois, montrons ce qu'a fait pour lui, ce qu'a fait chaque jour et ce que veut faire encore cette société contre laquelle l'irritent de faux et dangereux amis. Au lieu de lui faire envier de prétendues libertés dont il n'a aucun besoin, apprenons-lui à connaître le prix et à goûter le bienfait des institutions libérales qui lui ont été données, tout en préparant sagement dans l'avenir celles qui pourront lui être utiles encore. Au lieu de le pousser dans la rue où se font les révolutions qui ne peuvent qu'accroître sa misère, montrons-lui le chemin du travail dont l'industrie amasse sous sa main les élémens productifs. Au lieu de l'entraîner sur les places publique où rugit l'émeute, conduisons-le dans les temples où la charité chrétienne prodigue chaque jour à tous ses divines consolations et ses pieuses exhortations. Enfin, au lieu d'apprendre à ceux qui souffrent à maudire leur sort et à désespérer de la vie, travaillons à ouvrir leurs âmes à l'espérance et leurs yeux à la vérité par le spectacle consolant des efforts qui se font incessamment pour adoucir leur condition présente et leur préparer un meilleur avenir. Oui, dans cet esprit ardent de charité chrétienne et de fraternité sociale qui caractérise et honore notre siècle, il y a pour l'humanité souffrante un immense sujet de joie et de consolation, car ce mouvement généreux des esprits vers les idées de progrès dans le domaine de la bienfaisance publique ne peut plus s'arrêter. L'élan est donné, le champ est vaste à parcourir, et les travailleurs s'y pressent, confondus dans la même pensée sans distinction de caste, de classe, ni de drapeau ; le bien qu'on y sème est si doux à recueillir !

Au nombre des questions d'améliorations sociales qui doivent exciter le plus vivement la sollicitude des amis éclairés de l'humanité, figure aujourd'hui en première ligne l'organisa-

tion des secours qui manquent aux malades indigens de la classe
agricole. Il y a, en effet, à cet égard une lacune considérable dans les rapports de l'économie publique avec l'action administrative ou gouvernementale. Tandis que, dans les villes,
le soin de la santé publique semble absorber exclusivement
l'attention des publicistes, des économistes et des législateurs,
dans les campagnes tout ou presque tout reste à faire sous le
rapport des améliorations médicales que réclament cependant
vingt-cinq millions de citoyens appartenant aux communes
rurales.

Nous avons sous les yeux une pétition que vient d'adresser
aux chambres, en faveur des indigens de la classe agricole, M. le baron Hyde de Neuville, ancien député de la
Nièvre.

Cette pétition a d'abord pour objet d'obtenir l'exécution,
dans tous les établissemens de charité, de la loi de vendé-
miaire an XI, relative à l'admission des pauvres malades dans
les hospices et aux secours à leur donner à domicile.

Il est écrit en effet dans cette loi, article 18 : « *Tout malade,
domicilié de droit ou non, qui sera sans ressources, sera se-
couru ou à son domicile de fait ou dans l'hospice le plus voisin.* »
Cette loi n'a point été abrogée ; ses dispositions sont encore la
seule règle existante pour la fixation du domicile de secours
et d'admission des pauvres malades dans les hospices ; des
instructions précises et multipliées, adressées par l'administration centrale aux administrations hospitalières, les ont ra-
menées au principe de la loi, celui de l'égalité des droits de
tous les pauvres et de la communauté des secours publics,
toutes les fois qu'agissant dans un esprit de localité et de charité étroite, elles ont semblé s'en écarter ; enfin les préfets
sont autorisés à agir d'office toutes les fois qu'ils rencontrent,
de la part de ces administrations, des résistances qui ne sont

pas justifiées par l'impossibilité matérielle et absolue de recevoir et de traiter les indigens malades.

Ainsi, il n'y a rien à demander à cet égard ni à la législation ni au pouvoir exécutif. L'une a écrit le droit, et l'autre maintient le principe. Point de privilége! Vous êtes pauvre, vous êtes malade: étranger ou non à la commune, les portes de l'hospice le plus voisin doivent s'ouvrir pour vous; entrez, que vous soyez de la ville ou de la campagne, quels que soient votre nom, votre pays, votre domicile, votre religion! et cependant M. Hyde de Neuville signale comme un abus passé presque à l'état normal la résistance des administrations hospitalières des villes à recevoir les indigens malades des campagnes, par esprit de préférence exclusive en faveur des pauvres de la cité. « Frappez, dit-il, à la porte du chef-lieu, » et le plus souvent, malgré la subvention du conseil géné» ral, cette porte ne s'ouvrira que pour le pauvre de la ville; » ou, si une ténacité charitable, des démarches réitérées, des » observations un peu vives triomphent de la difficulté, ce » ne sera pas la loi qu'on exécutera: on aura cédé à une gé» néreuse importunité; on accorde enfin, de guerre lasse, » une faveur; mais on a méconnu le droit. » Et dans un langage inspiré par le sentiment de la véritable charité, l'honorable pétitionnaire fait, avec autant de raison que de force, justice de cet oubli des droits du pauvre, de ce mépris des principes que, selon son 'expression, l'humanité, la raison, l'équité devraient faire prévaloir, quand la loi n'en ferait pas une obligation.

Oui, ce serait là un abus grave et contre lequel on ne saurait trop s'élever, car la population des campagnes a plus besoin encore que celle des villes du secours des institutions hospitalières, par son isolement, par le manque absolu des ressources que la civilisation multiplie dans les villes. Mais

est-il bien vrai que les obstacles qui s'élèvent trop souvent
devant l'admission des indigens de la campagne dans les hospices ne soient que l'effet d'un système de prohibition appliqué au mépris de la loi et de la justice par les administrations
hospitalières? M. le baron Hyde de Neuville, quoiqu'il dise
en avoir de tristes preuves, nous permettra de penser qu'il
n'a pris pour règle générale de conduite que quelques cas
d'exception, justifiables peut-être, si on allait au fond des
des choses. Déjà; dans une circonstance qui l'intéressait personnellement, nous avons eu l'occasion de justifier d'un semblable reproche l'hospice de la Charité-sur-Loire, et l'on
sait en quels termes l'administration de cet établissement a
consacré elle-même les larges principes de la charité publique en se défendant de les avoir méconnus. Parlerons-nous
de l'hospice de Nevers, où le droit invoqué en faveur des
pauvres et des malades de la campagne est consacré tous les
jours par de nombreuses admissions, sur la simple remise
d'une déclaration de médecin et d'un certificat d'indigence?
Dans tout ce département, et nous avons le droit de le dire
ici en répondant à un ancien député de la Nièvre, il n'y a
pas un seul hospice où ne soient ainsi largement appliqués
les véritables principes de la charité; il faut, pour refuser
un malade indigent, qu'il y ait impossibilité de le recevoir,
plus de lit, plus de place. Et c'est là, disons-le plutôt, le
véritable mal, la véritable cause des résistances que rencontrent trop souvent les demandes d'admission. Malheureusement ces institutions si précieuses pour l'humanité sont trop
peu nombreuses et trop pauvres elles-mêmes en général pour
faire face à tous les besoins, à tous les maux, à toutes les
misères dont est assailli le seuil hospitalier. Voilà ce qu'il
faut reconnaître, ce qu'il faut constater, en demandant aux
chambres, au gouvernement et à la charité publique de venir

puissamment en aide à l'insuffisance du nombre et des ressources des établissemens de charité.

Du reste, l'auteur de la pétition le reconnaît lui-même, car il ne tarde pas à proposer dans ce sens une mesure que nous ne saurions trop recommander à l'attention des chambres.

Dans la seconde partie de sa pétition, l'honorable M. Hyde de Neuville demande que toutes les communes de France soient obligées d'avoir, une ou deux fois par semaine, la visite du médecin des pauvres, et dans chaque canton la consultation gratuite avec une ou deux pharmacies des pauvres. En d'autres termes, c'est l'organisation légale et régulière d'un service de santé pour les indigens.

Cette idée, qui prend une nouvelle autorité en passant par la plume de M. le baron Hyde de Neuville, a déjà été émise et même parfaitement traitée dans la Nièvre. L'année dernière, ainsi qu'il le rappelle, et nos lecteurs ne l'ont point oublié, un de nos honorables compatriotes, M. de Bourgoing, dans un mémoire dont nous avons loué la pensée généreuse aussi sincèrement que nous en avons relevé les erreurs, demandait au gouvernement, entre autres mesures propres à améliorer la position des classes agricoles :

« Qu'il fût nommé par chaque canton un médecin des pau
» vres, qui donnerait un jour par semaine, au chef-lieu du
» canton, des consultations gratuites, et se transporterait
» chez tous les indigens de chaque village lorsqu'il serait
» nécessaire. »

Long-temps avant M. de Bourgoing, cette même proposition, présentée aujourd'hui après lui par M. le baron Hyde de Neuville, avait déjà fait, dans la Nièvre, l'objet des méditations d'un homme fort distingué. En 1832, M. Valat, docteur en médecine, attaché, à cette époque, en qualité de médecin, aux mines de houilles de Decize, présentait à M.

Badouix, préfet du département de la Nièvre, un mémoire sur l'organisation d'un service gratuit de santé à fonder en faveur des indigens des populations rurales. Dans cet écrit, de la portée la plus sérieuse, et qui fut communiqué par M. Badouix au conseil général, dans la session de la même année, M. Valat, après avoir peint la situation des malheureux habitans de la campagne, abandonnés, sans soins, sans secours, où trop loin des secours pour les recevoir en temps utile, à toutes les maladies que multiplie la misère; victimes de tous les acccidens inséparables de la vie de travail; en proie à un ennemi plus redoutable encore, au charlatanisme empyrique, proposait, comme la mesure la plus philanthropique et la plus salutaire, l'organisation d'un service médical pour toutes les campagnes en faveur de la classe nécessiteuse et ouvrière, au moyen de la nomination, dans chaque canton, d'un ou de plusieurs médecins chargés de desservir chacun un certain nombre de communes et y donner leurs soins aux indigens et simples ouvriers malades. Le traitement très modeste sans doute qu'auraient demandé, dans leur désintéressement, les hommes de l'art investis de cette honorable mission, devait être pris sur les ressources communales et départementales, augmentées des secours de la charité publique. Pourquoi, en effet, ne ferait-on pas légalement pour la santé publique ce que l'organisation de l'instruction primaire a fait pour le développement moral de l'intelligence? Malheureusement les préoccupations politiques de l'époque ne permettaient guère de donner suite à ces idées, qui, de la part du conseil général, ne valurent à leur auteur que de stériles félicitations. Plus tard, M. le docteur Valat, sans se décourager, refondait son mémoire dans un travail complet pour le présenter à l'institut royal de France, où il fut accueilli, avec les éloges les plus honorables, par l'académie des sciences morales et politiques.

Les bornes étroites d'un article ne nous permettent pas de développer ici toutes les considérations qui se rattachent à l'idée que ramène de nouveau M. le baron Hyde de Neuville, sous forme de pétition aux chambres ; nous dirons seulement que nous n'en connaissons pas de meilleure, de plus intéressante et d'une exécution plus facile dans les proportions des résultats qu'il serait permis d'en attendre. Le mal est grand : il faut, pour en avoir une idée, avoir assisté comme nous dans la campagne au spectacle de malheureux ouvriers gisant sans secours, ni moyens de s'en procurer, sur leur lit de douleur. Il faut les avoir vus gémissant sous l'étreinte mortelle de la maladie au milieu de leur famille éplorée. Qu'on n'accuse pas, nous le répétons, les administrations hospitalières ; le plus souvent elles ne peuvent rien pour ces infortunés. La nature du mal, sa gravité même, l'éloignement de l'hospice, et la répugnance souvent invincible que ces malheureux ont pour l'hôpital, où, dans leurs sombres pensées, ils se voient mourir loin de leurs amis, de leurs parens, de leur famille, les enchaînent sur le grabat qui les voit s'éteindre, ou qu'ils ne quitteront, si la nature est la plus forte, que pour traîner au milieu de privations de toute espèce leur débile convalescence. C'est une vérité désolante ; mais M. Hyde de Neuville n'exagère rien quand il le dit : dans les communes rurales privées de médecins, plus de la moitié des malades périssent faute de secours, parce qu'une affection qui aurait cédé aux premiers soins dégénère bientôt, si on la néglige, en maladie mortelle ; parce que la moindre blessure, à défaut de pansement convenable, peut souvent prendre le caractère d'une plaie dangereuse, d'un ulcère incurable. Et il a raison encore de le demander : que deviennent dans les campagnes les vieillards, les orphelins, les aveugles, les sourds-muets, les épileptiques, sans ressources aucunes ?

Heureuses les communes industrielles qui, comme Four-
chambault, Imphy, Guérigy, La Machine et autres, jouis-
sent des bienfaits d'un service de santé régulier et constant !
Là, au moyen du prélèvement d'un centime seulement par
franc sur leur salaire, les ouvriers et leurs familles reçoivent
du médecin attaché à l'établissement tous les secours nécessaires, et les autres habitans peuvent à peu de frais, gratuitement bien souvent, réclamer également ses soins. Heureuses aussi les localités où, comme dans quelques communes
de ce département, des propriétaires riches et généreux ont
fondé à leurs frais un service rural de santé en faveur des
pauvres nécessiteux ! Heureuses surtout, nous le disons encore avec M. Hyde de Neuville, les populations où, sous la
direction éclairée du médecin, le soin des malades est confié
à des sœurs de charité, à ces pieuses filles, véritable provi-
dence du pauvre, dont la vie toute de dévouement et de
sainte abnégation est vouée au soulagement des misères
humaines !

Malheureusement, combien peu de communes rurales jouis-
sent de ces avantages précieux ! L'honorable et ancien député
de la Nièvre demande aux chambres d'en étendre le bienfait
sur toutes les communes de France ; puisse son vœu être
exaucé !   N. Duclos.

INDUSTRIE DES ÉTANGS.

ÉLÈVE DES POISSONS.

Les étangs sont assez nombreux dans certaines parties du
Périgord pour mériter un article spécial sur l'augmentation
et l'amélioration de leurs produits. Nous ne voulons pas dis-

cuter à fond le reproche qui leur a été fait de menacer la santé publique ; la loi a trouvé cette prévention enracinée ; elle l'a acceptée en permettant (loi du 11 septembre 1792) d'ordonner la suppression des étangs reconnus insalubres. La conviction bien établie de l'auteur de cet article, c'est que les étangs atténuent le mal au lieu de le produire ; qu'ils sont eux-mêmes, comme la fièvre qu'on leur reproche bien à tort de propager, un effet et non une cause, car remarquons :

1° Qu'il n'existe d'étangs que dans les pays hauts, fort éle-vés au dessus du niveau des rivières, et dès-lors plus froids que les plaines qui les avoisinent ;

2° Que, sur ces plateaux à étangs, le sol est absolument imperméable, conserve et retient l'eau, pourrit les racines des plantes au point de créer, dans certains lieux, des amas d'herbe en décomposition toujours humide, préparation lente des tourbières, et que toutes ces conditions jettent dans l'air une masse énorme d'eau à l'état de vapeur en même temps que des exhalaisons putrides ;

3° Que ces deux faits d'une température plus froide et d'une plus grande évaporation d'eau amènent une plus grande quantité de pluie ; ainsi, pour ne parler que de pays bien connus, on tient pour constant qu'il ne tombe, par année, que 52 centim. d'eau à Paris, tandis que dans des pays plus élevés et dès-lors plus froids, à sol argileux et imperméable, et dès-lors plus humides, dans les pays d'étangs, en un mot, comme la Sologne, les Dombes, etc., il tombe 1 mètre 8 cen-timètres à 1 mètre 28 centimètres d'eau : plus du double sur une terre qui ne l'absorbe pas et la retient à la surface !

Les étangs sont donc un des effets de cet état de choses ; un autre effet, c'est le froid et l'humidité, cause réelle des fièvres. Les étangs, nous le pensons au moins, n'ont aucune influence fâcheuse sur la santé publique ; les grandes masses d'eau, comme l'Océan et les mers intérieures, les lacs, etc., n'ont jamais par elles-mêmes soulevé de pareils reproches. Les fièvres sont donc produites par le climat, qui est plus froid ; la nature du sol, qui reste toujours humide, n'absorbe pas l'eau et la retient à la surface ; par des pluies plus abondantes, par la décomposition incessante des végétaux toujours immergés. Les fièvres disparaîtraient si des cultures bombées et de nombreuses saignées *continues* jetaient dans les étangs toutes ses eaux arrêtées à la surface, si on détruisait ces fossés encaissés et sans écoulement, ces trous à laver, ces mares à abreuver le bétail, ces trous à purins et à fumier si nombreux dans certains pays de fièvres, où chaque maison a les siens, et où on devrait seulement établir un lavoir et un abreuvoir communs pour chaque village.

Ajoutons que ces conditions de température et de sol sont exclusives par elles-mêmes d'une grande fertilité ; qu'elles produisent en même temps une grande faiblesse de corps dans les populations ; que l'habitant placé sur un sol peu fertile, mal nourri dès-lors, mou et paresseux, doit nécessairement rester pauvre, mal logé, mal vêtu. Cela seul n'expliquerait-il pas l'existence des fièvres ? Y a-t-il un pays plus humide, plus couvert d'eau et de vapeurs que la Hollande ?... Et cependant la santé publique y est florissante au plus haut degré.

Acceptons donc les étangs comme une nécessité ; disons plus, comme un bienfait ; car ils n'occupent guère que des lieux encaissés, sans écoulement naturel, surélevés pour ajouter à la profondeur de l'eau et rendre productif et plus sain ce qui ne le serait pas sans cela. Si le travail de l'homme disparaissait, à la place de presque tous ces étangs on trouverait un bas-fond, un marécage, une tourbière qu'aucuns travaux ne pourraient dessécher ni assainir. Encore une fois, l'étang est donc un bienfait, car il a diminué le mal. Parlons maintenant de la culture des étangs.

Les meilleures conditions pour un étang destiné à l'élève du poisson sont les suivantes :

Profondeur moyenne et constante de un à deux mètres (les environs de la sonde exceptés; ils doivent avoir beaucoup plus de profondeur); la même quantité d'eau dans un étang plus profond produirait moins de poisson.

Emplacement découvert, légèrement abrité des vents et bien exposé au soleil.

Entourage de terrains fertiles et en culture, dont les eaux tombent immédiatement dans l'étang; les égouts des chemins, des étables, des fumiers sont favorables au poisson; le bétail qui vient s'y abreuver, surtout le bétail nourri de grain, y apporte un aliment très utile.

On pourrait croire que plus un étang reçoit d'eau courante, plus il devrait être favorable au poisson : l'expérience paraît avoir démontré le contraire. Les hommes les plus expérimentés se sont bien trouvés d'avoir détourné le *trop plein* des eaux *avant* leur entrée dans l'étang, et de faire écouler ce trop plein par un fossé latéral. Ils ont prétendu qu'outre l'avantage de préserver les chaussées de tout danger et les décharger de tout dommage, ils avaient reconnu que le poisson avait bien plus gagné en grosseur dans une eau à demi dormante que dans un courant continu, *lorsque ce courant n'apportait aucune nourriture au poisson.*

Pour celui qui écrit ces lignes, la question est à étudier : la position encaissée de ses étangs ne lui a pas permis de faire un essai. Il n'hésite pas cependant à dire qu'il faudrait bien se garder de détourner les eaux provenant du voisinage des habitations, de terres en culture, etc. Si un fossé de dérivation existait dans une pareille position, il faudrait le fermer au printemps et ne l'ouvrir que quelque temps après les semailles d'automne pour détourner seulement les grandes eaux d'hiver ; on accepterait ainsi celles qui seraient utiles ; on écarterait celles qui seraient dangereuses.

Un des plus grands dommages auxquels sont exposés les étangs, c'est la détérioration des chaussées ou leur enlèvement par les grandes eaux, et par suite la perte entière du poisson ; il faut donc ne rien épargner pour prévenir ce danger, établir la chaussée en terre forte et non sablonneuse ; lui donner d'autant plus de largeur que l'étang est plus grand et par suite le poids de l'eau plus considérable, la tenir toujours bien relevée, engazonnée et garnie de petits arbres, le saule, par exemple, à l'état de taillis, coupé à 4 ou 5 ans pour cercles. Les grands arbres, bons derrière la chaussée et placés presqu'au bas, seraient nuisibles placés dans le milieu ou dans le haut ; leurs racines la traverseraient, amèneraient des infiltrations, et la chaussée se ressentirait de l'ébranlement de l'arbre par le vent.

Le tuyau d'écoulement, communément appelé la *dalle*, doit être en chêne travaillé et posé aussitôt après sa coupe ; le vergne du aulne est encore préférable au chêne pour cet usage, car c'est le meilleur de tous les bois pour rester sous l'eau, toujours à la condition d'y être placé en vert. Ce tuyau est travaillé d'abord en caisson et comme une mangeoire d'écurie, puis recouvert, non pas d'un madrier en long, il pourrait se fendre, mais de bouts de grosses planches en travers et bien jointées et clouées ; le diamètre de l'auge ou dalle doit être assez large pour écouler promptement les eaux de l'étang, et sa longueur doit être telle qu'il dépasse en dedans et en dehors la base de la chaussée.

L'ouverture de la bonde est ménagée dans le gros bout de l'arbre ; on encaisse cette ouverture latéralement en clouant des planches sous la charpente afin d'en écarter l'éboulement des terres et prévenir l'obstruction ; le devant est fermé par un grillage *mobile* en bois, posé verticalement et destiné à empêcher le passage du poisson, ce qui permet, dans les grandes eaux et pour soulager les décharges, de tenir la bonde ouverte sans qu'on ait à craindre de perdre du poisson. Une autre précaution à prendre, c'est de poser une claie devant les décharges et à la queue de l'étang ; autrement en mai et en août, lors du frai, le poisson, qui tente toujours de remonter, ne manquerait pas d'aller se perdre dans le haut du ruisseau ou dans les prairies.

Enfin, le sol de l'étang doit être parfaitement nivelé et en cuvette, de manière à être mis et maintenu tout-à-fait à sec : la plus grande profondeur doit être devant la bonde.

Dans les étangs éloignés, on fera bien, pour empêcher les vols de poisson et les pêches nocturnes, de piquer des tronçons d'épines dans les lieux que ne défendent pas les arbres ou les broussailles.

La culture parfaite et normale d'un étang serait de le laisser en eau assez de temps pour fumer et fertiliser le sol, puis de le mettre à sec et en culture pour utiliser la fumure produite par le dépôt des eaux, les excrémens des poissons, etc. En Bresse, en Dombes, on met l'eau et le poisson pendant deux à trois ans, puis on cultive ensuite pendant une ou deux années. Certains étangs à sol mouvant et humide sont mis en prairies ; d'autres plus secs sont labourés et semés en avoine ; c'est le produit par excellence pour le sol frais des étangs ; j'ai vu semer successivement deux et trois avoines ; on s'arrêtait et on remettait en eau aussitôt qu'on pouvait prévoir l'affaiblissement de la fertilité de la terre. Toujours il est de règle, s'il y a assolement, de remettre en eau après les céréales, afin que le poisson profite de toute la nourriture que la céréale laisse sur la terre, car la plante sarclée ne laisse pas autant de débris alimentaires, et le bénéfice du sarclage, la propreté de la terre, est entièrement perdu. Mais je ne dois pas m'étendre sur la culture proprement dite appliquée aux étangs, car les nôtres, je l'ai déjà expliqué, occupent des sols impropres à toute autre utilisation que celle de la mise en eau pour l'élève du poisson ; j'ai cependant parfois réussi à obtenir dans un ou deux étangs privilégiés deux bonnes coupes de ray-grass d'Italie ; pour ce pays, je ne conseillerais pas autre chose, et encore faut-il se garder d'essais aventureux ; je l'ai tenté lorsque ma chaussée, enlevée par les grandes eaux, ne pouvait être réparée qu'en été ; alors j'ai pensé à utiliser le sol de l'étang en semant en février, sur la vase humide encore et sans autre préparation, du ray-grass d'Italie : la quantité a été de 12 kilogrammes environ par hectare.

Une autre fois, ayant besoin de plants de saule à cercles, j'ai recueilli de la semence et l'ai semée tout simplement sur la vase. J'ai ainsi converti mon étang en pépinière, où j'ai trouvé une immense quantité de superbes plants que j'ai repiqués dans tous mes bas-fonds ; j'ai cru remarquer ailleurs que pour peu qu'il y eût de saules autour de l'étang, celui-ci desséché, une pépinière de saules y venait spontanément, les semences déjà anciennes s'étant probablement conservées sous l'eau et dans la vase.

Nous arrivons à l'objet principal, au poisson.

DES POISSONS D'ÉTANG.

Le poisson le plus avantageux pour l'empoissonnement des étangs, celui qui pullule le plus, grossit le plus rapidement, réussit le mieux et le plus sûrement, c'est sans contredit la carpe ; sa chair est bonne et saine, ainsi que les œufs de la femelle ; les laitances du mâle sont les meilleures de toutes les laitances de poisson. Plus la carpe est vieille, meilleure est la chair. Cette espèce de poisson doit être préférée à toutes les autres, et former en nombre les deux tiers *au moins* de l'empoissonnement.

Après la carpe vient la tanche, poisson plus fin, d'une chair plus délicate, plus estimée des marchands et des gourmets. Comme la carpe, la tanche se plaît dans les étangs et y prospère ; elle doit entrer pour un tiers en nombre dans l'empoissonnement ; elle serait préférable à la carpe si elle croissait aussi rapidement que celle-ci ; mais, à âge égal, la carpe pèse à peu près moitié en sus de la tanche ; et si on laissait vieillir le poisson, la différence deviendrait de plus en plus grande. On a reproché à la tanche de consommer trois fois plus que la carpe, d'affamer l'étang et de l'appauvrir ; mais cette allégation ne m'a pas paru justifiée.

Malgré son infériorité en poids, la qualité de ce poisson doit décider le propriétaire à mettre un tiers de tanches dans les étangs ; ses produits seront payés plus cher et seront plus recherchés ; puis, comme la tanche ne se nourrit pas absolument comme la carpe, en mettant les deux espèces on pourra empoissonner un peu plus que si on s'en tenait à une seule ; il y aura donc avantage évident.

La carpe, la tanche surtout, se plaisent assez dans la vase.

Dans certains étangs très vaseux, on peut laisser de l'anguille en petite quantité : l'inconvénient, c'est que ce poisson perce parfois les chaussées lorsqu'elles sont en terre douce, ou qu'il s'échappe et se perd dans l'herbe des étangs ; puis que la pêche est pénible et difficile, l'anguille restant toujours bien cachée dans la vase.

La perche est un excellent poisson de table, mais fort peu productif pour le propriétaire d'étangs ; elle se nourrit de poissons, est très vorace et consomme beaucoup ; on la considère comme le fléau des étangs, et, en Dombes, c'est une

vengeance et un dommage réel que d'en jeter dans un étang
qui en est purgé. Dans une pièce d'eau empoissonnée de brochets, on pourrait y mettre de la perche, car, au moyen de
la raideur de sa queue et d'épines placées sur son dos, elle se
défend très bien contre la voracité de celui-ci ; mais avec ces
défenses elle blesse parfois les autres poissons, qu'elle poursuit
et qui lui échappent, et les blessures peuvent être mortelles.

Le brochet est, comme la perche, un des meilleurs poissons
d'eau douce, en hiver surtout, époque à laquelle sa chair a
plus de qualité qu'en été ; mais, comme la perche, et plus
qu'elle encore, il se nourrit de poissons. Sa voracité est extrême ; aussi doit-on prendre le plus grand soin d'en purger
les étangs ; pour le détruire, il ne suffirait pas de mettre
l'étang à sec pendant quelque temps, comme on pourrait le
croire, car les œufs du poisson se conservent dans la vase ;
il faudrait presqu'un labour et une culture. Les cochons et
les oies mis dans l'étang aideraient à la destruction des œufs.
Il est cependant utile parfois d'en mettre quelques-uns, mais
fort petits, pour empêcher ou modérer le frai, si nuisible
à la croissance du poisson. On aura une idée des ravages que
peut causer le brochet lorsqu'on saura que, bien qu'il ne
profite pas de 1ɪ15 en poids de la quantité de poisson qu'il
dévore, cependant on a vu, les *sexes étant séparés*, des brochets mâles de 31 gr. peser 1 k. 248 gr. et même 1 k. 558 gr. à
la fin de l'année. Quand les sexes ne sont pas séparés, le frai les
épuise, et la *croissance ordinaire* n'est plus que de huit à dix
fois le poids dans l'extrême jeunesse et de cinq fois plus tard,
et toujours de moins en moins. Pour élever du brochet ou de
la perche, il faudrait donc des étangs à part, ayant beaucoup
de frétin inutile, des grenouilles, etc. Les œufs du brochet
sont un purgatif parfois dangereux ; ils provoquent même
des vomissemens aux approches du frai.

Nous voilà fixés sur les bonnes et les mauvaises espèces de poisson ; parlons maintenant de l'empoissonnement.

DE L'EMPOISSONNEMENT.

Autrefois, on ne connaissait qu'une manière d'empoissonner : chaque étang pouvait se suffire à lui-même ; il nourrissait du poisson de toute espèce, de tout âge, de toute grosseur. Lors de la pêche, qui avait lieu ou tous les deux ans ou tous les trois ans, on vendait tout ce qui dépassait 248 grammes, et on empoissonnait avec le reste. Aujourd'hui encore l'esprit de routine a maintenu dans quelques pays, particulièrement dans le Périgord, ce mode vicieux d'exploitation. Qui ne comprend, en effet, que ce mélange d'espèces carnivores, voraces et rapides en croissance avec des espèces sans défense et d'un accroissement plus lent, ne dût amener la presque destruction de ces dernières ; que ce qui échappait à la chasse continue des brochets, des perches, des anguilles, ne dût rester sans force vitale et s'étioler au lieu de croître ? La plus forte ; la plus utile partie de l'empoissonnement disparaissait donc presque entièrement et profitait aux espèces voraces et non au propriétaire.

Puis l'étang était insuffisant, au moins au début, pour nourrir cette masse de poissons gros et petits ; tous souffraient, les espèces carnivores exceptées, qui, à la longue, restaient seules maîtresses du terrain.

Un seul étang, tout-à-fait isolé, sera peut-être encore obligé de rester dans cette voie si vicieuse d'exploitation (mieux vaudrait cependant aller acheter au loin des nourrains d'empoissonnement) ; mais supposez un groupe de plusieurs étangs, appartenant à un seul propriétaire ou à un plus grand nombre, alors on pourra s'entendre et appliquer le mode d'empoissonnement que nous allons développer ; les uns produiront de la feuille de vime ou fretin ; les autres, de la feuille de laurier ou alvin ; les troisièmes, du nourrain ; enfin, le plus grand nombre, du poisson marchand ; tous y gagneront, les premiers surtout.

Un fait bien constaté par l'expérience, c'est que plus le poisson est égal en grosseur et en âge, plus sa croissance est rapide et assurée ; les plus gros n'oppriment pas alors les plus petits, la force ne domine pas là où toutes les forces sont égales, et la nourriture et l'espace sont également partagés entre tous.

Il faut donc consacrer un étang peu profond, à inclinaison douce sur les bords, à fond de gravier ou de sable, si cela est possible, à la reproduction, et cet étang seul en pourra alimenter vingt autres de grandeur égale ; nous l'appellerons *étang de frai* ou de *fretin*.

La carpe de deux ans et quelques mois peut peser 250 gr. ; au même âge, la tanche pèsera de 180 à 200 gr. ; c'est l'âge le plus propre à la reproduction ; aussi doit-on bien se garder de mettre du plus gros poisson dans l'étang de frai. Cinq femelles, dont trois de carpes et deux de tanches, seront plus que suffisantes, car il faut savoir que chaque carpe déposera depuis 15,000 jusqu'à 300,000 œufs et plus ; ces œufs, non encore fécondés, sont déposés sur le bord de l'étang et dans les parties peu profondes. Un étang encaissé ne conviendrait donc pas pour la reproduction. Les œufs déposés sont visités par les mâles, qui passent lentement dessus et les couvrent de la liqueur séminale qui les féconde ; cette opération est plus longue et plus chanceuse que la première ; aussi faut-il trois ou quatre fois plus de mâles que de femelles. Quinze à vingt poissons, mâles et femelles, doivent donc suffire et au delà pour un étang de fretin de un demi-hectare à un heclare; car, à la rigueur, une seule femelle et trois à quatre mâles de chaque espèce de poisson suffiraient; si on en met davantage, c'est pour prévoir tous les accidens possibles.

Dans la carpe, les sexes sont facilement reconnaissables; en pressant légèrement le ventre, on apercevra des œufs dans celui de la femelle, des laitances dans le ventre du mâle. Le sexe de la tanche se reconnaît de la même manière, mais est moins facile à vérifier; il y a d'ailleurs un autre signe auquel on peut s'arrêter : chez les mâles, les nageoires sont plus fortes que chez les femelles. Dans ce choix des poissons reproducteurs, il faut choisir les plus vifs, les mieux portans, ceux qui ont le ventre le plus rond.

Il faut bien veiller à écarter le brochet de l'étang de frai; car le plus petit poisson de cette espèce vorace détruirait tout et empêcherait même le frai; les grenouilles même sont un ennemi fort dangereux pour le petit poisson; pour plus de sûreté, il faut poser un barrage à la décharge et à la queue de cet étang pour empêcher l'introduction du brochet et la perte du poisson. Pour le brochet, qui remonte toujours, le danger est du côté de la décharge; le plus petit filet d'eau, y eût-il même chute, lui permettra d'escalader la décharge; pour le poisson de l'étang, le danger est à la partie supérieure. Lors du frai, le poisson tend toujours à remonter et à se perdre dans le ruisseau d'alimentation. Ces précautions doivent, bien entendu, s'appliquer à tous les étangs, depuis ceux de frai jusqu'à ceux de pêche.

Le frai a lieu pour la carpe au moment des deux sèves, plutôt après qu'avant, c'est-à-dire en mai et en août; pour la tanche, en avril. A cette époque, il faut éviter toute prise d'eau qui pourrait diminuer le niveau d'eau et laisser les œufs à sec, écarter le bétail, qui foulerait ces œufs aux pieds; la volaille, qui les détruirait, et surtout les porcs, qui en sont très friands et les dévoreraient. En hiver, lorsqu'on voudra pêcher le fretin, on en trouvera donc de deux grosseurs : celui né du frai de mai sera gros comme une large feuille d'osier ; celui d'août, comme une petite feuille du même arbuste ; aussi ce poisson, à la sortie de l'étang de fretin, s'appelle-t-il communément *feuille de vime*. On choisira dans le plus gros la quantité dont on aura besoin, et on remettra le plus petit dans l'étang, ce qui permettra de diminuer le nombre des poissons reproducteurs ; cette diminution portera surtout sur les mâles, car on ne pourra pas mettre moins de deux femelles de chaque espèce. La seconde année de pêche, le poisson qu'on retirera de l'étang de fretin proviendra du frai d'août de l'année précédente ; il aura donc seize à dix-sept mois et sera plus gros que le premier ; on entrera alors dans l'aménagement normal. Un second étang, que nous appellerons étang d'alvin, plus grand que celui de frai, comme lui peu profond, bien exposé au soleil et abrité des vents, devra recevoir la *feuille de vime*, choisie dans le premier. Trente-cinq à quarante petits carpillons d'un an (ils auront réellement quinze à seize mois) pèseront alors un demi-kilogramme environ ; au bout de l'année passée dans l'*étang d'alvin*, ces quarante carpillons pèseront 5 à 6 kilogrammes ; leur poids aura décuplé. C'est dans cette seconde année de la vie de la carpe qu'a lieu la plus grande croissance ; le plus gros bénéfice serait donc acquis à l'éleveur qui trouverait à vendre ce petit nourrain de deux ans.

Dans un étang d'un hectare, on peut mettre mille à douze cents fretins, c'est-à-dire 12 à 15 kilogrammes de belle feuille de vime, toujours en prenant soin d'écarter de cet étang le brochet, la perche et l'anguille. Dans des conditions ordinaires, cet empoissonnement aura décuplé de poids au bout de l'année. On trouvera à la pêche un poisson de

125 grammes, c'est-à-dire du petit nourrain, trop petit pour passer de suite dans les étangs de pêche.

Au reste, c'est au propriétaire à bien calculer sa marche et ses besoins ; si ses étangs sont bons et peu nombreux, il mettra peu de poissons reproducteurs dans l'étang de frai, peu dans l'étang de fretin ; alors son petit nourrain dépassera le poids de 125 grammes, et, à la rigueur, il pourra s'en servir pour empoissonner ses étangs de pêche, mais à deux conditions : la première, qu'il modèrera beaucoup ses empoissonnemens ; la seconde, qu'il sera assuré de faire passer à la vente le poisson de 375 à 500 grammes. L'avantage serait alors dans ce mode d'opérer ; car la croissance de la carpe peut se calculer ainsi :

16 grammes à la sortie de l'étang du frai, c'est-à-dire à seize ou dix-sept mois (je parle du poisson d'août, rejeté une première fois dans l'étang).

125 grammes un an après, à la sortie de l'étang d'alvin.

375 grammes à la fin de la troisième année, à la sortie de l'étang de nourrain.

750 grammes à la fin de la quatrième année, c'est-à-dire après un an passé dans l'étang de pêche.

1 kilogramme à la fin de la cinquième année.

1 kil. 125 gr. à 1 kil. 178 gr. à la fin de la sixième.

La plus forte croissance appréciable est donc, comme nous l'avons déjà dit, dans le cours de la seconde année. A partir du commencement de la troisième, l'augmentation décroît de plus en plus, de telle sorte qu'*il y a intérêt évident à vendre le poisson le plus tôt possible*. Voilà la règle bien posée et bien nettement démontrée pour la carpe. La croissance de la tanche suit à peu près les mêmes proportions en diminuant les chiffres d'un tiers environ ; ainsi, le point de départ sera de 10 grammes ; — puis suivront 78 grammes au lieu de 125, —

250 grammes au lieu de 375, — 500 grammes au lieu de 750 grammes, — 655 grammes au lieu de 1 kilogramme; — enfin, 750 grammes à la fin de la cinquième année.

Les usages du pays devront influer sur la marche à suivre; généralement, les marchands de poisson recherchent la carpe de 750 grammes et la tanche de 500 grammes; or, pour atteindre ce poids, il faut du poisson de quatre ans au moins; à Lamolle, j'ai dû subir cette nécessité et me résigner, malgré la perte que j'y trouvais, à retarder la vente d'un an.

Pour atteindre le but qui m'était ainsi imposé, j'avais à choisir entre deux partis :

Sur les douze étangs de Lamolle, celui de frai et celui d'alvin distraits, il n'en restait plus que dix. En les empoissonnant avec du petit nourrain de 125 grammes, j'étais obligé d'attendre ma pêche deux ans; je n'avais donc que cinq étangs à pêcher tous les ans; je trouvais en outre l'inconvénient fort grave de laisser ainsi mes étangs deux longues années sans surveillance; pendant cette période, le brochet pouvait les envahir et les dévaster; la pêche seule eût révélé le mal. Il fallait donc écarter absolument le brochet, laisser ainsi toute liberté à la reproduction et par là diminuer la croissance....

Le second parti était de prendre sur mes dix étangs disponibles deux étangs de plus pour les consacrer à l'élève du nourrain pendant sa troisième année, et de pousser ainsi ce nourrain au poids de 300 à 375 grammes en moyenne; puis d'empoissonner les huit autres étangs avec ce gros nourrain, et d'avoir ainsi tous les ans ces huit étangs à pêcher.

Entre ces deux modes de procéder, l'hésitation n'était pas possible; les avantages du dernier sautent aux yeux; il n'est pas besoin de les démontrer : celui-ci produira moitié en sus de l'autre, c'est-à-dire que si le premier donne 1,000 francs, le second atteindra 1,500 francs; et ce produit plus élevé sera encore plus assuré ; car la surveillance s'exerçant par une pêche annuelle, on ne courra pas le danger de l'envahissement du gros brochet.

. Lors de la pêche de l'étang d'alvin, où nous trouvons de la carpe de 125 grammes environ et de la tanche de 60 à 75 grammes, c'est-à-dire du poisson de deux ans d'âge, nous partageons ce poisson à peu près par moitié, tanches et carpes, le plus gros dans un bassin, le plus petit dans un autre (nous avons déjà dit les avantages de ce classement par grosseurs égales) ; le but à atteindre, c'est de faire alors que les plus petits rattrapent les plus gros ; pour cela, nos deux étangs de gros nourrain n'étant pas d'égale grandeur, nous mettons les plus petits poissons dans les plus grands étangs, et à la fin de l'année l'égalité est à peu près rétablie entre les deux moitiés. Si les deux étangs étaient d'une étendue et d'une qualité égales, nous diviserions la pêche de manière à ce que les plus petits soient moins nombreux que les plus gros, neuf dixièmes d'un côté, onze dixièmes de l'autre, et il est probable que les plus petits, au bout de l'année, auront atteint le poids des plus gros.

Avec ces précautions, lors de la pêche des deux étangs de gros nourrain, on trouve le poisson d'une grosseur à peu près égale, trois quarts environ ; il n'y a plus qu'à le répartir dans les huit étangs de pêche ; et comme chacun d'eux a son chiffre d'empoissonnement normal, on complète ce nombre et on le dépose au plus vite dans l'étang.

Le transport de ce gros nourrain se fait, partie dans un tombereau bien garni de paille pour un groupe de plusieurs étangs, partie dans de grands paniers portés à dos d'homme ou de cheval pour les étangs écartés et éloignés.

Autant je redoute le brochet dans les étangs de fretin et d'alvin, autant je le crois utile dans les étangs de gros nour-

rain et dans ceux de pêche, lorsque ceux-ci doivent être pê-
chés annuellement.

Il faudra donc mettre de dix à douze brochets de 30 grammes dans chacun des étangs de nourrain ; car c'est dans ces
étangs que le frai causerait le plus grand dommage. Ces brochets inquiéteront assez le poisson pour entraver l'union des
sexes, et la croissance de l'empoissonnement y gagnera ; ils
seront peu dangereux pour des carpes de 125 grammes et des
tanches de 60 à 90 grammes ; au bout de l'année, les brochets
pourraient bien approcher du poids des autres poissons ; alors
commencerait le danger ; mais la pêche viendra le prévenir.

Dans le même but, on mettra dans les étangs de pêche un
nombre de brochets de 62 grammes au plus, égal au dixième
de l'empoissonnement.

Dans les étangs vaseux de nourrain où de pêche, on pourra
ajouter quelques anguilles de 31 ou 62 grammes lorsqu'on
les mêlera avec l'alvin, de 92 à 125 pour les étangs de pêche.

Par cette addition de brochets et d'anguilles, on atteint
un autre but : c'est de purger les pièces d'eau d'une foule d'a-
nimaux au moins inutiles et toujours nuisibles, en ce sens
qu'ils s'approprient une nourriture qui profiterait au poisson ;
le propriétaire y gagnera quelques pièces de brochets et d'anguilles, et, ce qui est plus important, une croissance plus
grande dans son empoissonnement.

Quant à la perche, nous conseillons de la rejeter absolument et même de la détruire, ou tout au moins de lui consacrer exclusivement un étang pris en dehors du cours d'eau
qui alimenterait d'autres étangs ; autrement il y aurait pour
ceux-ci danger d'envahissement. Dans un étang consacré exclusivement au brochet, à la perche, à l'anguille, il faudrait,
pour les bien nourrir, introduire le gardon, petit poisson
blanc qui pullule beaucoup.

Le propriétaire qui aurait eu le tort de laisser produire une trop grande quantité de fretin pourra l'utiliser en le jetant en pâture aux brochets de ses réservoirs, ou, au pis-aller, de ses étangs. On pourrait utiliser de même les limaces, qu'un horticulteur soigneux ne manque jamais de faire ramasser dans ses jardins, le soir, par un temps humide ; les colimaçons gros et petits, les vers et vermisseaux, les mouches, les insectes, les grenouilles, etc.; les débris de viande, de pain, de fromage, de fruits, de légumes cuits ; du pain de chenevis, de colza, de noix, etc.

Le poisson vit en exprimant les parties nutritives du limon, en s'appropriant, par la dégustation, celles qui sont en suspension dans l'eau, en s'emparant des alimens qu'il trouve entiers, de l'herbe, etc.

Puis il est des plantes qui ajoutent à la nourriture du poisson, qui croissent dans les étangs, et qu'on doit toujours chercher à y multiplier ; ainsi nous conseillons de semer, dans les étangs les moins profonds ou dans les parties les moins profondes des grands étangs :

La brouille ou manne de Pologne ; elle couvre l'eau de mars à mai et de septembre à novembre ; le bétail est fort avide de son herbe, le poisson de l'herbe et de la graine surtout ; on utilise même celle-ci dans certains pays, où on en fait d'excellens potages.

Dans les parties d'étangs où les étangs ayant un peu plus de profondeur :

La macre ou châtaigne d'eau ; c'est un aliment pour l'homme, le bétail et le poisson.

Enfin, dans les parties plus profondes :

Le fenouil d'eau *(phellandrium aquaticum)* ; cette plante, qui est un aliment dangereux et parfois même un poison pour l'homme, est fort goûtée par le bétail et le poisson ;

Scirpus communis (variété du), dont la racine est fort recherchée par les porcs et dont on croit le poisson très friand.

Ces plantes ont encore un autre avantage ; elles attirent une foule d'insectes qui servent de pâture au poisson ; elles projettent un ombrage parfois utile dans les ardeurs de l'été ; elles diminuent les dangers des glaces persistantes, en introduisant l'air sous la glace ; elles gênent le développement et prennent la place des plantes parasites et nuisibles.

Nous avons dit que l'étang devait être très profond autour de la bonde, c'est-à-dire dans toute la partie qu'on nomme *la poêle*, et où le poisson s'agglomère lorsqu'il ne reste que très peu d'eau. Cette partie doit être bien unie, bien nettoyée et purgée d'herbes et de plantes, même de plantes utiles ailleurs et qui là seraient embarrassantes.

Les plantes parasites, les joncs gros et petits, les roseaux, les glaïeuls, etc., tendent toujours à envahir les étangs ; il faut tout faire pour les détruire. Elles occupent une place qui peut l'être plus utilement par d'autres végétaux, et servent d'asile à tous les ennemis du poisson, la loutre, les rats d'eau, les canards, poules d'eau, etc.

On détruit ces plantes en les faisant couper en mai, sous l'eau et à peu près au milieu de la partie immergée ; l'eau entre dans la tige et la pourrit ; parfois il faut répéter cette opération.

Il conviendrait de chercher les moyens d'ajouter encore à l'alimentation du poisson par des procédés ou des moyens peu coûteux. Comme ce n'est pas l'espace qui manque, mais la nourriture, si on ajoutait à celle-ci on pourrait élever de beaucoup le produit des étangs ; c'est là une étude à faire. Nous avons dit quelle nourriture convenait au poisson ; il reste à voir si cette alimentation supplémentaire donnera un produit *net,* supérieur à celui qu'on obtient en laissant leur cours aux conditions naturelles. Nous commencerous quelques essais aussitôt que nous aurons bien constaté le produit de certains étangs, et nous ne doutons pas que la règle générale qu'il y a profit à bien nourrir ne doive s'appliquer au poisson aussi bien qu'au bétail.

Dès aujourd'hui, nous pouvons dire qu'il y a avantage à faire tomber dans les étangs des excrémens humains et ceux des chevaux et des porcs nourris de graines et de légumes.

L'élève du poisson, il faut le reconnaître, est encore chez nous à l'état d'enfance ; on n'a rien fait, on n'a rien tenté pour perfectionner cette industrie ; les anciens peuples étaient plus avancés que les modernes. Cependant il faut parler de deux procédés dont nous recommandons l'essai aux propriétaires intelligens, curieux des progrès et soigneux de leurs intérêts.

Il ne viendra dans l'esprit de personne de contester l'influence de la castration du bétail sur son engraissement ; chez tous les êtres vivans, les passions sexuelles sont une entrave à la croissance et un obstacle à l'engraissement ; on a donc cherché à appliquer aux poissons les palliatifs en usage ; ainsi, on a essayé sur eux de la castration, et ce moyen, appliqué dans quelques réservoirs de l'aristocratie anglaise, a donné, dit-on, des résultats remarquables, et nous le croyons facilement : pourquoi les poissons seraient-ils en dehors de la règle générale ? Pourquoi l'opération dont nous parlons ne produirait-elle pas sur eux les résultats qu'elle produit sur tous les êtres vivans sans exception ? Si on devait poser une règle à part pour les poissons, ne devrait-on pas prévoir un résultat bien plus grand encore sur eux que sur les autres animaux ? En effet, quel est l'animal sur lequel on a essayé de la castration qui produise aussi souvent et en si grand nombre que le poisson ? La brebis porte une fois par an et produit un seul agneau ; la truie deux fois et produit six petits en moyenne ; la vache une seule fois et produit un seul veau ; la poule une fois et elle peut élever douze poussins. Mais qu'est-ce que cela en proportion de cette énorme fécondité du poisson, de la carpe, puisque la carpe est pour nous le véritable hôte des étangs ? Elle a deux pontes, et chaque ponte amène de quinze mille à trois cent mille œufs, ce qui fait par an de trente mille à six cent mille œufs (quelques auteurs ont même doublé ces chiffres). Or, si nous mesurons la fatigue et l'épuisement au produit, ce qui doit être bien certainement, à quelles conséquences n'arrivons-nous pas? Nous pouvons donc conclure que la castration doit produire sur le poisson un effet bien plus grand que sur les autres animaux ; nous désirerions qu'on fît quelques essais en France ; ils ont réussi en Angleterre ; mais il se peut que ce qui est praticable en petit et dans l'intérêt de la table des riches fût moins facile à appliquer en grand. Celui qui le tentera, s'il le fait avec intelligence et opiniâtreté, rendra, nous le pensons, un immense service à la propriété des étangs.

Un moyen plus simple, plus facile à pratiquer, c'est la séparation des sexes ; il ne peut avoir un résultat aussi complet que la castration ; mais le bon sens dit qu'il doit avoir un résultat, et des essais nombreux et comparatifs viennent confirmer cette prévision.

Des carpeaux mâles de 125 grammes, séparés absolument des femelles, ont atteint 750 grammes au bout de treize mois. Des femelles du même poids et au bout de la même période ont pesé en moyenne 656 grammes, tandis que le même nourrain à sexes mélangés n'a atteint en moyenne que cinq cents et quelques grammes.

Sur le brochet, l'expérience a été bien plus décisive encore : on a obtenu en un an, sur des brochets de 62 grammes, qua-

rante fois le poids par la séparation des sexes et neuf fois
seulement en laissant les séxes mélangés.

Nous ne savons pas qu'il ait été fait aucun essai sur la tanche ; mais qui doutera qu'on n'ait obtenu un résultat équivalent ? Les expériences constatées nous suffisent, et nous tenons pour constant qu'il y a, dans la séparation des sexes, un
moyen infaillible et facile d'augmenter le produit des étangs.
Nous conseillons donc vivement des essais en grand de la séparation des sexes, en commençant par le petit nourrain de
125 grammes, à la sortie de l'étang d'alvin et même plus tôt,
si la distinction était facile. En elle-même, l'opération pourra
prendre quelques heures ; mais elle n'est pas difficile, et nous
eussions depuis long-temps fait nous-même ces essais, si nos
habitudes ne nous tenaient éloigné de la campagne dans la
saison des pêches ; mais, absent, nous avons déjà deux fois
commandé ce petit travail, et toujours l'ordre a été oublié ou
éludé. Un propriétaire résidant fera mieux que nous n'avons
pu et que nous n'espérons faire.

Pour bien réussir, il faudrait autant que possible ne mettre
qu'un seul sexe dans tous les étangs alimentés par le même
cours d'eau, afin d'éviter que les sexes ne parviennent à se
réunir, car il est plus difficile qu'on ne pense d'empêcher le
poisson de sortir d'un étang et de remonter dans un autre.

Il nous reste à donner les proportions d'un empoissonnement normal.

L'étang d'alvin peut recevoir et nourrir douze cents carpillons de 16 grammes par hectare ; dans les premiers mois,
ce sera peu ; mais, à la fin de l'année, ce sera du petit nourrain de près de 125 grammes ; ce sera un empoissonnement
déjà si lourd pour l'étang que nous conseillons d'y porter quelque supplément de nourriture, surtout à partir du mois de
novembre. Alors le poisson aura plus de besoins, puisqu'il

sera plus fort et trouvera moins de nourriture. Si on devait pêcher en automne, l'empoissonnement pourrait être porté jusqu'à quinze ou seize cents par hectare.

Un étang .de nourrain pourra recevoir cinq à six cents poissons par hectare, et même sept cents, si on doit le pêcher en automne.

Un étang de pêche-sera chargé avec deux cent cinquante nourrains (de 375 grammes) par hectare. Si on ne le pêche pas vers le mois de novembre, il convient de soutenir le poisson par un supplément de nourriture; autrement, le poisson de vente sera maigre et pèsera moins au moment de la livraison au marchand.

La tanche est, bien entendu, comprise dans ces nombres ; mais les brochets et anguilles doivent être ajoutés en supplément.

Cette indication n'est pas absolue ; c'est, à proprement parler, un terme moyen qui devra faiblir devant des conditions défavorables et s'élever un peu en présence d'une position tout-à-fait heureuse.

Ajoutons, comme renseignement utile, que l'anguille aime une vase grasse et une eau stagnante ; la carpe et la tanche, une vase sablonneuse et une eau dormante ; le brochet et le barbeau, un sable sec et une eau courante ; la truite, la perche, la vaudoise, un fond graveleux et une eau courante et très vive.

Quelques personnes pourraient craindre pour le poisson les trois changemens d'étang que nous pratiquons et conseillons ; quelles se rassurent : ces changemens par eux-mêmes sont favorables au poisson ; seulement, il faut veiller à ce qu'on le manie d'autant plus doucement qu'il est plus jeune et dès-lors plus délicat. Les moindres blessures sont mortelles pour le poisson, surtout une pression trop forte.

Ernest COLLOT. (*La suite au prochain N°.*)

DÉFONCEMENT DES TERRES A LA CHARRUE.

Les défoncemens progressifs peuvent s'effectuer, dans beaucoup de cas, jusqu'à une profondeur suffisante, en donnant, d'année en année, ou de labour en labour, un peu plus d'entrure au soc de la charrue ordinaire, sans rien changer d'ailleurs à sa marche habituelle, que d'augmenter plus ou moins le nombre d'animaux de tirage.

Pour atteindre plus profondément, on fait usage assez fréquemment, dit-on, chez nos voisins d'outre-mer, de charrues à plusieurs socs, auxquelles on attribue de grands avantages. Il en existe aussi en France; mais je n'ai point été à même d'apprécier leurs effets. Il y a lieu de croire qu'elles pourraient faciliter et simplifier beaucoup le défoncement, et il est probable que si, depuis qu'on les connaît, elles ne se sont pas multipliées plus qu'elles ne l'ont fait, cela tient surtout, d'une part, à leur imperfection et à leur prix élevé, de l'autre, à leurs usages nécessairement restreints, et enfin à la possibilité de les remplacer tant bien que mal, comme nous le verrons tout-à-l'heure ; sans rien ajouter au matériel le plus ordinaire de chaque exploitation. — Parmi les charrues de défoncement à double soc, celle de Morton (*fig.* 1) me paraît une des plus simples et des mieux conçues. — Elle se compose de deux parties A et B, dont la seconde pénètre de 110 à 160 millimètres plus profondément que la première. Celle-ci A soulève la profondeur de 135 millimètres et le retourne dans le sillon plus ou moins profond, ouvert par la partie B, laquelle laboure ordinairement à 280 ou 325 millimètres et peut être disposée de manière à atteindre jusqu'à 400 millimètres; le long de son versoir, s'élève un plan incliné sur la figure par une double ligne ponctuée, qui s'étend de la partie postérieure de la lame du soc C jusqu'à la partie postérieure du versoir D, où elle se termine à environ 160

Annales agricoles et Littéraires.

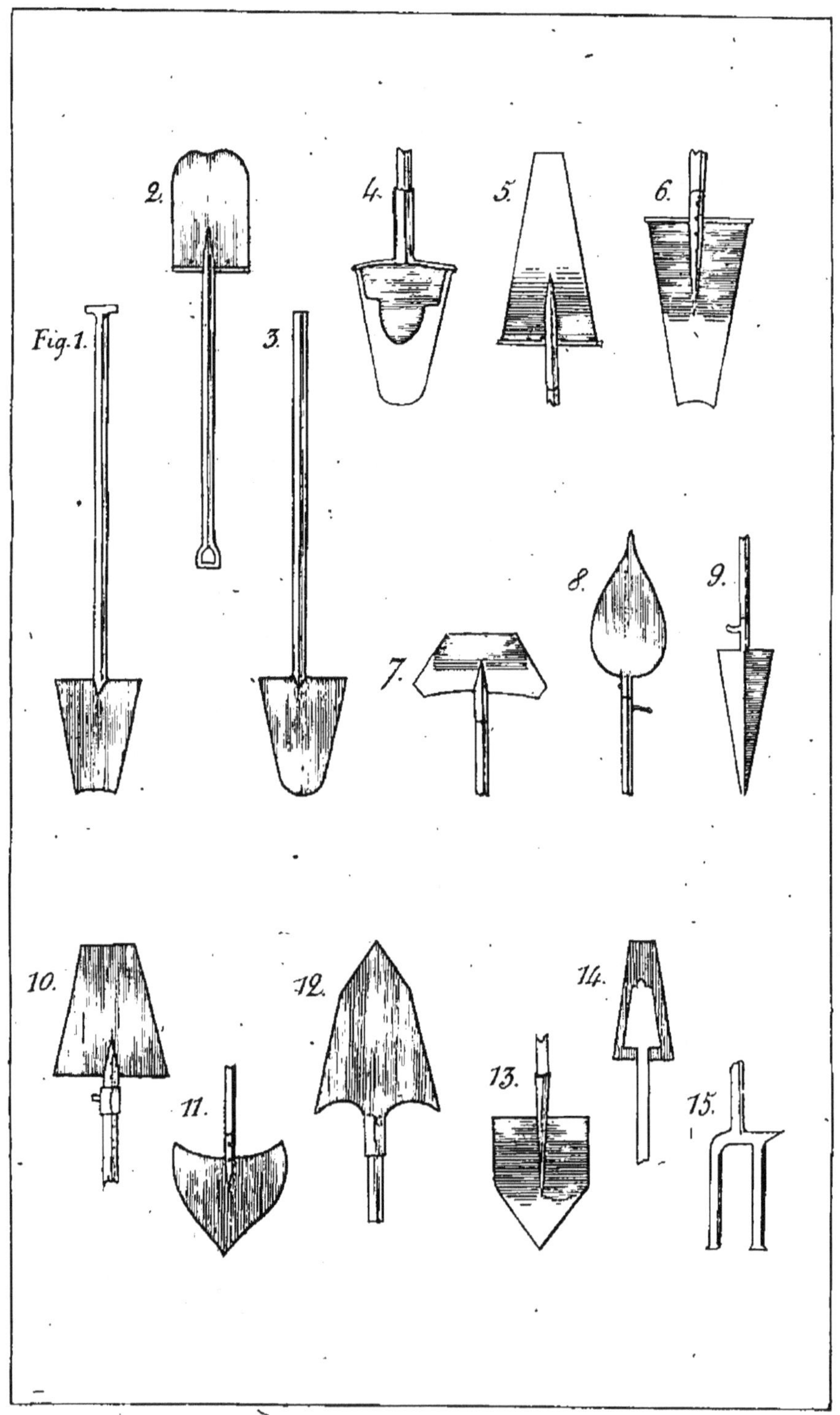

Instrumens pour le défoncement des Terres.

Annales Agricoles et Littéraires.

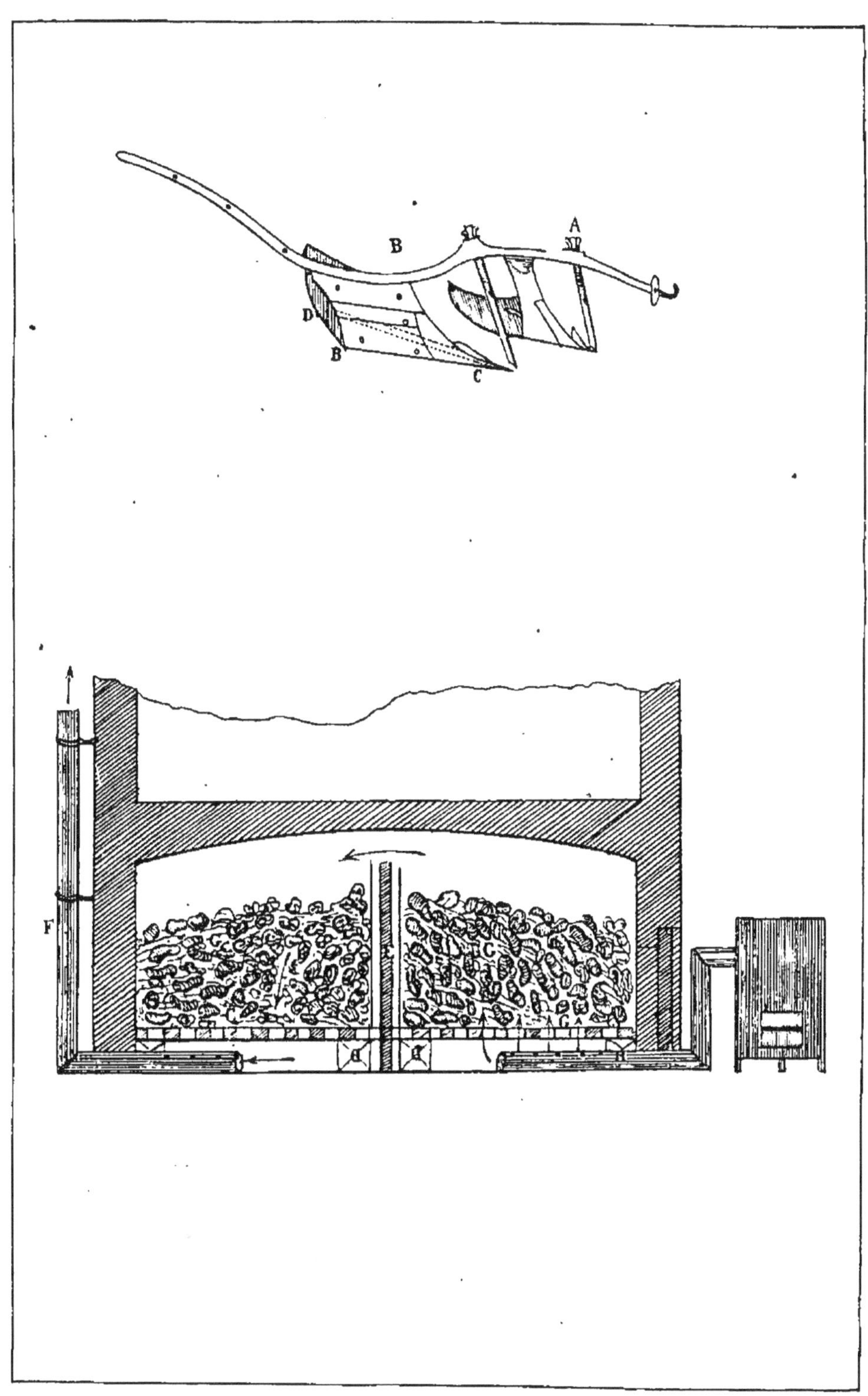

Charrue Morton. Appareil pour la conservation
des pommes de Terre.

millimètres au-dessus du niveau du sep E. Par suite de cette disposition, la terre, soulevée du fond du sillon, glisse obliquement de bas en haut, et se trouve renfermée sur le sommet de la bande formée par l'avant-corps A.

A défaut de semblables machines, il n'est pas rare de voir approfondir la couche labourable en faisant passer, à la suite l'une de l'autre, deux charrues à versoir dans le même sillon, et quoique le travail présente ainsi moins de perfection et devienne plus coûteux, ce moyen, facilement praticable et incomparablement plus économique que tout défoncement à bras d'hommes, est suivi d'excellens résultats. Je dois ajouter qu'à mesure que l'importance des labours profonds s'est fait mieux sentir, on a construit des charrues à un seul soc qui suffisent aux défoncemens ordinaires; au nombre de ces dernières je pourrais citer particulièrement celle de l'Écosse, dont le corps est en fer coulé, l'araire grand modèle de Grignon, la charrue Vallecourt et celle de Fellemberg.

*(Maison rustique du XIX*e *siècle.)*

CONSERVATION DES POMMES DE TERRE

DANS LES CAVES, PAR UN COURANT DE FUMÉE.

A. Fourneau portatif usité dans les fermes pour la cuisson de la nourriture des bestiaux.

B. Tuyau criblé de trous pour l'entrée de la fumée sous les planches C, non jointes, et reposant, ainsi que les planches C', sur des traverses D D.

E. Cloison en planches séparant la cave en deux compartimens et qui force la fumée à monter et à descendre.

F. Tuyau d'appel de la fumée.

G. Tas de pommes de terre.

DISCOURS DE M. L'ABBÉ AUDIERNE,

PRONONCÉ A LA SOCIÉTÉ D'AGRICULTURE, SCIENCES ET ARTS DE LA DOR-
DOGNE, DANS LA SÉANCE ANNUELLE DU 27 MAI 1846 (1).

« Messieurs, l'homme ne vit point d'idées abstraites : il faut pour
son bonheur autre chose que des rêves. Qu'il connaisse sa dignité,
ses droits, c'est un devoir ; qu'il préconise ses prérogatives, qu'il
se crée des systèmes, il le peut sans doute ; mais s'il ne faisait
tous les jours de sa vie, du matin au soir, que songer à ses prérogatives et flatter ses idées, je ne pense pas qu'il en fût plus heureux à la fin de l'année ou qu'il eût contribué à rendre ses semblables plus laborieux et plus fortunés.

» Que ce début ne vous porte point à croire, messieurs, que
je veux faire prédominer les travaux matériels sur ceux de l'imagination ou de l'intelligence : je sais que l'homme a pour attribut
essentiel la pensée, et assurément je ne chercherai point à l'en
dépouiller ; mais je sais aussi que cette faculté est agissante, et
que, réduite seulement à des rêveries, elle deviendrait inutile,
souvent même dangereuse, si des intérêts généraux ne venaient
éclairer et diriger sa marche. Je ne fais ici que le procès des idées
paresseuses, chimériques, et de leurs résultats stériles. Les pensées de l'homme doivent être salutaires, ses discours utiles, ses
actes bienfaisans ; son existence n'est qu'à ce prix, et s'il met
quelquefois ses efforts en commun, ce ne doit être que pour donner plus sûrement à son pays un accroissement d'amélioration
sociale.

» Tel fut le but de notre société. En se formant, elle se pro-
posa de faire prospérer l'agriculture dans le département de la
Dordogne. En remplissant sa spécialité, elle ne peut que contribuer puissamment à augmenter parmi nous le bien-être, sans
distinction de classes ni de fortunes.

» L'année dernière, messieurs, j'eus l'honneur de poser devant
vous des principes généraux sur la science qui nous occupe plus

(1) Nous publierons dans la prochaine livraison le procès-verbal de
cette séance.

particulièrement. Permettez-moi d'entrer aujourd'hui dans quelques détails. J'ose espérer de votre part cette même attention à laquelle m'a accoutumé depuis long-temps votre bienveillante indulgence.

» C'est un fait malheureusement incontestable, le département de la Dordogne, sous le rapport agricole, est au-dessous de plusieurs départemens qui ne sont, cependant, ni mieux situés ni mieux partagés pour la fertilité des terres arables. D'où lui vient cette infériorité? de plusieurs causes que nous pourrions énumérer. Nous n'en signalerons aujourd'hui que deux, en donnant à la seconde un peu plus de développemens qu'à la première.

» En général, nos cultivateurs ignorent la nature des terres et se mettent peu en peine de l'étudier. Cependant, cette connaissance est la première condition pour une bonne culture, et elle ne s'acquiert que par un examen réfléchi, une attention soutenue et des comparaisons raisonnées. Il n'est pas rare, en effet, de trouver trois ou quatre variétés de terre végétale dans le même bassin, dans la même plaine et quelquefois dans le même champ. De là, messieurs, vous le comprenez, des amendemens, des assolemens mal faits, et dès-lors de mauvaises récoltes. Voilà la première cause de notre infériorité dans la culture de nos champs.

» La seconde cause, non moins funeste aux progrès de l'agriculture dans le département, ce sont les jachères. On persiste à laisser reposer les terres dans l'espoir de les améliorer. Mais que nos cultivateurs jettent donc les yeux sur les terrains qui se reposent depuis des siècles : ce repos séculaire les a-t-il améliorés ? Non ! messieurs, parce que la fécondité du sol se perpétue par la variété des cultures et nullement par l'oisiveté des terres. L'essentiel est de donner au pays l'assolement qui lui convient, de ne lui confier qu'à des époques éloignées les plantes de la même famille et de remplir l'intervalle par des cultures pour ainsi dire opposées les unes aux autres. Maintenant, si le cultivateur, malgré nos avis, persiste à concentrer l'agriculture dans le cercle étroit des céréales; s'il continue à faire succéder le maïs au seigle, au froment; s'il ne nettoie point ses terres par la culture des plantes sarclées; s'il éparpille sans discernement ses engrais sur la surface de tout un domaine, ah! sans doute, il viendra un moment où ses terres étant épuisées et privées des principes nutritifs qui conviennent

᠎aux céréales, il faudra les laisser reposer ; mais ce repos à lui
seul, qu'on le sache bien, ne rendra point à ses terres la fécondité qu'elles auront perdue ; et si cet agriculteur veut les féconder
de nouveau, il sera obligé, malgré lui, d'en venir aux assolemens.

» C'est cette nécessité d'assoler les terres qui, n'étant pas assez
sentie, perpétue dans notre département le règne des jachères.
Cependant, si le cultivateur considérait un peu ce qui se passe
dans la nature, il verrait cette nature distribuant les plantes sur
le sol et dans le climat qui convient le mieux à leur végétation.
Voilà tout le secret des assolemens. Après cela, comment ne pas
comprendre que réduire la terre à une seule plante annale, c'est
la contrarier, l'accuser d'impuissance, l'humilier pour ainsi dire
et la forcer à nous refuser sa fécondité ? Ces principes sont si naturels, qu'ils ont été familiers aux anciens. La science assolaire
était, en effet, connue des Égyptiens, des Grecs et surtout des
Romains, ce peuple non moins agriculteur que guerrier.

» Les assolemens sont donc indiqués par la nature ; mais leur
combinaison est difficile et demande des études sérieuses. Il faut
s'appliquer à connaître parfaitement les végétaux et leurs propriétés. Cette connaissance évitera à l'agriculteur ces dépenses énormes d'essais et d'apprentissage qui, quoique étrangères à la bonne
agriculture, ne l'en font pas moins accuser d'être ruineuse. Oui,
messieurs, en agriculture comme dans l'industrie, la science est
toujours économe, parce qu'elle est positive. L'ignorance, au contraire, gaspille, parce qu'elle tâtonne.

» Parmi les bons assolemens, j'indiquerai particulièrement le
trèfle, la luzerne et le sainfoin. Ces plantes, destinées par la nature à être consommées sur place ou dans la ferme, donnent
des agens fécondans qui rendent à la terre beaucoup plus qu'elles
ne lui avaient enlevé. Je ferai figurer encore ici comme végétaux
améliorans, et ayant la propriété de diviser le sol, la pomme de
terre et la betterave fourragère. Je pourrais m'étendre davantage
sur les plantes assolaires ; mais j'en ai dit assez pour les cultivateurs qui tendent vers les améliorations. Je me borne en finissant
à leur citer un exemple d'assolement que j'emprunte à l'expérience de l'une de nos célébrités agricoles. M. le maréchal Bugeaud me le fournit. Cet habile agronome fait semer sur un terrain fumé le mieux possible des pommes de terre la première an-

née, de l'avoine ou de l'orge et du trèfle la seconde année ; le trèfle occupe la troisième année ; et la quatrième il fait semer le froment sur le trèfle renversé, avec la résolution de cesser ce mode
de rotation lorsqu'on s'apercevra que les trèfles dépérissent en
revenant trop souvent sur la même sole. Pourquoi cet assolement,
pratiqué avec succès dans le canton de Lanouaille, n'aurait-il
pas ailleurs des imitateurs? On convient que ce mode d'assolement
est excellent ; les résultats d'ailleurs le prouvent : travaillons
donc, messieurs, à le faire adopter dans le département ; un succès
général détruirait les jachères ; et pour peu que l'agriculteur
veuille étudier la qualité de ses terres et ne leur confier que les
plantes qu'elles peuvent nourrir, nous verrons bientôt l'agriculture faire parmi nous de rapides progrès.

» L'agriculture, a dit le ministre d'un grand roi, est la mère
nourrice des peuples. Cette vérité, plus sensible aujourd'hui que
jamais, est répétée d'un bout de la France à l'autre, et la paix dont
nous jouissons en favorise tous les jours le développement. Mar-
chons, messieurs, avec l'entraînement universel ; suivons l'élan
vers les améliorations agricoles, et nous nous montrerons ainsi
dignes de la mission qui nous est confiée.

» Tels sont vos désirs, je le sais ; eh bien ! messieurs, ils se réaliseront, parce qu'ils ont pour eux l'intérêt général, la raison
publique, le puissant appui du magistrat éclairé qui préside notre
société et la haute sagesse d'un gouvernement dont l'auguste chef,
que nos petits-neveux salueront un jour du glorieux titre de
pacificateur de l'Europe, compte au nombre de ses illustres aïeux
le bon et vaillant Henri IV, qui pendant tout son règne se montra
le zélé protecteur de l'agriculture. »

SOCIÉTÉ D'ENCOURAGEMENT

POUR LA PROPAGATION ET L'AMÉLIORATION DE LA RACE CHEVALINE DANS LE DÉPARTEMENT DE LA DORDOGNE.

La société d'encouragement, convoquée par le bureau provi-
soire, s'est réunie le 27 mai en assemblée générale dans les salons

dé la mairie de Périgueux, afin de se constituer définitivement. L'assemblée se composait d'un nombre imposant de souscripteurs. M. Estignard a été prié de vouloir bien occuper provisoirement le fauteuil de président, et M. de Fayolle, remplissant les fonctions de secrétaire, a donné lecture du projet de réglement qui a été discuté et adopté ainsi qu'il suit :

Réglement de la société.

Art. 1er. — Le siége principal de la société est établi à Périgueux. La société se composera d'un nombre illimité de souscripteurs. Le prix de la souscription est fixé à 15 fr. par an. Il devra être payé d'avance au mois de janvier de chaque année. Toute personne qui désirera faire partie de la société devra adresser directement, et franc de port, au secrétaire, sa demande ainsi que l'engagement de payer sa souscription pour l'année commencée. Le tout sera soumis au conseil d'administration, qui statuera.

Art. 2.—Le conseil d'administration sera composé du président, du vice-président, du secrétaire et du trésorier de la société, formant le bureau, nommés par la société pour cinq ans ; de 20 membres choisis, quatre dans chaque arrondissement, et soumis tous les ans au renouvellement par moitié à l'élection et à la majorité des voix.

Le président, et à son défaut le vice-président, pourra réunir ce conseil lorsqu'il le jugera convenable. La présence de 5 membres sera nécessaire pour délibérer.

Art. 3. — Le président convoquera deux fois par an, à l'époque des foires de la Saint-Mémoire et de septembre, les membres de la société en assemblée générale. Dans cette assemblée, il sera rendu compte de l'emploi des fonds dont la distribution aura été discutée et arrêtée en assemblée générale, sur un rapport présenté par le conseil d'administration. Dans le cas où tous les membres convoqués n'assisteraient pas à la réunion, la présence de 20 d'entre eux sera suffisante pour constituer l'assemblée et pour prendre des décisions s'il y a lieu. Les décisions seront prises à la majorité des voix. En cas de partage, la voix du président décidera les questions.

Art. 4. — Tous les frais supportés par le secrétaire pour le compte de la société lui seront remboursés par trimestre et payés par le trésorier.

Après l'adoption du réglement, on s'est occupé de la formation du bureau. Tel a été le résultat du vote au scrutin secret. Ont été élus :

Président, M. le marquis de Monéys ; vice-président, M. Estignard, maire de Périgueux ; secrétaire, M. le marquis de Fayolle ; trésorier, M. L. Lagrange, notaire, adjoint au maire de Périgueux.

Le conseil d'administration a ensuite été composé ainsi qu'il suit :

Arrondissement de Périgueux. — MM. de Lassalle, capitaine de remonte ; de Lentillac, directeur de la ferme-modèle de Salegourde ; le comte de Beauroyre, le comte Maxence de Damas.

Arrondissement de Ribérac. — MM. le marquis de Cherval, Jouffray, membre du conseil général ; le baron de Meynard, Eugène de Bellussière.

Arrondissement de Nontron. — MM. T. Gallard de Béarn, membre du conseil général ; Louis Mazerat, Armand de Bellussière, Lorenzo Theulier, membre du conseil général.

Arrondissement de Bergerac. — MM. Vacquier de Regagnac, membre du conseil général ; Ludovic du Pavillon, Mesclot, Durand de Corbiac.

Arrondissement de Sarlat. — MM. de Sanaillac, le vicomte de Maussac, de Chaunac, de Massacré.

La séance a été levée après l'engagement pris par le conseil d'administration de présenter à la prochaine assemblée générale du mois de septembre un rapport sur la direction que la nouvelle société doit donner à ses encouragemens, et sur lequel on délibèrera.

La société compte déjà près de 80 membres, et ce chiffre ne peut que s'augmenter chaque jour, car une seule condition est nécessaire pour en faire partie : s'intéresser à la prospérité du pays. En effet, les hommes spéciaux viendront y apporter le tribut de leurs lumières ; d'autres viendront y chercher d'utiles enseignemens ; tous concourront au bien général.

Le secrétaire,   marquis de FAYOLLE.

Note du rédacteur. — Nous ne saurions trop applaudir à la fondation dont nous venons de transcrire les statuts. Notre département était bien en arrière des autres départemens pour l'éducation et l'amélioration de la race chevaline. Nous sommes heureux d'enregistrer les premiers travaux des honorables citoyens qui viennent d'entrer dans une voie toujours semée de difficultés quand on y fait les premiers pas. Le concours de notre publicité leur est acquis d'avance pour tous les efforts et les travaux qu'exigeront d'eux le développement et l'accomplissement de cette œuvre d'utilité publique.

MAÏS DE SMYRNE.

M. A. de Lentilhac, directeur de la ferme-école de la Dordogne, a importé dans le département un nouveau maïs qui offre de grands avantages sur celui cultivé jusqu'à ce jour.

On sait que le grand reproche que l'on adresse avec raison au maïs, c'est de mûrir trop tard, par conséquent d'obliger à semer le blé dans une saison toujours défavorable, car il est bien rare que les champs de maïs soient débarrassés avant la mi-novembre. L'année dernière, il était encore plus tard qu'à l'ordinaire quand on put semer le froment.

M. de Lentilhac cultive depuis trois ans ce nouveau maïs, qui lui a été donné par M. Camille Beauvais, sous le nom de maïs de Smyrne. Ce maïs, qui mûrit parfaitement sous le climat de Paris, réussit fort bien ici; il a toujours mûri dans les derniers jours du mois d'août. M. de Lentilhac l'a récolté pendant ces trois années dans la première quinzaine de septembre; ce qui fait que les terres sont libres assez tôt pour la semaille du blé. Ce maïs vient moins haut que l'autre; aussi doit-on le semer un peu plus épais; mais chaque pied porte de trois à quatre épis. Ainsi, quoique les épis soient moins grands et moins gros que ceux du maïs ordinaire, il donne cependant plus de grains pour un espace donné (1).

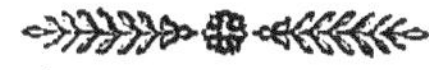

A Monsieur le rédacteur de l'Echo de Vésone.

Monsieur le rédacteur,

J'ai lu dans votre estimable journal un article d'agriculture émané du directeur de la ferme-école de la Dordogne, dans lequel il se plaint de la tardive maturité du maïs ordinaire et préconise la culture du maïs de Smyrne.

(1) *On trouve ce maïs chez* **M. Baptiste Dufour,** *marchand grainetier, à Périgueux. C'est là que* **M. de Lentilhac** *l'a déposé pour qu'il fût plus à la portée des agriculteurs.*

M. de Lentilhac dit avec raison que le maïs du pays mûrit le plus ordinairement fort tard, et qu'il oblige souvent à semer les céréales dans une saison défavorable. Cet agronome expérimenté garde néanmoins le plus profond silence sur la cause de cette circonstance. Il se présente cependant de prime abord une question assez importante à résoudre, et qui doit intéresser vivement tous les agriculteurs, celle de savoir si la tardivité de cette plante provient de la mauvaise température de notre climat, ou bien de l'imprévoyance du plus grand nombre des cultivateurs. Qu'il me soit donc permis d'ajouter quelques courtes observations à l'avis de cet honorable praticien.

Nous savons par l'expérience que le maïs exige beaucoup de chaleur, et qu'il reste en terre de cinq à six mois, pour arriver à son dernier degré de maturité. Tirons de ces faits toutes les conséquences qui en découlent et posons quelques principes sur la culture de cette plante.

En remontant à l'origine du maïs, nous apprenons qu'il a d'abord été cultivé dans le sud de notre hémisphère septentrional, et que la culture a été répandue dans le sud-est et le sud-ouest. Cela devait être ainsi, car la température de ces deux régions a beaucoup d'analogie avec celle du sud. Notre département de la Dordogne est au sud-ouest : nous devons admettre par conséquent que notre climat convient essentiellement au développement de cette plante. D'après une pareille vérité, les reproches ne doivent donc pas s'adresser directement à la mauvaise température de notre climat.

En précisant l'époque de la semence du maïs à la fin d'avril ou au commencement de mai, nous voyons qu'il ne peut être récolté qu'en septembre ou en octobre, et qu'il retarde le semis des céréales. Pourquoi le semis du maïs ne s'effectuerait-il pas en mars pour obvier à un tel inconvénient? Me ferait-on observer que les terres sont difficiles à travailler dans cette saison, et que les premières gelées pourraient paralyser la végétation de cette plante, et obliger le cultivateur à faire un second semis? Je répondrais qu'il est aussi facile de travailler les terres en mars qu'en février, comme cela se pratique dans nos contrées, quand on sème les avoines, les fèves, les pois, etc., surtout quand on a eu la précaution de dessécher les champs au commencement de l'automne; je dirais

également que les gelées du printemps sont rarement assez intenses pour détruire entièrement un jeune semis de maïs.

Je suis autorisé à conclure que la tardivité du maïs provient plutôt de l'imprévoyance des cultivateurs que de la mauvaise température du climat.

Je n'ai rien à dire contre les avantages du maïs de Smyrne, ne
connaissant point cette nouvelle variété. Je crois M. de Lentilhac
sur parole, et le félicite de vouloir le propager dans toutes les parties du Périgord; cette action me prouve qu'outre ses qualités d'a-
gronome praticien, il est animé d'un sentiment vraiment philanthropique pour ses concitoyens.

Agréez, etc. HAMILTHON-FRICHOU.

COMICE AGRICOLE DE THIVIERS.

Séance du 5 avril 1846.

Le comice étant réuni au lieu ordinaire de ses séances, M. le
président expose qu'il a reçu une lettre des membres composant
le congrès central d'agriculture qui fixe, à Paris, au 18 mai prochain, la réunion annuelle. Il engage le comice à choisir un délégué pour le représenter à cette réunion solennelle. Les suffrages
se réunissent sur M. N. Dupeyrat, conseiller à la cour royale de
Paris. M. le secrétaire lui donnera avis du choix fait par le comice.

Il est donné ensuite lecture du programme fixé par le congrès
central pour sa session de 1846. Chacun des membres du comice
est engagé à réfléchir sur les questions proposées, et à faire connaître dans la première séance ses idées sur leur objet, surtout eu
égard à leur application à notre département.

Séance du 3 mai.

M. le président lit les différentes questions énoncées au programme du congrès central. Sur l'instruction des classes agricoles,
M. le secrétaire fait observer qu'on ne saurait atteindre plus sûrement ce but qu'en obligeant les instituteurs primaires à connaître

et à enseigner les préceptes usuels de la botanique, de la physiologie végétale et de l'agriculture. On rencontre aujourd'hui des enfans qui vous expliqueront pourquoi François 1er portait la barbe longue et les cheveux courts, et qui distingueront à peine la luzerne du trèfle. Il faudrait mettre au concours la composition de livres simples et clairs sur ce sujet, dans lesquels on enseignerait la lecture aux enfans. Ce qui resterait dans leur esprit serait autrement utile à eux-mêmes et à la société que les historiettes ou les amplifications qui abondent dans les livres élémentaires approuvés par l'université. Le comice appelle l'attention du congrès central sur cette importante amélioration.

Sur les établissemens charitables et humanitaires dans leurs rapports avec l'agriculture, M. Luguet lit un mémoire où il développe les moyens de faire disparaître le paupérisme en établissant des centres de travaux agricoles, dirigés par l'intelligence, surveillés par la charité chrétienne, qui utiliseraient toutes les forces, même les plus faibles, de la classe indigente, et contribueraient à rétablir la santé des mendians en même temps qu'elle relèverait leur moralité, si profondément atteinte lorsqu'ils ont pratiqué en vagabondant ce métier ignoble. Le comice approuve les idées émises par M. Luguet, et ordonne que son mémoire sera transmis au délégué près du congrès central.

M. le président produit des observations écrites sur la viabilité rurale et les moyens d'assurer la réparation et le meilleur entretien des chemins vicinaux et des chemins ruraux. Il pense que les ressources de chaque canton, en prestations et centimes, devraient se centraliser pour être employées, sous la direction d'un voyer cantonal, suivant la décision des maires réunis, qui désigneraient la voie de communication sur laquelle les travaux devraient se porter de préférence. Par ce moyen, on ferait, et on ferait bien, un chemin entier, au lieu d'éparpiller des tronçons mal établis sur une grande surface et sans liaison entre eux. Ce mémoire, dont le comice approuve les idées, sera envoyé au délégué près du congrès central.

Le comice est d'avis que le congrès doit demander la réduction des foires qu'on multiplie, sans but, dans les moindres hameaux. Ce sont autant de jours perdus pour la culture et autant d'occasions pour les travailleurs de substituer à de bonnes habitudes le goût de l'oisiveté et de l'ivrognerie. Les grands centres de commerce où il s'opère des transactions importantes favorisent l'industrie ; mais les réunions où les affaires sans importance ne sont qu'un prétexte pour quitter des occupations plus utiles doivent être proscrites dans l'intérêt de la production agricole comme dans l'intérêt de la morale publique. Il charge son délégué d'insister sur la réduction et même la suppression de l'impôt sur le sel. Pour le paysan de la Dordogne, le sel à bon marché est une source de bien-être et de richesse. Il recueille son pain, souvent un peu de vin ; mais il manque toujours d'argent. S'il quitte ses travaux pour aller en journée, s'il détourne les charrois du bétail attaché au domaine, c'est pour acheter le sel, sans lequel il ne vivrait pas.

Enfin, pour les rapports à établir entre les associations agricoles. M. le président fait part au comice du projet qu'ont déjà formé les présidens des divers comices du département, de se réunir au chef-lieu pour s'entendre en commun sur les meilleures mesures à employer dans le but de faire avancer l'agriculture dans notre département. Outre les présidens des comices, un délégué de chacune de ces sociétés particielles pourrait être envoyé à la réunion générale. Ces rapports fréquens ne pourraient qu'offrir un grand avantage pour les réformes à opérer dans l'agriculture de la Dordogne. Chaque département pourrait créer de la même manière un centre d'actions, où viendraient aboutir les efforts isolés aujourd'hui de chaque comice.

On désigne ensuite pour la visite des fourrages de printemps M. C. de Lamarthonie, et le comice se sépare sans ajournement fixe.

PARTIE LITTÉRAIRE

ET SCIENTIFIQUE.

—

LE PÉRIGORD ET SES LIMITES.

Les limites de l'ancienne province du Périgord n'ont jamais été bien déterminées, ou, pour mieux dire, à aucune époque on ne s'est sérieusement occupé de les décrire avec ensemble et précision, du moins autant que les données historiques positives et les documens authentiques pouvaient le permettre. Une seule difficulté a fixé l'attention de nos annalistes et de nos érudits; mais, loin de la résoudre, ils n'ont fait que la rendre plus obscure. Il est donc permis de regretter que parmi le petit nombre d'écrivains qui se sont occupés de l'histoire de notre province, pas un seul ne nous ait transmis des renseignemens précis sur sa véritable circonscription, et par conséquent sur l'étendue réelle de son territoire; c'est même d'autant plus fâcheux, qu'aujourd'hui les traditions étant interrompues, les obstacles, pour arriver à la vérité, sont plus grands et plus nombreux qu'ils ne l'étaient autrefois. Quoi qu'il en soit, ce qu'on n'a pas encore tenté, je vais essayer de le faire. Je l'entreprends même avec d'autant plus de confiance que si, par le fait, j'ai plus de difficultés à vaincre, il est certain aussi que mon esprit est plus libre, plus dégagé de toute préoccupation, et par conséquent plus à même d'échapper aux préventions et aux préjugés locaux. Je commence par la question qui seule jusqu'ici a été l'objet des études et des commentaires de nos savans.

On lit dans Pline, vers la fin de la longue nomenclature des peuples d'Aquitaine : « De plus les Rutènes (Rouergas), » limitrophes de la province narbonnaise ; les Cadurciens » (Quercinois), les Antobroges (habitans de l'Agenais) et les » Pétrocoriens, séparés des Toulousins par la rivière de Tar- » ne (1). » Quoique Pline soit le seul parmi les géographes et les historiens anciens où l'on trouve ce renseignement, quoique ce que disent les auteurs sur les Pétrocoriens ne puisse servir en rien à justifier ce passage, nos savans Périgourdins ne s'en sont pas moins emparés avec empressement comme d'un monument précieux qu'il importait de mettre en relief pour la plus grande gloire de leur pays, car les détails four- nis par Pline une fois reconnus véridiques, il devenait im- possible de douter, précisément à cause de l'extension qu'au- rait eue son territoire, que le peuple pétrocorien n'eût exercé une haute influence avant et, depuis l'occupation romaine. Par malheur, comme on sait, la bonne volonté ne suffit pas toujours pour atteindre le but ; aussi est-il arrivé que les plus louables et les plus constans efforts sont restés sans succès (2), et qu'il n'y a eu de convaincus que ceux qui l'étaient d'a- vance. Je n'ai donc pas à m'occuper ici de tous les commen- taires, toutes les réflexions dont le passage qui nous occupe a été la cause ou le prétexte. Ce serait rentrer dans le cercle vicieux où se sont agités ceux qui m'ont précédé.

En dehors de l'action de l'érudition et de la critique sur le

____

(1) *Rursus narbonensi provinciæ contermini Ruteni, Cadurci, Anto- broges, Tarneque amne discreti à Tolosanis Petrocorii.* (Hist., *lib.* IV, *cap.* 19 ou 33.)

(2) Wlgrin de Taillefer, *Antiquités de Vésone,* t. I, p. 126. Ce respec- table antiquaire périgourdin a résumé en lui tout ce que peut engen- drer d'exaltation le patriotisme local.

texte même de Pline (1), il existe, je crois, deux moyens
sûrs de savoir si réellement le passage en question mérite
quelque confiance, ou s'il faut le regarder comme une erreur
matérielle dont on ne doit tenir aucun compte : d'une part les
cartes géographiques représentant les divisions de l'ancienne
Gaule, de l'autre les circonscriptions des diocèses primitifs.
Les cartes, comme on sait, ont été dressées avec le plus
grand soin, les plus minutieuses précautions, par des savans
consciencieux qui n'ont fait usage que des monumens contemporains les plus authentiques ; et pour ce qui est des
diocèses primitifs, les érudits de tous les temps et de tous
les pays sont unanimes à reconnaître qu'ils correspondaient
exactement aux cités (2), dont ils étaient la représentation
matérielle ; en sorte que, grâce à l'immobilité que le chris-
tianisme s'imposa de bonne heure comme principe, leurs circonscriptions respectives ont, pour ainsi dire, perpétué jusqu'à
nous celles des cités. Ces faits bien avérés, et je ne pense
pas que personne puisse sérieusement les mettre en doute, il
en résulte que ce double élément de contrôle présente les
plus sûres garanties, et mérite par conséquent une confiance absolue.

Toutes les cartes de l'ancienne Gaule, quel que soit d'ailleurs leur mérite comme exécution, s'accordent, à quelques
légères modifications près, à donner au Périgord les limites
qu'il a toujours eues dans les temps modernes. Il n'en est pas
une, à ma connaissance, qui se soit avisée de les porter seulement jusqu'au Lot ; par conséquent, le doute n'est même
pas admissible à cet égard. Les notions générales que nous

(1) Les principaux commentateurs sont le père Hardouin, Scaliger et
Adrien de Valois. On peut consulter aussi l'*Histoire de Languedoc*.

(2) Les Romains appelaient *cité* une certaine étendue de pays ayant
une ville capitale où résidait un sénat dont la juridiction s'étendait sur
toutes les parties du territoire compris dans la cité.

possédons sur l'état primitif des diocèses de Cahors , d'Agen et de Périgueux ne permettent pas plus d'hésitation. Ainsi , nous savons que le territoire pétrocorien n'allait pas certaine- ment jusqu'au Tarne à l'époque de la formation des évêchés , puisqu'il est positif que Moissac , situé non loin du confluent de cette rivière .avec la Garonne , et dont l'ancienneté re- monte, historiquement pour ainsi dire, à cette formation, fut toujours du diocèse de Cahors , et qu'il n'était pas .possible que les Pétrocoriens fissent pointe entre Cahors et Moissac (1). D'un autre côté , il est constant aussi que ce territoire ne s'étendait pas jusqu'au Lot , car l'ancien *Excisum* de l'itiné- raire d'Antonin, placé sur la rive droite de cette rivière, de- venu abbaye sous le nom d'Eysse dès le sixième siècle au plus tard, fit toujours partie du diocèse d'Agen ; et, de plus , il est hors de doute que, de cette abbaye, ou, pour parler se- lon l'état actuel des choses, de Villeneuve-d'Agen à Cahors, il n'y a pas un seul point qui ait pu jamais dépendre de l'an- cien Périgord , dont les habitans n'auraient pu , dans tous les cas , s'y être établis que par la force , ce que Pline ne dit pas et ce qu'il n'aurait pas manqué de dire, s'il en avait été ainsi (2). N'oublions pas, du reste, que, s'il y avait eu con- quête , ce n'eût pu être qu'avant l'occupation romaine, et qu'on ne s'expliquerait pas , dès-lors , comment César , en ·

(1) Il suffit, du reste, de jeter les yeux sur les cartes modernes, dont l'exactitude ne saurait faire doute aux yeux de personne, pour com- prendre sans peine qu'il y aurait eu impossibilité physique pour les Pétrocoriens de s'étendre jusqu'au Tarne sans se rendre préalablement maîtres de la capitale des Cadurciens. Or, le passage de Pline ne per- met pas même de s'arrêter à une pareille supposition, puisqu'il compte les Cadurciens au nombre des peuples d'Aquitaine ; ce qui implique nécessairement l'indépendance de leur capitale.

(2) Et d'ailleurs la distance de Villeneuve à Cahors est trop courte, pour qu'on puisse penser qu'un peuple étranger eût pu posséder paisi- blement le pays intermédiaire.

parlant du Quercy, n'eût pas fait mention de cet événement. Actuellement que nous savons d'une manière certaine que le territoire pétrocorien ne s'étendit jamais jusqu'au Tarne , ni même jusqu'au Lot, voyons s'il ne serait pas possible de déterminer ses limites réelles.

Lorsque le pape Jean XXII créa l'évêché de Sarlat, il déclara, dans la bulle d'érection, qu'il divisait en deux l'évêché de Périgueux , d'où l'on est en droit de conclure que les limites de l'évêché de Sarlat, vers l'Agenais et le Quercy , furent les mêmes que celles qu'avait auparavant l'évêché de Périgueux. Or , voici , selon le chanoine Tarde , quelles étaient ces limites : du côté de l'Agenais, elles formaient une ligne plus ou moins onduleuse, partant du *Fleix* et aboutissant au *Puy-des-Trois-Evêques* , près *Villefranche-de-Belvès*. Du côté du Quercy, cette ligne, se concentrant vers la Dordogne , allait toucher, au-delà de cette rivière , à une autre colline appelée également le *Puy-des-Trois-Evêques* , entre *Gignac* , *Ferrières* et *Nadaillac,* d'où elle se continuait jusqu'à *Cublac* , non loin de Terrasson , déterminant dans sa dernière partie la séparation du diocèse de Sarlat de celui de Tulle , érigé à peu près en même temps: D'après les principes énoncés plus haut, il faudrait en conclure que ces limites furent toujours celles du Périgord ; cependant ; comme elles pourraient avoir subi quelques modifications lors de l'établissement du nouveau diocèse, nous allons nous assurer si les faits ne s'y opposent pas.

Les *données historiques* les plus anciennes que nous possédions sur les limites de l'évêché de Périgueux du côté du Quercy remontent au sixième siècle. A cette époque, il existait sur les confins des deux pays deux abbayes célèbres, GENOUILLAC et CALABRE. Nous ne savons plus au juste où étaient situées ces deux abbayes ; mais , comme nous avons la certitude qu'elles étaient toutes les deux dans le voisinage de la Dordogne , et que les auteurs disent positivement que Genouillac était en Périgord , et Calabre sur les confins du Périgord et du Quercy, nous pouvons hardiment en conclure, en comparant ces renseignemens avec ce que nous apprend Tarde, que les limites du diocèse moderne ne différaient réellement pas de celles du diocèse ancien (1). Une circonstance, du reste , qui contribue puissamment à corroborer ce que j'avance, c'est l'état des archiprêtrés que j'ai publié dans ce recueil (2), et qui concorde parfaitement avec l'histoire.

(1) On est généralement porté à croire que Genouillac n'était pas très éloigné de Saint-Amand-de-Coly et de Terrasson; mais voilà tout ce qu'on en sait. Quant à *Calabre*, les uns veulent qu'il fût à *Calviat*, les autres le placent ailleurs, et c'est cette incertitude qui a été cause qu'on a dit tantôt qu'il était en Périgord, tantôt qu'il était en Quercy.

(2) Voyez les livraisons 8, 9 et 10 du tome v de ces *Annales* (année 1844). *(La suite au prochain numéro.)*

L. DESSALLES, *membre de la société royale des antiquaires de France.*

ANCIEN HOPITAL DES LÉPREUX.

(EXPLICATION DU DESSIN).

Des quatre hôpitaux destinés pour les lépreux et que possédait Périgueux, il n'en existe plus que les débris d'un seul. Ce monument, connu sous le nom de *léproserie*, est situé sur la rive gauche de l'Ille, au-delà du Pont-Neuf, sur la route de Bergerac. A en juger par quelques parties de son architecture, il doit remonter au commencement du xii° siècle. Au reste, il existait déjà en France, à cette époque, un grand nombre d'établissemens de ce genre, puisque Louis VIII, dans son testament, fait en 1225, légua à chacune des deux mille léproseries de son royaume cent sols, qui reviennent à environ 84 francs d'aujourd'hui. Il est probable que notre léproserie existait alors et qu'elle participa à la libéralité royale. Ces débris sont encore très curieux et méritent l'attention des savans.

Le rédacteur-éditeur, AUG. DUPONT.

Vu : *Le secrétaire-perpétuel,* DE MOURCIN.

Annales Agricoles et Littéraires.

Ancien hôpital des Lépreux à Périgueux.

PARTIE AGRICOLE.

—

SOCIÉTÉ D'AGRICULTURE, SCIENCES ET ARTS
DE LA DORDOGNE.

Séance du 27 mai 1846:

M. de Cremoux, vice-président, occupait le fauteuil.

Immédiatement après l'ouverture de la séance, M. le se-crétaire-perpétuel a rappelé à ses collègues qu'à la dernière réuniou ils avaient déjà à regretter quatre décès; que, en conformité du réglement, le bureau avait proposé douze candidats, et que les autres membres présens avaient ajouté quatre noms à cette liste. Il a dit qu'il était convenable de procéder au choix de ces candidats.

Il a ajouté que depuis peu la société avait perdu également son trésorier; et que, comme la plupart des membres actuels habitaient la campagne, il était urgent de rempla-cer M. Merlhes de suite (et nonobstant l'art. 3 du réglement), par un citoyen de la commune, et qui, par ses habitudes, fût apte à tenir la comptabilité.

Lecture ayant été faite plusieurs fois de la liste des candidats, et le nom de M. de Percheron, receveur-général de la Dordogne, y ayant été ajouté, des bulletins ont été mis dans l'urne, et MM. de Percheron, de Gourgues, de Mar-queyssac, Elie de Fayolle, Lasserre du Coux, ont obtenu

la majorité des suffrages, et M. le président les a procla-
més, M. de Percheron comme trésorier, et les autres comme
simples membres de la société.

M. Bouilhac, sous-préfet de Sarlat, ancien membre, éli-
miné pour absence, et M. Marc Montagut, propriétaire-agri-
culteur, sont les candidats qui ont eu le plus de voix après
ceux qui ont été nommés ; seulement ce dernier ne pouvait
pas être élu, n'ayant pas fait partie de la liste de présenta-
tion, et n'y ayant point pour lui cas d'urgence.

M. le secrétaire-perpétuel ayant fait remarquer que M. de
Lentilhac père étant décédé depuis la dernière réunion, il
était nécessaire de le remplacer ; un membre a ajouté qu'il
en était de même de M. Bardon, qui déjà, depuis long-
temps, avait quitté le département de la Dordogne.

Sur quoi le bureau, après s'être retiré à l'écart et en avoir
mûrement délibéré, a présenté la liste suivante :

Pour remplacer M. de Lentilhac père : MM. de Lentilhac
fils, Marc Montagut, le comte Boudet.

Pour remplacer M. Bardon : MM. de Bouilhac, ancien
membre ; de Labardonnie, Auguste Dupont.

A cette liste ont été ajoutés les noms de MM. Desmoulins,
naturaliste et antiquaire ; de Bellussière, Pouquet.

Après ces diverses opérations, toutes relatives à l'administration de la société, il s'est élevé une discussion assez longue sur l'importance des trèfles et notamment de celui de
Hollande, et la manière de le semer. En résumé, on pense
qu'il doit être semé dans l'été de février, et que, sur froment, il faut 25 kil. de graine par hectare ; que, quant au
trèfle incarnat, ou farouch, il doit être mis en terre au mois
d'août, après que le sol a été fumé, labouré et plombé. Du
reste, il est reconnu qu'en capsules il réussit mieux qu'en
graine nettoyée, mais qu'il est presque toujours moins égal.

M. le secrétaire-perpétuel a demandé, comme à la dernière réunion, quel était le résultat des essais que l'on avait faits du *madia sativa*, et il est résulté des diverses réponses qui ont été faites que cette plante réussissait parfaitement dans nos climats, mais que, jusqu'à ce jour, on avait manqué la manipulation des produits, parce qu'on n'avait ni l'habitude de ce travail, ni les machines nécessaires.

Immédiatement après, M. l'abbé Audierne a lu un discours sur l'agriculture. L'insertion aux *Annales* en a été ordonnée, de même que d'une excellente notice historique de la société dont M. de Crémoux a donné lecture.

M. le vicomte de Courtille a demandé qu'une commission fût nommée pour visiter les cultures de son domaine et celles de la terre de M. le duc d'Isly, et, par acclamation, on a désigné MM. de Lansade de Plaigne, d'Aussel et Durand de Corbiac. Il y a été adjoint M. l'abbé Audierne.

M. le secrétaire-perpétuel a invité M. de Courtille à transmettre à la société un tableau détaillé des produits de sa propriété quand il en prit la direction, et de ceux qu'il en retire aujourd'hui, avec les mises de fond à l'une et à l'autre époque, ce qui a été promis par cet honorable agriculteur.

Enfin M. de Mourcin a demandé que le bureau fût autorisé à ordonner, s'il y avait lieu, la fête de Salegourde, ce qui a été accordé à l'unanimité.

La séance a été levée à 4 heures.

NOTICE HISTORIQUE

SUR LA SOCIÉTÉ D'AGRICULTURE, SCIENCES ET ARTS DE LA DORDOGNE,

Par M? de Cremoux.

-o⊗oo⊗o-

COUP D'OEIL SUR LES TRAVAUX DE LA SOCIÉTÉ.

Messieurs,

Un aperçu de ce qui a été fait et obtenu sous l'influence de votre société depuis sa fondation ne peut être sans utilité, s'il est vrai que le plus puissant des encouragemens pour les agronomes qui la composent doit se trouver dans la preuve que leur sollicitude et leurs efforts ont eu des résultats réels et avantageux.

Il n'est donc pas sans intérêt de considérer le point d'où elle est partie et celui auquel elle est arrivée.

Etablie en 1820, en appelant dans son sein tout ce qu'il y avait d'agronomes dignes de ce nom où de bonne volonté dans l'arrondissement de Périgueux et même dans plusieurs autres parties du département, elle eut de la peine à se compléter alors au nombre de 24 membres, et encore lui fallut-il s'adjoindre quelques personnes prises en dehors du cercle des spécialités agricoles, mais que leurs lumières ainsi que leur position permettaient de regarder comme suscepti- bles de seconder bientôt les travaux de leurs collégues.

Où en était-on généralement de la science agricole en Pé- rigord? Nous pouvons le juger par les premières luttes qu'il fallut soutenir, les premiers enseignemens qu'il fallut répan- dre, et dont les procés-verbaux des séances ou vos *Annales* font mention. On contestait l'utilité des prairies artificielles;

on méconnaissait celle de la betterave champêtre ; un examen un peu approfondi de la question des assolemens eût été prématuré. M. le colonel Bugeaud, M. le secrétaire-perpétuel Lavès, M. le marquis de Fayolle avaient souvent à mettre en crédit les vérités les plus élémentaires de la science agricole. Des annonces suspectes, de prétendues trouvailles, telles que quelque moyen toujours réputé infaillible d'obtenir par exemple une double tonte de brebis, ou l'introduction de quelque espèce admirable de blé donnant, disait-on, double ou triple récolte, attiraient une attention refusée alors aux perfectionnemens proposés pour nos araires, à l'art de discerner les meilleurs cépages, à l'étude de nos diverses natures de sol. On semblait en être encore à chercher en agriculture la pierre philosophale, tout en négligeant nos véritables sources de richesses rurales.

Mais ce qu'il y avait de plus frappant à cette époque et qui fait un plus grand contraste avec la situation actuelle, c'était l'absence presque totale de concours pour vos efforts et vos expériences de la part de tout le reste du département ; c'était l'isolement, en un mot, de la société. Ses membres, durant la première année au moins, semblaient vraiment prêcher dans le désert. Comptez aujourd'hui ces nombreux comices organisés par vous ou sous vos auspices dans toute la province, ces sociétés filles de la vôtre, cette activité de l'intelligence s'appliquant à des essais de toute espèce pour le progrès agricole, et convenez que l'impulsion première donnée par la société a eu des effets dont elle peut justement s'applaudir, et qui répondent victorieusement à ceux qui se refusent à reconnaître les avantages d'une telle institution.

Deux années s'étaient à peine écoulées, et déjà elle avait pu accroître le nombre de ses membres ; elle s'adjoignit alors un savant distingué, M. Brard, dont nous déplorons la perte, et, ajoutant le patronage des sciences et des arts à celui de l'agriculture, elle fut bientôt décorée d'un nouveau titre où quelques personnes crurent voir une invitation à mêler aux matières graves traitées dans ses *Annales* quelques fleurs, quelques ornemens purement littéraires; mais des articles tels que ceux qu'on y voit aujourd'hui sur les sciences naturelles, sur les recherches de nos savans antiquaires, sur l'histoire du pays, répondent sans doute mieux à son titre et à son but, quoiqu'elle ne doive point prendre pour devise, ainsi que l'observait dès-lors un de ses membres, le *flos succisus aratro* de Virgile, et qu'il n'y ait rien d'extraordinaire à ce que l'agriculteur cultive quelque carreau de fleurs à côté de ses productions utiles.

Le 16 avril 1827, sixième année d'existence de notre société, il fut rendu compte, dans une séance solennelle, des progrès enfin obtenus. On voit dans cet exposé que, grâces à vos enseignemens et à vos exemples, des essais de prairies artificielles avaient lieu dans beaucoup de localités. Le recours à la betterave champêtre se généralisait; le choix de cépages, enseigné et recommandé par votre ancien vice-président, le marquis de Fayolle, était mis en pratique; l'emploi du plâtre vivifiait les farouchs et les trèfles; les instrumens et outils aratoires ainsi que l'art du labourage se perfectionnaient. Sur vos encouragemens et exhortations réitérés dans vos séances et vos *Annales,* des comices à l'instar de celui de Lanouaille, dû à l'un de vos collègues, M. le colonel Bugeaud, s'organisaient dans plusieurs chefs-lieux de canton, ainsi qu'une société nouvelle à Bergerac, mise en rapport avec la vôtre. Tout témoignait autour de vous de la vie et de l'action communiquées enfin à l'agriculture en Périgord.

Votre société, qui s'animait encore du zèle qu'elle excitait et du succès de ses efforts, continua dans l'année 1828 et les suivantes ses louables tentatives et son œuvre commencée. En premier lieu, la question des assolemens était étudiée de plus en plus ; mais les difficultés dues à la diversité de nos terrains paraissaient encore insurmontables. On voulait renfermer l'assolement dans un cercle d'années trop restreint, et il fallait encore bien des tâtonnemens pour se fixer sur l'ordre de succession et le choix des plantes ou graines à faire entrer dans la rotation de chaque système.

C'est dans cette même année 1828 que votre attention fut appelée et fortement fixée sur un but des plus importans, le renouvellement et la conservation des bois. Une commission fut nommée ; un rapport détaillé et approfondi fut présenté à la société, et l'on institua pour les auteurs de semis de quarante ares au moins d'étendue, comme pour les restaurateurs des taillis ou futaies, dès long-temps ravagés par les troupeaux, des primes, des encouragemens de diverses sortes dont la distribution devait avoir lieu au bout de deux années en séance solennelle. Ces mesures sages et par lesquelles la société, veillant non-seulement à la création mais à la conservation des bois, semblait avoir résolu la question, si souvent traitée encore, des moyens d'arrêter le déboisement, ne purent avoir leur application au bout des deux années, à cause des circonstances politiques de 1830 ; mais la simple annonce en avait produit d'excellens effets, et plus d'un semis remarquable date de leur publication.

Le 11 juillet 1829, la société fut reconnue et ses statuts approuvés par le gouvernement. Le nombre de ses membres put être porté à quarante-deux. Ses relations à l'intérieur du département comme à l'extérieur s'étaient étendues proportionnellement à son influence. On dût l'organiser d'une manière plus régulière. Une commission de rédaction et de correspondance fut nommée ; il fut entendu que les publications successives de son *Recueil* ou *Annales* présenteraient des examens détaillés, pour chaque canton, de la nature du sol et des mesures à prendre en raison de ses variétés pour y établir des assolemens convenablement modifiés. Le grand nombre de vos correspondans, à cette époque, eût facilité aussi la formation d'un tableau ou d'une statistique rurale qui vous aurait mis à portée de guider le cultivateur et de répartir d'excellens avis dans toute l'étendue du département. Ces idées et plusieurs autres, relatives au meilleur parti à tirer de l'existence des comices, firent place bientôt, dans les esprits, aux préoccupations d'un autre genre dont nous avons déjà parlé tout-à-l'heure.

Après 1830, vos séances furent moins fréquentes, votre intervention moins active ; mais l'impulsion était donnée. L'institution des comices introduite primitivement par vous prit de nouvelles forces et s'étendit de plus en plus. Cette seconde époque vit donc fleurir les comices et languir un peu notre société, quoique, heureusement pour l'agriculture et la bonne direction des comices même, elle ait fait plus que donner de temps en temps signe de vie, favorisant quelquefois d'heureuses innovations et assez récemment encore l'introduction d'une plante utile et inconnue en Périgord, prenant en bonne mère sur ses fonds pour doter ces nombreux comices, secondant l'établissement utile de la ferme-modèle, et constante surtout à appeler l'attention sur l'importante question des assolemens, ce qui nous a valu l'an dernier un véritable traité sur ce sujet. On a semblé, il est vrai, en faire hommage à la société de la Gironde, quoiqu'il soit l'œuvre d'un Périgourdin, et la suite, comme le résumé de la discussion, toujours ouverte ici sur cette question, et non épuisée encore. Votre *Recueil* a reproduit cet utile travail : c'était, soit dit entre nous, reprendre son bien où on le trouve.

Mais nous ne devons pas oublier la tâche la plus importante peut-être que la société ait eu à remplir depuis son
établissement : c'est l'examen du projet d'institution de ces
chambres consultatives qui devaient, dans chaque chef-lieu
de département, correspondre avec un conseil supérieur, sié-
geant à Paris. L'idée première, si justement approuvée, de la
création de ces chambres, naquit des longues réclamations
de l'agriculture en souffrance, subordonnée jusqu'à présent à
un conseil supérieur du commerce, à Paris, et privée ainsi d'une
protection directe et efficace. Mais le mode d'organisation proposé avait paru d'autant plus défectueux à votre commission,
qu'il rendait cette organisation indépendante de toute coopé-
ration de votre part et de celle des comices. « Nos sociétés
centrales si utiles, par qui se discutent les théories, s'im-
portent les perfectionnemens, s'indiquent les essais à faire,
se publient les recueils agronomiques, s'entretiennent les
correspondances à l'intérieur comme à l'extérieur, se propagent les bonnes méthodes, pourraient-elles néanmoins, sans
inconvénient, disait votre commission, rester totalement
étrangères à la formation et composition de ces nouveaux
conseils qui vont s'élever à côté d'elles, et concentrer en
eux seuls tout le patronage de l'agriculture? Le seul fait
de laisser nos sociétés en dehors, de n'en tenir aucun compte
quand il s'agit d'une organisation dont le but est si sérieux
et si positif, ne deviendrait-il pas pour nos sociétés et nos comices une cause de déconsidération et de décadence? » Votre
commission, en alléguant qu'il était raisonnable et naturel
de tirer parti de ce qui existe déjà pour fonder et asseoir
plus solidement ce qu'on entreprend d'édifier encore, proposait, conformément à ces considérations, un projet d'organisation des plus simples, qui fut envoyé en même temps à
M. le maréchal Bugeaud et au ministre. Devons-nous espé-

rer qu'on y aura égard, s'il est vrai qu'on n'ait pas encore
prononcé sur les diverses combinaisons proposées, et que nos
réclamations aient contribué à faire procéder à un nouvel examen de la question?

Ce coup d'œil si rapide, jeté sur les vingt-six années
d'existence de notre société, suffit cependant pour démontrer
que, malgré quelques intervalles d'une activité moins soutenue, elle n'a pas été au-dessous de sa mission. Si, en voyant
parfois à nos séances plusieurs places vides dans cette enceinte, on a parlé d'un refroidissement de zèle et conçu des
craintes pour le maintien même de votre institution, — au-
dehors et par un contraste frappant, ces candidats qui concou-
rent pour compléter votre liste, tous pleins de bonne volonté
autant qu'éclairés, et en bien plus grand nombre que les in-
différens qu'on a cru pouvoir compter parmi nous, doivent
nous rassurer sur l'avenir de la société. Ils désirent d'en faire
partie; parce qu'ils ont senti tout le bien qu'elle peut opérer,
parce qu'ils ont apprécié, dans le sens que je viens de le
faire, les résultats de vos efforts et de votre influence.

INDUSTRIE DES ÉTANGS.

(Suite et fin.)

ANIMAUX ENNEMIS DU POISSON.

Le brochet, la perche, l'anguille ne sont pas les seuls ennemis du poisson. La loutre en première ligne, le renard,
les rats, les oiseaux d'eau, le héron surtout, jusqu'à la grenouille, causent parfois de grands ravages dans les étangs;
les plus exposés sont les moins profonds, les plus petits,

les plus éloignés des lieux de passage. Les petits îlots garnis de roseaux, d'herbes, de mousse ; les vieilles souches, les arbres creux ; les amas de mousse, de ronces, de feuilles, sont autant de repaires pour les ennemis du poisson. Il faut donc détruire ces retraites tout autour des étangs ; car, comme c'est la première chose qu'ils recherchent, ce sera éloigner ces ravageurs que de les empêcher de trouver un asile sûr.

Puis il faudra prendre les habitudes d'une surveillance assez régulière, en hiver surtout, et pendant les neiges et les pluies. La présence de ces animaux se révèle par des débris et des écailles de poisson déposés sur les rives, sur la glace, à la surface de l'eau, par des empreintes de pattes sur la terre des bords.

Il faut alors étudier la place, apprécier le point d'arrivée, tendre des piéges, offrir des appâts empoisonnés, ou faire veiller en plaçant l'embusqué sous le vent du point d'arrivée. On fera bien de placer autour des étangs, dans les endroits les plus abordables, quelques pierres blanches et plates ; la loutre viendra fienter dessus et révéler ainsi sa présence. C'est sur ces pierres aussi qu'elle se fera tuer si on s'embusque. Si on tend un traquenard, il faudra le bien couvrir de vase et y attacher une pierre ; car la bête prise fera un saut dans l'é-tang, et la pierre l'entraînera à fond. Les rats sont aussi fort à craindre ; de *tous les oiseaux d'eau, c'est le héron qui fait le plus de ravages* ; la grenouille mange le tout petit fretin.

Quelques propriétaires soigneux jettent dans l'étang et maintiennent *sous l'eau*, par des piquets ou des pierres, des tas de fagots ou d'épines, creux au milieu, pour servir de retraite au poisson ; ils suspendent aux arbres voisins de petits moulins à vent avec marteau, des morceaux de fer blanc, de tôle, de fer, que le vent fait entrechoquer, afin d'effrayer par ce bruit les animaux nuisibles.

J'ai conseillé de piquer dans l'étang aux endroits accessibles, des souches d'épines pour déranger les pêcheurs de nuit. On fera bien de s'interdire à soi-même toute espèce de pêche, car on montrerait ainsi l'exemple et le chemin aux voleurs ; on dérangerait, on blesserait le poisson..... Mieux vaut avoir des réservoirs bien garnis pour les besoins de la maison.

D'autres dangers encore menacent l'existence du poisson : ainsi un excès d'électricité manifesté par le tonnerre et la grêle, de grandes neiges, des gelées fortes et persistantes, de grandes eaux....

Contre le tonnerre ou la grêle, nous ne connaissons aucun remède ou préservatif ; on a bien parlé de bouchons de paille élevés sur des perches ; mais nous ne croyons pas à leur efficacité. Nous ne connaissons pas non plus de remède contre les grandes neiges ; personne n'ignore que le poisson mis sur la neige ou dans l'eau de neige jette de suite du sang par la racine des écailles et meurt. Si on pouvait prévoir ce danger, il faudrait pêcher et recueillir le poisson dans des trous bien couverts et à l'abri de l'égout des eaux de neige ; mais le remède pourrait causer plus de dommage que le mal lui-même.

Contre les gelées à fond, voilà notre préservatif : les parties les plus profondes sont le refuge du poisson dans les grandes sécheresses comme dans les grandes gelées ; nous avons alors fait poser à cet endroit quelques perches légères sur la glace et étendre dessus une couche d'un demi-mètre de litière ; la glace est restée fort mince sous la litière, et le poisson n'a pas souffert.

Contre les gelées persistantes et qui amènent l'asphyxie du poisson par le manque d'air, on a conseillé de casser la glace et d'introduire par le trou une gerbe de paille longue et dont les épis sont coupés, afin de maintenir l'introduction de l'air. D'autres ont prétendu qu'en cassant la glace qui presque toujours, si elle est ancienne, est suspendue au dessus de l'eau, on facilitait la formation d'une seconde couche de glace au dessous, et qu'on ajoutait au danger, au lieu de le diminuer. Entre ces deux opinions, nous croyons savoir que quelques petits trous assez espacés et pratiqués avec un bâton n'ont jamais fait aucun mal. Si l'étang est garni d'herbes, la glace se trouve perforée par les petits tubes des tiges, qui deviennent des conducteurs d'air et préviennent l'asphyxie.

Ce qui est dangereux, ce sont des gelées inattendues et fortes qui surprennent le poisson dans les endroits peu profonds; ce sont de faux dégels par des grandes pluies qui qui couvrent la glace d'eau. Cette eau tiède attire le poisson, qui, si la gelée reprend, se trouve enfermé entre deux glaces et meurt. Le seul remède, c'est de lever la bonde en cassant les deux couches de glace, et mieux encore avant que la seconde couche se soit formée.

DE LA PÊCHE, DE LA VENTE ET DU TRANSPORT DU POISSON.

La pêche a généralement lieu de décembre à mars inclusivement, car une température chaude s'opposerait au transport du poisson de vente ou d'empoissonnement; il est vrai de dire qu'un froid vif ne serait pas moins contraire; mais le poisson est meilleur en hiver qu'en été; les repas du carnaval en consomment beaucoup, le carême encore plus : c'est ce qui explique assez les pêches d'hiver.

Pour le propriétaire, l'époque la plus favorable est celle de la fin de l'hiver, parce qu'alors l'approche de la saison du frai a donné un grand développement aux œufs et aux laitances, et qu'alors le poids du poisson est bien plus considérable. L'inconvénient, pour le midi surtout, c'est que les pluies du printemps ne suffisent pas pour remplir l'étang, et que l'été ne vienne alors le mettre à sec.

La pêche en novembre ou décembre a cet avantage, qu'elle soustrait le poisson de vente aux risques des grandes eaux d'hiver, et l'étang au danger de rester à sec. Le propriétaire devra peser ces avantages et ces inconvéniens, et se décider d'après les circonstances particuliéres à sa position ; mais une précaution indispensable sera celle d'avoir vendu à l'avance et fixé bien nettement et par écrit les conditions du marché.

En Périgord, le prix varie de 35 à 45 fr. les 50 kilogrammes, suivant la distance (car le marchand vient chercher), l'espèce (plus il y a de tanches, plus le poisson a de valeur), le poids moyen de la pêche (le prix s'élève en proportion de la grosseur), l'état (un poisson maigre ne vaudra jamais un poisson gras).

Au-dessous de 275 grammes, le poisson n'est plus marchand, à moins de conventions contraires. Le brochet et la perche ne comptent pas non plus comme poisson marchand, parce qu'ils meurent au sortir de l'eau et ne sont pas transportables en vie ; cependant le marchand accepte ordinairement les plus belles pièces.

En sus du poids à payer, il est d'usage d'accorder une fourniture de 5 pour cent, et le propriétaire peut alors faire accepter cette fourniture en brochets ou en perches.

Le marchand, prévenu, doit arriver la veille au soir ou le matin de la pêche ; il est nourri et logé par le propriétaire.

S'il doit enlever le poisson de plusieurs étangs, ce poisson doit avoir été pêché à l'avance et réuni dans un seul étang.

Pour cela on choisit l'étang le plus aisé à surveiller et à
pêcher, celui qui a le sol le plus sablonneux et le moins
vaseux, l'eau la plus vive et la plus courante, les abords
les plus faciles. Le poisson d'étang à vase grasse, à eau stagnante, s'améliorera ainsi sensiblement par un séjour de
deux ou trois semaines dans une eau courante et limpide.
On comprendra que cette agglomération de poisson dans
un seul étang mérite une surveillance particulière, un re-
doublement de précautions, un supplément de nourriture.
C'est le cas de jeter du pain de noix, de chenevis, etc.;
des vers et vermisseaux, des limaces, des tripailles, des débris de fruits, de légumes cuits, de pain, de viande, etc. La
dépense sera bien payée par l'accroissement du poisson.

Un propriétaire soigneux doit avoir gardé note de l'empoissonnement de chacun de ses étangs, du temps nécessaire à l'écoulement des eaux en temps sec, humide ou pluvieux, afin de prévoir à quel moment ses étangs seront en
pêche, et s'arranger pour que ce moment tombe le matin,
au point du jour.

Avant de lever la bonde, on aura pris la précaution de
bien nettoyer le trou et les alentours du trou placé sous la
dalle, ainsi que le fossé d'écoulement; de garnir celui-ci de
claies et de filets pour arrêter le poisson qui suivrait le cours
de l'eau; de préparer plusieurs petits bassins remplis d'eau
limpide pour y placer les diverses grosseurs de poisson et
les y faire dégorger, ou, à défaut de ces bassins, des bar-
riques ou baquets aussi pleins d'eau.

Lorsque l'étang est à peu près vide, le poisson se trouve
réuni devant la bonde, dans la cuvette naturelle appelée la
poêle. Les uns le prennent là, s'il n'y a pas trop de vase;
sinon, on ne peut le prendre que dans le trou, derrière la
dalle, où il ne se laisse couler que lorsque l'eau lui manque

dans l'étang. Cette dernière eau, battue par le poisson, sort toute bourbeuse, et le trou où s'amoncelle tout le poisson n'est plus lui-même qu'un amas de boue. Il faut donc s'empresser d'en tirer le poisson, qui n'y resterait pas long-temps sans y être asphyxié, pour le placer dans une eau limpide, où il puisse respirer et dégorger l'eau impure qu'il a avalée.

Si le poisson n'est pas marchand, il faut le séparer, le classer par grosseurs, et porter de suite à sa destination, sur de la paille, dans un tombereau ou des paniers, le poisson qui doit rentrer dans les étangs.

Le poisson marchand doit rester plusieurs heures à dégorger ; on le pèse ensuite ; puis on l'emballe entre deux couches de paille dans de grands paniers à claire-voie et à étagères espacées de 16 centimètres ; on le place là sur le dos, tête-bêche, et les corps bien serrés les uns contre les autres, pour empêcher le ballottement.

Pour conserver plus sûrement les grosses pièces, on leur lave bien les ouïes de manière à les bien dégager du fluide visqueux qui les couvre, et on les tient entr'ouvertes en y plaçant une petit corps doux, de la largeur d'un centimètre, une pelure de pomme, un petit linge plié, etc.

Pour la tanche et l'anguille, qui ont la vie plus dure, on ne prend pas tant de ménagemens ; on les empile dans un panier garni de paille, dans un filet, etc.

Avec ces précautions, le poisson pourra supporter plusieurs jours de voyage, à la condition d'être replacé dans l'eau au au bout de cinq à six heures, réemballé de même le lendemain matin, etc.

Si quelques poissons paraissent souffrans, il faut bien leur laver les ouïes pour enlever le corps glutineux qui a dû causer le mal ; ceux qui sont tout-à-fait sans forces et mourans doivent être tués ; au moins ainsi ils conservent leur

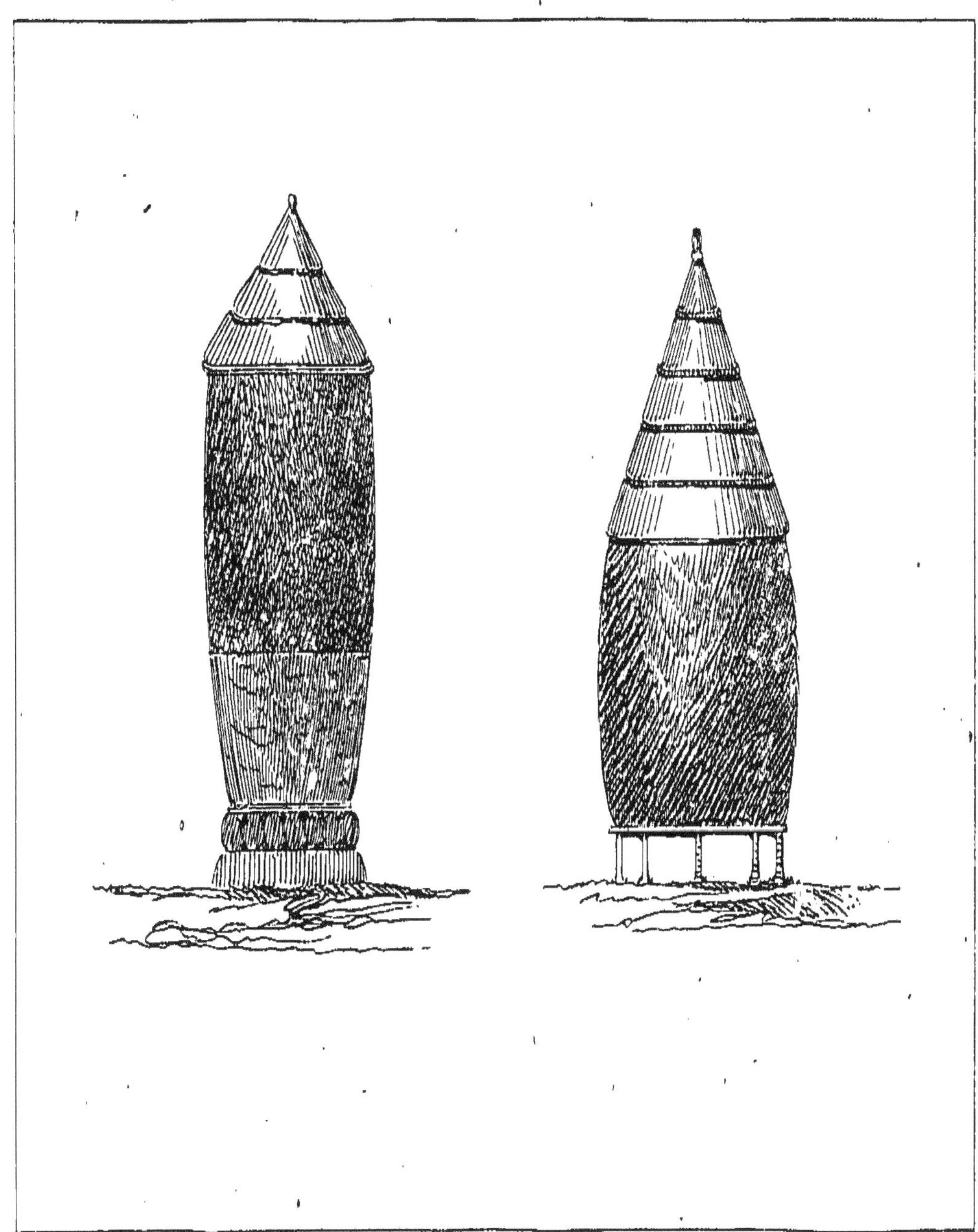

Périgueux, lith. Dupont.

Meules et Gerbiers.

qualité ; si, au contraire, ils mouraient dans l'eau, leur chair n'aurait ni consistance ni saveur.

Le transport du poisson a lieu sur charrette ou à dos de cheval et de mulet ; à l'arrivée chez les marchands, il est classé par grosseurs, placé dans des réservoirs et plus souvent dans des caisses perforées.

Les caisses de cuivre conservent mieux le poisson que les caisses de bois ; pour celles-ci le chêne est préférable. Le sapin doit être rejeté, le poisson craignant le goût et la saveur de la résine.

A la seule inspection du poisson, le marchand expérimenté pourra décrire la position de l'étang, la nature de son sol, ses conditions d'entourage.... Le poisson noir sortira d'un étang ombragé et rempli de feuilles ; le poisson jaune et doré, d'un étang découvert et bien exposé au soleil ; le poisson rond et gras, d'un étang bien alimenté par des cultures voisines et des égouts.

S'il y avait quelques réparations à faire à l'étang, à la bonde, à la charpente, etc., il faudrait se tenir tout prêt à les faire exécuter au moment de la pêche, afin de retarder le moins possible le réempoissonnement. Si, par quelques causes que ce soit, l'étang devait rester à sec pendant une partie de l'année, il faudrait utiliser cette circonstance : semer du ray-grass d'Italie ou de l'avoine ; un peu plus tard, lorsque l'herbe ou l'avoine seraient levées, semer de la brouille, du fenouil, de la macre ; planter de plants de saules les bords de l'étang et l'intérieur de la chaussée ; la bien visiter pour en fermer les excavations et les trous ; détruire les souches, les îlots et les repaires ou retraites placés sous le gazon des bords ; enfin, ne laisser aucune réparation à faire.

Il est généralement reconnu qu'un été passé en *assec* équivaut, pour le premier empoissonnement qui doit suivre, à une année en eau. Ainsi cet empoissonnement, mis à la fin de l'année, en septembre par exemple, aura autant de croissance au bout de deux ans que s'il eût été mis en février de la même année. On tient aussi pour certain que de temps à autre, n'y récoltât-on rien, il y a intérêt à laisser l'étang à sec pendant un été : cela consolide la chaussée, permet un labour, opération on ne peut plus favorable, en ce qu'elle renouvelle le sol de l'étang. A cet avantage on peut joindre celui d'une récolte plus ou moins productive. Puis, si cet essai d'une culture en *assec* réussit, on peut recommencer ; une seconde culture produira plus que la première ; le nivellement sera plus complet et le sol plus fertile.

Ajoutons un mot sur la législation des étangs.

Tout propriétaire peut établir de nouveaux étangs sur son terrain, pourvu que ce fait ne cause aucun dommage aux propriétés voisines ; mais s'il était prouvé que l'étang nouveau nuisit à la salubrité publique, la suppression pourrait en être ordonnée par l'administration départementale. Le ministre de l'intérieur et, suivant les cas, le conseil d'état seraient, en dernier ressort, juges de la question.

La loi du 14 frimaire an II avait ordonné la suppression et la mise en culture de tous les étangs et lacs qu'on met à sec pour les pêcher, et aussi de tous ceux dont les eaux sont retenues par des chaussées ; mais cette loi a été abrogée par celle du 13 messidor an III.

Dans le cas de conflit entre deux étangs dont l'un nuirait ou commanderait à l'autre, il faut appliquer les règles d'équité naturelle pour arriver à un règlement conventionnel ou judiciaire.

La loi répute propriétaire du sol celui qui jouit de l'eau de l'étang, sauf cependant un titre positif et contraire ; le propriétaire d'un moulin auquel un étang servirait de biais serait présumé également propriétaire de l'étang.

Le délit de pêche dans les rivières ou ruisseaux est puni par l'emprisonnement et par l'amende ; mais ces peines sont assez légères, parce que le poisson des cours d'eau n'appartient, à proprement parler, à personne ; que seulement il peut être pris par les cessionnaires des droits de l'état pour les rivières navigables, et les propriétaires riverains pour les autres cours d'eau.

Mais le poisson d'un étang y a été mis ou conservé par le propriétaire de l'étang ; il est nourri par lui et sur sa propriété ; il est assimilé par la loi au bétail. Pêcher dans l'étang d'autrui est donc un vol ; prendre du poisson dans un étang, c'est commettre le même crime et encourir la même peine que si on volait un cheval, un bœuf, des moutons, etc. (Emprisonnement de un an à cinq ans et amende de 16 fr. à 500 fr. — Code pénal, art. 388.) Les dommages-intérêts viennent s'ajouter à cette peine, et, comme ils entraînent la contrainte par corps, si le voleur de poisson ne les paie pas, il peut être retenu en prison après l'expiration de la peine.

Si le poisson d'un étang passe naturellement dans un autre, il devient la propriété de celui auquel appartient ce second étang ; mais s'il y avait été attiré par quelques appâts, par fraude ou artifice, il pourrait être réclamé par le premier propriétaire (code civil, art. 564) ; et, si les faits de fraude et d'intention étaient bien prouvés, ils pourraient constituer le vol et être punis comme nous l'avons dit.

Lorsqu'il y a vol de poisson, le propriétaire peut requérir le maire ou l'adjoint de l'aider à rechercher les coupables, par des visites domiciliaires, etc. ; faire dresser procès-verbal des preuves, et l'adresser au procureur du roi, qui verra s'il doit poursuivre d'office. Le propriétaire pourra alors, en se portant partie civile, obtenir des dommages-intérêts. Si le ministère public ne croit pas devoir poursuivre, le propriétaire peut agir seul par voie correctionnelle ou par voie civile, à son choix.

Je termine ce petit travail par deux observations.

Le gibier procure des avantages fort contestables. Il coûte bien certainement plus qu'il ne produit; il se nourrit sur les propriétés de tous, et ne profite qu'aux plaisirs et à la table des riches. C'est un objet de luxe, un objet fort coûteux : n'importe! La loi protége le gibier ; elle encourage sa multiplication !

Ne vaudrait-il pas mieux, ne serait-il pas plus rationnel d'encourager la multiplication du poisson, ce gibier des eaux, qui ne cause, lui, aucun dommage à personne, qui ne prend la place de personne, qui ne consomme rien, qui ne coûte rien en un mot? Ne devrait-on pas en peupler nos cours d'eau, en protéger la multiplication et l'élève?... Les populations s'amoncellent ; la nourriture hausse de prix. Ne serait-ce pas le cas d'augmenter la production d'un aliment si sain, si nourrissant, si hygiénique? Ne pourrait-on en même temps encourager l'industrie particulière de l'élève du poisson? On encourage des productions moins utiles.

Ne devrait-on pas aussi reconstituer dans tous nos pays d'étangs cette ancienne production, détruite, on peut le dire, par l'envahissement de la civilisation au moment même où la civilisation en a le plus grand besoin, la production des sangsues? Autrefois nos marécages incultes en regorgeaient ; ces marécages ont été assainis, utilisés; la sangsue a été traquée et détruite en France et dans tous les pays à progrès. Lorsque son utilité a été vulgarisée, il a fallu recourir aux pays arriérés et sauvages. L'Allemagne, puis l'Espagne, puis la Grèce, puis l'Asie-Mineure, ont été explorées et épuisées de sangsues. Aujourd'hui la sangsue est livrée à la consommation au prix exorbitant de 40 centimes par tête, soit

250 à 300 fr. le kilogramme ! Pourquoi donc le gouvernement ne relèverait-il pas cette industrie, qui est devenue un besoin impérieux, un remède indispensable, plus indispensable qu'une surabondance de productions alimentaires ? Pourquoi ne l'encouragerait-il pas par des prix, par des primes, par des avances ? Notre littoral maritime, nos cours d'eau, nos lacs, nos étangs profonds nous donneraient du poisson ; nos étangs petits et à profondeurs médiocres recevraient leur ancien hôte, la sangsue, et donneraient ainsi un produit cent fois plus élevé que le produit actuel.

J'ai étudié la question de l'élève des sangsues, et je suis convaincu que rien ne s'oppose à ce que cette industrie si utile, si indispensable au pays, ne se relève productive et enrichissante. Peut-être un jour ferai-je de cette question la matière d'un article spécial.　　　　Ernest COLLOT.

DE L'ÉTABLISSEMENT D'UNE FILATURE DE SOIE

A PÉRIGUEUX.

*A Monsieur le rédacteur de l'*Echo de Vésone.

Brantôme, 18 juin 1846.

Monsieur, il était naturel que la ferme-modèle de ce département, après avoir offert l'exemple d'une grande plantation de mûriers, nous sollicitât, par l'organe de son directeur, cet élève affectionné de M. Camille Beauvais, à fonder en commun une filature centrale à Périgueux, afin que les premiers produits de chaque planteur (et précisément en vue de leur faible importance au début), fussent tous filés au titre réclamé par la fabrication. C'était en effet le seul moyen de leur faire atteindre le plus haut prix, avec des dépenses réduites.

On peut être assuré d'avance que chaque planteur accueillera cette proposition avec empressement, par les raisons qu'a mentionnées votre journal, et, pour ma part, j'offre en outre à l'association plus d'un quintal de magnifiques cocons dont la blancheur égale l'éclat de la neige.

Si les coteaux de ce canton n'apportent pas encore dans cette production nationale un aussi riche tribut que la plaine, ils réaliseront du moins l'espérance que j'avais conçue, d'atteindre en qualité la soie des Cévennes et de l'Ardèche, c'est-à-dire les soies de montagne les plus estimées.

Dans ce département, sur notre sol vierge encore de toute plantation précédente, le mûrier offre l'aspect de la plus surprenante végétation. Pour nier la possibilité de la réussite, il faudrait n'avoir pas visité une seule plantation ; il faudrait ne pas se donner la peine d'aller voir à la ferme-modèle la facilité avec laquelle un petit nombre d'élèves conduisent une éducation de dix à douze quintaux de cocons. Pour ces jeunes gens, c'est un jeu, un amusement passionné ; et l'avenir tout nouveau que cette culture semble promettre à l'habitant de nos campagnes doit être pour les planteurs un large dédommagement des peines et parfois du dégoût inséparable de tout essai de ce genre. Mais, Dieu merci, si tout n'est pas à créer, il nous reste cependant encore des travaux importans à compléter. Il faut aujourd'hui réaliser nos produits au moyen de la filature, comme nous le conseille l'honorable directeur de la ferme-modèle, à moins de voir long-temps encore nos plantations plus coûteuses que productives. Nous avions, il y a deux ans, engagé nous-même l'administration à donner cette direction à ses encouragemens, lorsque, sur nos instances, elle voulut de nouveau propager cette industrie.

L'agriculteur produit la soie sous une forme volumineuse et encombrante qu'il est impossible de transporter au loin ; tandis que, filée, elle va partout facilement. Avec cette simple préparation, la soie des contrées les plus éloignées vient faire pour la consommation de nos fabriques une active et rude concurrence à nos éducateurs.

Pour atteindre le but que M. de Lentilhac nous propose, plusieurs moyens se présentent : permettez-moi, monsieur, de les exposer brièvement, malgré la difficulté qu'il y a de pouvoir répondre en peu de mots aux nombreuses questions que cette culture nouvelle soulève autour de nous.

1° L'administration départementale et la société d'agriculture de la Dordogne consacreront-elles les fonds que l'une et l'autre possèdent, pour doter le pays de ce moyen de préparation , indispensable si l'on ne veut voir bientôt négliger ou arracher les arbres plantés?

2° Viendront-elles sérieusement en aide aux planteurs qui se cotiseront pour avoir les tours nécessaires et faire venir une ou deux maîtresses fileuses ?

3° Enfin , les planteurs seuls, s'ils étaient abandonnés par ces protecteurs naturels, fonderont-ils une filature centrale à Périgueux ?

Ce dernier moyen, que je conseillerais comme préférable à l'inaction, me semble un parti extrême, auquel la société d'agriculture et l'administration ne sauraient nous réduire, à moins de faire douter de leur sollicitude, jusqu'à présent si éclairée.

Il ne reste donc à discuter que sur l'alternative de voir la société d'agriculture et l'administration unir leurs encouragemens à nos efforts, ou, ce qui serait mieux encore, faire elles-mêmes, au moyen des fonds qu'elles destinent à la propagation du mûrier, une dépense peu considérable néanmoins pour la réalisation du produit, et qui suffirait pendant bien des années à tout le département ; car cette branche de l'agriculture n'exige jamais, pour devenir utile, que des dépenses en rapport avec le but proposé. Un semblable emploi des fonds, destiné en apparence à la propagation de l'arbre seul, permettrait à tout le monde de se rendre compte facilement de la valeur du produit espéré. Ce serait même, disons-le, selon nous, quant à présent, le moyen le plus efficace de propagation. La société d'agriculture, qui veut consacrer une certaine somme à la célébration d'une fête agricole à Salegourde, trouvera, sans nul doute, le directeur disposé, pour ce qui le concerne, à se priver de la fête, si les dépenses qu'elle aurait entraînées doivent lui permettre d'utiliser, cette année et les suivantes, une récolte importante et qu'il est impossible à l'état brut de renvoyer à Lyon sans avoir à craindre une altération considérable et de trop grands frais.

Si la société d'agriculture et l'administration choisissent ce moyen si naturel d'encouragement, la filature, propriété départementale quant au matériel, serait naturellement placée sous le patronage de la société d'agriculture, dont les membres, riches propriétaires, deviendront un jour eux-mêmes planteurs ou producteurs. Nous n'avons pas besoin d'ajouter que l'argent que nous débourserons pour faire filer au loin resterait au contraire dans le pays, indépendamment de l'avantage qu'il y aurait de former des ouvriers pour étendre de plus en plus cette culture nouvelle.

Le mode de fondation une fois déterminé, et dans quelques jours, les uns et les autres sauront à quoi s'en tenir. La récolte de cette année peut être aisément filée à Périgueux ; car 5 ou 6 semaines sont plus que suffisantes pour l'achat des tours et leur installation. Alors, l'inauguration de la filature ne serait-elle pas une fête agricole, et des meilleures, en ce moment surtout où tous nos voisins s'efforcent d'enlever à la France la production de la soie et la fabrication des étoffes?

Agréez, etc.   LAFOREST.

CONSERVATIONS DES FOURRAGES,

DES GRAINS EN GERBES ET DES PAILLES.

Les foins et autres fourrages, les blés et autres espèces de céréales avant leur battage, et enfin les pailles après ce battage, se conservent ordinairement, soit en en formant à l'extérieur des meules ou gerbiers, soit en les rentrant, ou dans des greniers et fenils ou fointiers pratiqués au-dessus des hangars, écuries, étables ou autres localités de ce genre, qui doivent nécessairement occuper les rez-de-chaussées, ou dans des granges construites *ad hoc* et consacrées, dans toute leur hauteur, à ses emmagasinemens, et dans lesquelles on établit en outre l'aire nécessaire au battage.

Meules sur terre. — Après avoir tracé sur le sol un cercle de la grandeur qu'on veut donner à la meule ou au gerbier, on creuse un fossé d'environ un mètre de profondeur dont on rejette les terres sur le terre-plein du centre. Sur ce terre-plein ainsi surchargé et bien battu, on établit d'abord pour soustrait un lit de fagots ; puis on construit la meule, en l'évasant à peu près ainsi que l'indiquent les *fig.* 1 et 2, de façon à éloigner du corps et surtout du pied de l'égout de la couverture en paille par laquelle on la termine.

PARTIE LITTÉRAIRE

ET SCIENTIFIQUE.

—

LE PÉRIGORD ET SES LIMITES.

(Suite.)

Les confins du Périgord et de l'Agenais sont moins tran-
chés. Les documens authentiques ne remontent pas au-delà
du onzième siècle; mais nous trouvons qu'à cette époque,
le diocèse de Périgueux devait nécessairement comprendre
toutes les paroisses qui formaient les archiprêtrés de Bounia-
gues et de Flaugeac, dont un assez grand nombre ne fait
plus actuellement partie du département de la Dordogne.

Du côté de la Saintonge et de l'Angoumois, la délimitation est parfaitement établie et par les documens historiques
et par l'état de la circonscription du diocèse de Périgueux,
dans les temps anciens et dans les temps modernes. Ainsi,
nous savons positivement qu'au dixième siècle, Aubeterre,
Villefranche-de-Loupchac et Pilhac (1) touchaient pres-

(1) Voyez Aimoin, moine de Fleury, dans sa *Vie d'Abbon;* Adhémard
de Chabannais, dans sa *Chronique;* Mabillon, *Annales bénédictines;*
les *Actes* imprimés dans la *Gallia Christiana,* et quelques autres qui
sont restés inédits et qui ont été recueillis par D. Etiennot.

que aux confins du Périgord, de la Saintonge et de l'Angoumois, mais faisaient partie du diocèse de Périgueux. Or,
on a vu que les archiprêtrés de *Pilhac*, du *Peyrat* et de
Gouts appartinrent toujours à ce même diocèse.

La ligne de démarcation, du côté du Haut-Limousin, n'est
pas moins facile à déterminer. J'ai dit ailleurs que l'archiprêtré de Nontron ne faisait point et ne fit jamais partie du diocèse de Périgueux (1). Ce fait, qui à lui seul serait une preuve
suffisante, se trouve en tout conforme aux détails contenus
dans un document du neuvième siècle, qui place Nontron
dans le Limousin, mais non loin des frontières du Périgord.
Ainsi pas de doute possible sur l'état de la ligne de démarcation des deux pays.

Il n'en existe pas non plus au sujet de celle qui séparait
notre province du Bas-Limousin. Nous savons de la manière
la plus certaine que l'archiprêtré de Saint-Médard, tel qu'il
se comportait dans les derniers temps, était tout entier compris dans le diocèse de Périgueux au dixième siècle (2), et,
par suite, nous ne pouvons pas douter que les bornes du Périgord, vers le Bas-Limousin, avaient été auparavant ce
qu'elles étaient alors, mais non pas tout-à-fait ce qu'elles
furent depuis, comme on le verra bientôt.

Ainsi donc telle était la circonscription territoriale de l'évêché de Périgueux, qu'au lieu d'empiéter sur le Bas-Limousin

(1) Voyez les n°‹ des *Annales* déjà cités.

(2) Au sujet de l'archiprêtré de Saint-Médard, ou Saint-Méard, il se
présente quelques difficultés historiques que j'expliquerai dans mon *Histoire générale du Périgord*. Ces difficultés ne contredisent en rien ce
que j'avance ici, et j'aurais pu ne pas les signaler; mais j'ai cru devoir
les indiquer, afin d'éviter les objections qu'on aurait pu me faire à cet
égard.

et le Quercy ; par le fait il ne dépassa, ou, pour parler plus
exactement, il n'atteignit jamais les limites que nous sommes
généralement dans l'usage d'assigner à la province du Périgord. D'où nous pouvons hardiment conclure que l'ancienne
cité des Pétrocoriens, loin de s'étendre, comme on l'a prétendu, au-delà de ces limites, resta constamment en deçà.
Quant à la partie qui touche à l'Agenais, nous voyons au
contraire que, sans atteindre des proportions démesurées,
les limites du diocèse dépassaient celles qu'eut depuis la province, ce qui nous donne la certitude que la cité des Pétrocoriens comprenait dans son étendue une partie du territoire
situé sur la rive gauche du Drot, qui ne fit jamais partie de la
sénéchaussée. Mais c'est surtout du côté de la Saintonge et
de l'Angoumois que les faits primitifs se trouvent en contradiction avec les faits et les souvenirs modernes, et que les
limites de l'ancienne cité, par suite des événemens et des
changemens survenus dans l'administration, subirent les
plus graves altérations, sans, pour ainsi dire, qu'on s'en
aperçût, puisqu'à aucune époque on ne s'est avisé de les
signaler, pas plus qu'on n'a fait remarquer que ce fut très
tard que l'archiprêtré de Nontron passa dans la sénéchaussée de Périgord, et que dans les temps anciens il ne faisait pas partie de la cité des Pétrocoriens.

Tous ces faits sont péremptoires et appuyés sur les preuves les plus authentiques ; mais ils ne suffisent pas à la
tâche que je me suis imposée. Pour la remplir aussi exactement que possible, je vais actuellement examiner si, administrativement, les limites du Périgord varièrent beaucoup de celles qu'on lui assigne habituellement, et j'aurai
soin en même temps de m'assurer si réellement, comme on
l'a tant de fois avancé, le Quercy et le Bas-Limousin formè-
rent jamais, avec le Périgord, une seule sénéchaussée, por-

tant le nom unique de *sénéchaussée de Périgord* (1), ou si, tout en étant sous la juridiction du même sénéchal, ces trois pays conservèrent chacun leur individualité respective, toujours religieusement circonstanciée dans les actes publics et constamment révélée par les faits contemporains.

A l'époque de l'institution des sénéchaux et des baillis royaux dans les provinces, il est certain que le Périgord, le Quercy et partie du Bas-Limousin furent placés sous l'administration d'un seul sénéchal; mais il est positif aussi que ce fonctionnaire prit le nom officiel de *sénéchal de Périgord et de Quercy,* et que, dans les lettres, ordonnances et édits qui lui étaient adressés ou qui émanaient de lui, le Périgord et le Quercy étaient nominalement désignés, suivant qu'il était question de l'un ou de l'autre pays, ou de tous les deux en même temps. De sorte qu'il n'y a pas moyen de mettre en doute le fait parallèle des deux provinces malgré leur réunion administrative, comme aussi de ne pas reconnaître qu'en tout et pour tout elles étaient, l'une par rapport à l'autre, sur le pied de la plus parfaite égalité. Si l'on pouvait éprouver la moindre incertitude à cet égard, il suffirait d'ouvrir au hasard le *Recueil des ordonnances des rois de France* pour la voir se dissiper immédiatement. Il n'en était pas absolument de même pour le Bas-Limousin, car le sénéchal de Périgord et de Quercy, tout en l'ayant en partie sous son autorité, ne prit jamais le titre de *sénéchal de Bas-Limousin.* Mais faut-il en conclure pour cela que la partie du Bas-Limousin soumise au sénéchal de Périgord et de Quercy fut incorporée à l'un de ces deux pays et plutôt au Périgord qu'au Quercy? Non certainement, pas plus qu'il ne faut dire que le

____

(1) Voyez ce que dit, à ce sujet, Wlgrin de Taillefer, dans ses *Antiquités de Vésone,* t. 1, p. 126.

-reste de ce même Bas-Limousin, parce qu'il ressortissait au baillage des montagnes d'Auvergne, avait été fondu avec l'Auvergne, ni qu'une portion du Haut-Limousin avait été réunie au Poitou, parce qu'elle était sous la juridiction du sénéchal de Poitou. Du reste, les nombreux actes du temps qui nous restent sont parfaitement explicites à cet égard. Dans tous ceux où il est question du Bas-Limousin, ce pays y est expressément désigné, tout comme le Périgord et le Quercy dans ceux qui leur étaient spéciaux.

Actuellement que le fait de l'individualité absolue de ces provinces ne saurait plus être mis en question, voyons, et toujours en ne nous servant que des documens contemporains les plus authentiques, s'il ne nous sera pas possible de déterminer les véritables limites de la sénéchaussée de Périgord, telles qu'elles se sont conservées jusque vers les derniers temps. Une pièce importante par l'époque où elle fut rédigée et par la nature de son contenu va d'abord nous fournir une idée générale de l'étendue de cette province ; elle s'exprime ainsi : « Au sérénissime seigneur Louis, illustre roi » des Français, *Ramnulphe*, par la grâce de Dieu *évêque des* » *bienheureux Saint-Etienne et Saint-Front de Périgueux*, » les chapitres de *Brantôme*, *de Terrasson*, de *Saint-Amand*, » de *Châtres*, de *Chancelade*, de *Peyrouse*, de *Cadouin*, de » *Bouschaut*, de *Saint-Astier*, d'*Aubeterre* et tous les prélats » établis dans le diocèse de Périgueux, etc. (1) » Cet acte avait pour but d'obtenir du roi la création d'un *sénéchal de Périgord*, et nécessairement on ne dut pas faire concourir à

(1) J'ai donné cette pièce dans le premier volume de cet ouvrage, 11ᵉ livraison, article sur l'*Agriculture*, en ayant soin d'en déterminer la date approximativement. Alors, toutefois, je ne me prononçai pas entre Louis VIII et Louis IX, à qui elle pouvait être également adressée ; aujourd'hui je dirai volontiers que je pense qu'elle s'adressait à saint Louis.

sa rédaction des établissemens religieux étrangers à la province. Par cette nomenclature d'abbayes d'hommes, tout incomplète qu'elle est, nous pouvons donc juger approximativement de l'étendue réelle du territoire pour lequel on sollicitait la création d'un sénéchal. Essayons maintenant de tracer la ligne réelle de démarcation, en commençant par la frontière du Quercy.

Une difficulté se présente de prime abord. La réunion des deux pays sous l'administration du même sénéchal ne permet pas de constater exactement quelles furent, dans le principe, leurs limites respectives ; mais, à en juger par l'état des lieux, depuis leur séparation et leur érection chacun en une sénéchaussée distincte, il paraît à peu près constant que de ce côté la sénéchaussée de Périgord s'étendait un peu au-delà des limites de l'évêché de Sarlat et comprenait quelques paroisses relevant spirituellement de l'évêché de Cahors, parmi lesquelles il faut placer *Carlux,* qui depuis n'a cessé d'appartenir au Périgord. C'est là du reste la seule différence qui paraisse avoir subsisté entre cette partie de la circonscription de l'évêché de Sarlat et de celle de la sénéchaussée, car depuis la Dordogne jusqu'à Villefranche-de-Belvès elles ne différaient pas et ne différèrent jamais.

Absolument parlant, il en fut de même vers l'Agenais, c'est-à-dire depuis Villefranche-de-Belvès jusqu'à la Dordogne, en aval de Gardonne, vis-à-vis du Fleix ; mais, par le fait, la ligne de démarcation fut souvent modifiée. Cela tint à ce que le pays, tour à tour français ou anglais pendant plus de deux siècles (1), subissait constamment tous les change-

(1) Les Anglais occupèrent la Guienne pendant trois cents ans ; mais je ne veux parler ici que du temps qui s'écoula depuis la création des sénéchaux jusqu'à l'expulsion de ces étrangers.

mens administratifs que peut enfanter la guerre, suivant qu'il appartenait à la France ou à l'Angleterre (1). Toutefois, comme ces changemens étaient purement accidentels, il est évident qu'il ne faut en tenir compte que pour mémoire, et qu'on doit regarder comme la seule bonne, la seule réelle, la ligne de démarcation qui subsista entre le Périgord et l'Agenais depuis l'expulsion des Anglais de la Guienne jusqu'à la révolution. Or, cette ligne ne différa guère que sur quelques parties du territoire situé au-delà du Drot, qui ne méritent pas qu'on s'y arrête, parce qu'elles ne contenaient aucun centre de population de quelque importance.

Il n'en fut pas de même du côté de la Saintonge. Là, dès le principe, la sénéchaussée de Périgord eut une extension telle qu'elle dépassa de beaucoup les bornes de l'évêché et s'étendit jusqu'à Fronsac, qui en faisait partie. Il est vrai de dire que ce n'était pas là les limites naturelles de la province ; mais comme, de ce côté, ces limites ne furent jamais respectées, il devient indispensable de bien faire connaître les principales altérations qu'elles subirent durant l'occupation anglaise, car la connaissance de ces altérations successives contribuera beaucoup à nous faire comprendre comment, après l'expulsion des Anglais, elles ne furent pas rétablies.

(La fin au prochain numéro.)

(1) Pour ne parler que de Villefranche-de-Belvès, dans le cours du XIV⁰ siècle, suivant qu'elle était anglaise ou française, elle appartenait à la sénéchaussée d'Agenais ou à celle de Périgord.

DESSIN.

CAMP DE CÉSAR.

Au midi de Périgueux, et sur la gauche de la rivière de l'Ille, s'élèvent deux coteaux âpres, escarpés, séparés l'un de l'autre par le vallon de Campniac. Le coteau le plus oriental, vu de la ville, présente à l'œil la figure d'un trapèze, et porte le nom d'Écorne-bœuf. L'autre, appelé la Boissière, suit, vers le couchant, les sinuosités de la rivière. Tous deux se terminent en plateau à leur sommet, et leur pente vers la ville est si rapide, qu'il n'y a guère que des chèvres vagabondes et de petits pâtres presque aussi hardis qu'elles qui osent s'y hasarder. Les Romains ont campé jadis sur la Boissière; ce lieu conserve même encore le nom de *Camp de César*. Des retranchemens que le temps ne peut détruire, des débris d'urnes cinéraires, une grande quantité de moulins à bras, retirés de l'enceinte ou de l'extérieur du camp; enfin, des dards, des flèches, des javelots à moitié dévorés par la rouille, et de nombreuses médailles, ne permettent pas de douter que les Romains n'aient véritablement campé en cet endroit. Les Gaulois campaient sur Écornebœuf. La lutte fut vive entre ces deux peuples : les deux rampes des deux coteaux, couvertes de débris d'armes et d'ossemens, le démontrent assez. Les Romains furent vainqueurs et nos Gaulois vaincus.

Voyez maintenant le dessin représentant ces deux coteaux, et livrez-vous à vos rêveries.

Le rédacteur-éditeur, AUG. DUPONT.

Vu : *Le secrétaire-perpétuel,* DE MOURCIN.

Annales Agricoles et Littéraires.

Camp de César.

PARTIE AGRICOLE.

—

PROJET D'ORGANISATION

D'UNE SOCIÉTÉ CENTRALE D'ARRONDISSEMENT COMPOSÉE DE DÉLÉ-GUÉS DES COMICES DE CHAQUE ARRONDISSEMENT.

A Monsieur le Rédacteur en chef des Annales d'agriculture, sciences et arts.

Monsieur,

Dans le dernier voyage que j'ai fait à Salegourde, nous nous sommes longuement entretenus de la situation actuelle de l'agriculture théorique et pratique dans le département de la Dordogne, et des moyens à employer pour la faire triompher, des obstacles que lui opposent la paresse et l'incurie de la classe des ouvriers de terre, auxquels les propriétaires sont forcés de confier les travaux de leurs domaines, et de cette aveugle routine qui s'oppose à toute innovation utile.

Nous avons reconnu que, depuis dix ans, le département, par suite de l'établissement d'une ferme-modèle et des comices agricoles, était entré dans la voie du progrès, mais non aussi généralement qu'il serait utile à la prospérité du pays. Depuis notre entretien, je me suis livré à l'étude de la matière qui avait fait le sujet de notre conversation, et je me suis convaincu que plusieurs causes réunies s'opposaient à ce

TOME VII.   13

que l'agriculture raisonnée et méthodique fît des progrès rapides dans ce département. Voici les principales :

Le Périgord a été et est encore un pays de petite culture ; il est divisé en un grand nombre de propriétés, dont les plus considérables sont de petites exploitations auxquelles on donne le nom de domaines ou métairies. Le labour s'y exécute par des bœufs qui mettent en mouvement l'ancien *araire des Romains ;* le métayer, ou colon *partiaire*, partage par moitié, avec le maître, tous les produits du domaine confié à ses soins, sauf le croît des bestiaux, dont le prix se partage en espèces.

La métairie consiste dans la maison du colon, une grange et des étables pour loger le bétail et les récoltes ; un petit jardin, une chenevière, des prés plus ou moins étendus en superficie, mais presque toujours insuffisans pour la nourriture des bestiaux ; quelques maigres pacages, des terres labourables, un bois châtaignier abandonné à lui-même, et, enfin, un lopin de vigne.

La contenance de ces exploitations varie suivant leur degré d'importance.

Dans l'arrondissement de Périgueux, elle se divise en plusieurs classes, ainsi qu'il va être indiqué au tableau ci-après ; savoir :

Travaillées à moitié fruit et exploitées par	4 paires de bœufs.	. .	2	
	3	*id.* . . .	42	
	2	*id.* . . .	1,199	3,973
	1	*id.* . . .	2,730	
A la charge des propriétaires et exploitées par	4	*id.* . . .	1	
	3	*id.* . . .	4	
	2	*id.* . . .	108	3,240
	1	*id.* ou veaux.	3,127	

Total. 7,213

Les métairies qui ne sont pas exploitées par des colons étant au nombre de 3,240, il en résulte que près de la moitié des propriétaires de l'arrondissement qui ont suffisamment de biens fonds pour en former un corps de domaine se livrent entièrement à la culture de leurs champs, et que la classe des non-propriétaires ou métayers, composant 3,973 familles, puise ses moyens d'existence dans la moitié du produit des fonds qu'elle travaille annuellement.

Les calculs auxquels je me suis livré m'ont fait connaître qu'au terme moyen, les domaines de première classe se composaient de 20 hect. de terres arables, ci. 20 h.

Que { ceux de 2ᵉ se composaient de 15 / *id.* 3ᵉ *id.* de 10 / *id.* 4ᵉ *id.* de 5 } 50 h.

Ce qui donne pour moyenne proportionnelle de chaque domaine ou métairie 12 hectares 50 ares.

Les terres arables de l'arrondissement de Périgueux présentent une étendue superficielle de. . . . 72,344 hectares.

Les 7,213 exploitations en cultivent. : 43,105 —

Le restant est de. . . . . 29,239 hectares.

Ces 29,239 hectares sont divisés entre les réserves que plusieurs propriétaires font exploiter par des domestiques à gages, et environ sept à huit mille familles, dont les plus avantagées dans le partage n'en possèdent guère plus de *trois* hectares ; celles qui viennent ensuite en ont à peine *deux*, et le plus grand nombre n'en a pas même *un arpent* ; car il existe dans cet arrondissement un grand nombre de parcelles appartenant à divers propriétaires dont la contenance varie depuis *cinq* ares jusqu'à *cinquante*.

Ce tableau nous fait assez connaître que l'agriculture perfec--tionnée ne peut guère prendre racine que dans la moitié du sol arable de l'arrondissement que les propriétaires exploitent ou font exploiter par des domestiques. Ceux-là n'ont qu'à vouloir marcher dans la voie du progrès, et le pays aura fait la moitié du chemin. Bien qu'en ce qui concerne les 3,973 domaines exploités par des colons partiaires, les améliorations ne soient pas aussi faciles à obtenir, je ne les crois pas impossibles, si les propriétaires sont disposés à prendre des mesures énergiques pour vaincre le mauvais vouloir de leurs colons. S'ils ne peuvent pas leur faire comprendre les avantages qu'ils retireraient d'une culture perfectionnée, il faut qu'ils se résignent à se charger de l'exploitation de leurs domaines, ainsi que je l'ai fait moi-même pour la métairie de S***, dont la contenance est de 51 hectares, et que, par l'exemple qu'ils donneront à leurs voisins, ils les disposent à entrer dans la bonne voie. C'est ainsi que le bien se propagera peu à peu, et que le pays verra chaque année davantage augmenter ses prospérités territoriales.

Je pense que pour faire progresser l'agriculture en Périgord, il faudrait réunir plusieurs de ces petits domaines en un seul lorsque les localités et les circonstances le permettraient, et n'en confier l'exploitation qu'à des colons qui s'engageraient, par un acte en forme, dont la durée serait fixée à 9 ans au moins, à se conformer ponctuellement au mode de culture qui lui serait prescrit par le propriétaire, sous peine de dommages-intérêts et de résiliation du bail. De son côté, le propriétaire du domaine s'engagerait à faire les avances nécessaires à l'acquisition des nouveaux instrumens aratoires que nécessiterait l'exploitation. Leur entretien et leur remplacement se feraient par moitié. Il résulterait, pour le propriétaire, de la réunion que je viens de proposer, une grande diminution dans la consommation du bois de chauffage et dans les frais d'entretien des bâtimens. La suppres-

sion des métairies, en laissant un certain nombre de familles
sans emploi comme colons, mettrait à la disposition de l'a-
griculture méthodique et raisonnée un plus grand nombre
d'ouvriers qu'elle emploierait comme manœuvres à la journée.
Le besoin de vivre les guérirait du péché de la paresse, et
les colons colloqués dans un bon domaine, voyant moins de
places disponibles que dans l'état actuel des choses, s'atta-
cheraient davantage à mériter la confiance de leur maître.
Une fois entré dans la bonne voie que je viens d'indiquer,
on pourrait par la suite, lorsque les colons seraient devenus
meilleurs agriculteurs, passer du système actuel à celui des
fermes, qui a fait la prospérité des départemens du nord de
la France.

Dans le système actuel, la position du métayer est si pré-
caire, qu'il n'est nullement encouragé à se livrer à des améliorations qui rendraient le sol plus productif. Il craindrait
que son maître ne le congédiât avant qu'il eût pu rentrer
dans ses déboursés. De son côté, le maître ne fera aucun sacrifice pour l'amendement des terres, parce que le métayer,
qui profiterait de l'augmentation du revenu qui en résulterait,
ne voudrait pas participer à la dépense. Ces causes ont fait
et feront toujours que rien de véritablement important ne
s'opérera sous l'empire de l'agriculture abandonnée aux soins
d'un colon partiaire.

On trouve aussi dans ce système de grandes difficultés pour
l'amélioration des bestiaux? Comment espérer qu'un métayer
apporte dans leur éducation ces soins assidus et minutieux
que les animaux exigent pour prospérer? L'incurie d'abord,
et ensuite la négligence, sont des obstacles qu'il sera toujours
difficile de faire disparaître.

Si la petite culture a l'avantage, dans un pays dépourvu
de capitaux, d'être peu dispendieuse, on ne saurait se dis-

simuler qu'elle a de grands inconvéniens, lesquels, ainsi que je l'ai démontré, ont leur cause dans l'organisation même des métairies ou domaines. En effet, l'importance de ces mé- ·tairies ayant été originairement subordonnée à celle des familles auxquelles la culture en fut d'abord confiée, ainsi qu'on peut le voir dans les anciennes annales de la noblesse et du clergé, et cet ordre de choses ayant continué à subsister en grande partie, il en résulte que la moitié des récoltes est seule livrée au commerce, attendu que celle qui revient au colon sert à sa nourriture et à celle des gens de sa maison; la plupart du temps même elle n'est pas suffisante. Ce colon, qui ne retire pas d'autre avantage de son travail, perdant toute sorte d'énergie, s'éloigne toujours des nouveaux procédés de culture dont il ne peut ni ne veut comprendre les avantages qu'il en retirerait.

Une autre cause qui s'oppose en Périgord aux progrès rapides de l'agriculture est le défaut de *capitaux*, résultant du peu d'abondance des *récoltes annuelles* et de la trop grande extension qu'on a donnée au *luxe* qui dévore dans ce pays non seulement le superflu du revenu du sol, mais encore les capitaux dont il diminue chaque année une partie. Si ce goût pour des superfluités à la mode pouvait se modifier de manière à se mettre en rapport avec les ressources que chaque famille pourrait lui sacrifier sans nuire à ses intérêts bien entendus, la partie du numéraire qu'il dévore pourrait être consacrée à l'agriculture, et augmenter, dans la proportion de son importance, la richesse territoriale du département. Il est évident que quand les marchands de nouveautés, les modistes et autres fournisseurs ont absorbé tout le produit de la vente des récoltes annuelles, le père de famille est réduit à ne pouvoir opérer aucune amélioration dans ses propriétés rurales. Aussi ses bâtimens, principalement ceux de ses colons, sont-ils tombés dans un état de vétusté et de délabrement qui atteste la fâcheuse position dans laquelle il s'est placé pour avoir méconnu les lois de la prévoyance. Tels sont les torts que l'extension du luxe porte à l'agriculture. L'exemple que les classes supérieures de la société ont donné sous ce rapport aux classes inférieures a été si contagieux, que celles-ci s'y sont laissé prendre comme avec de la *glu*, et cela au détriment de leurs faibles ressources pécuniaires, si bien que le désir de se montrer avec les apparences d'une position de fortune convenable a souvent porté de graves atteintes à la pureté des mœurs. Chez le paysan cultivateur, ce goût pour le luxe lui a inspiré celui de la paresse, qui lui fait trop souvent abandonner ses travaux pour aller dans les *cafés* de nos campagnes, se procurer les jouissances de l'homme riche, bien que la plupart du temps l'argent qu'il y dissipe sans utilité réelle fût plus convenablement employé à l'acquisition d'objets devenus indispensables à sa famille. Le mal, sous ce rapport, a tellement fait de progrès, que je ne vois guère de remède efficace à lui opposer. L'autorité paternelle a tellement perdu de son empire, qu'elle ne peut plus maintenir la jeunesse dans le sentier de la saine raison.

Si les écoles primaires qu'on a établies dans les communes rurales étaient confiées à des instituteurs jaloux d'inspirer à leurs élèves des sentimens honorables qui les disposassent à devenir un jour des citoyens estimables et utiles à leur pays, on arriverait peu à peu à la réforme des mœurs populaires. Ce serait d'abord un grand pas fait dans la voie du progrès, surtout si à l'enseignement moral on ajoutait l'enseignement élémentaire des parties les plus usuelles de l'agriculture méthodique et raisonnée. Un *libretto* d'une centaine de pages, qui contiendrait un abrégé de ce qui est le plus indispensable de connaître en agriculture, serait

mis en les mains des élèves et expliqué par le maître d'é-
cole. J'insiste sur ce point, parce que les leçons qu'on a
puisées dans l'enfance ne s'effacent jamais entièrement, et
qu'il est rare que dans l'âge mûr on ne les mette pas à
profit.

Aux moyens que je viens d'indiquer, viendraient se joindre les lumières pratiques que les comices agricoles sont
chargés de propager dans leurs cantons respectifs ; mais
leur action aurait besoin d'être harmonisée de manière à
ce qu'elle ne fût pas circonscrite dans le rayon de la *zône*
sur laquelle ils agissent, avec plus ou moins de bonheur,
pour faire progresser l'agriculture pratique raisonnée.

Ce n'est que par la réunion, dans un centre commun,
des délégués de ces comices, qu'on arriverait à mettre une
action uniforme dans les mesures à prendre pour donner à
la direction des travaux agricoles l'ensemble sans lequel on
n'obtient que des succès imparfaits. J'ai lu, monsieur, avec
plaisir, dans la feuille du 17 mai dernier de l'*Echo de Vésone,*
que, depuis notre entrevue à Salegourde, M. Armand de
Bellussière, président du comice du canton de Thiviers,
entièrement étranger à notre conversation, avait reconnu
l'utilité de la concentration au chef-lieu d'arrondissement
de l'action des comices agricoles. Cette coïncidence de sentimens prouve en faveur de la mesure que nous avions considérée comme indispensable, et que d'autres comices ne
manqueront pas d'honorer de leurs suffages lorsqu'ils auront
apprécié l'importance du bien qu'elle doit produire. Je vous
ai promis de vous faire part de mes idées sur l'organisation,
dans ce département, des sociétés centrales d'agriculture
d'arrondissement. Les voici :

Je suis d'avis : 1° qu'il soit établi dans chaque arrondis
sement une société centrale qui prendra le nom de *Société*

centrale géorgiphile des comices d'arrondissement ; 2° que les présidens et les secrétaires des comices en fassent partie de droit ; 3° que chaque comice les fasse accompagner de *deux* ou trois délégués, nommés en assemblée générale annuelle, à la pluralité des suffrages, de manière que chaque société géorgiphile soit composée :

1° Pour l'arrondissement de Périgueux, qui ne compte que six comices :

  1° De 13 membres de droit, y compris le directeur de la ferme-modèle, ci. . . . . 13 } Tot. 25
  2° De 12 délégués, ci . . . . 12 }

2° Pour l'arrondissement de Bergerac, qui compte 13 comices (à ce que je crois) :

  1° De 26 membres de droit, ci. . . . . 26 } Tot. 39
  2° De 13 délégués, ci. . . . . 13 }

3° Pour l'arrondissement de Nontron, qui compte 8 cantons ou comices :

  1° De 16 membres de droit, ci. . . . . 16 } Tot. 32
  2° De 16 délégués, ci. . . . . 16 }

4° Pour l'arrondissement de Ribérac, qui compte 7 cantons ou comices :

  1° De 14 membres de droit, ci. . . . . 14 } Tot. 28
  2° De 14 délégués, ci. . . . . 14 }

5° Pour l'arrondissement de Sarlat, qui compte 10 cantons ou comices :

  1° De 20 membres de droit, ci. . . . . 20 } Tot. 30
  2° De 10 délégués, ci. . . . . 10 }

    Total général des géorgiphiles, ci. 154

En supposant qu'un quart de ces membres ne se rendît pas à chaque réunion au chef-lieu d'arrondissement, le nombre de ceux qui paieront d'exactitude sera, pour tout le département, de 126 ; s'il est composé de notabilités agricoles, il sera suffisant pour répandre dans toutes les localités les lumières qu'il est important d'y faire pénétrer.

Ces sociétés, ainsi composées, réunies *deux fois* par an au chef-lieu d'arrondissement, sous la présidence du sous-préfet, et, à Périgueux, sous celle du préfet du département, s'occuperont de tout ce qui peut contribuer à l'amélioration de l'agriculture, chacune dans l'étendue de son ressort. Dès la première séance, *celle de leur installation*, il sera nécessaire qu'aidées des connaissances pratiques et locales, elles arrêtent un programme à suivre pour la meilleure direction à donner à l'ensemble des opérations dont l'utilité aura été reconnue.

Ces assemblées pourront, en outre, exprimer des vœux d'amélioration qui exigeront le concours de l'administration et du gouvernement.

Le local pour la tenue de leurs séances leur serait fourni par le sous-préfet, et la garde et la conservation de leurs registres seraient confiées au secrétaire en chef de la sous-préfecture. Une somme de 100 fr. devrait être allouée à chaque société géorgiphile, pour faire face à ses frais de bureau, qu'on ne saurait imposer aux sous-préfets, dont l'abonnement n'est pas suffisant pour supporter cet excédant de dépenses. Pour que les travaux de ces nouvelles assemblées devinssent plus utiles à l'agriculture du pays, il serait convenable qu'elles les fissent publier dans les *Annales d'agriculture* du département ; car s'ils restaient sans publication, ce serait *mettre la lumière sous le boisseau.*

Je vous avais promis, monsieur, de vous communiquer par écrit les considérations qui militent en faveur des mesures qui font l'objet de cette longue lettre. J'ai pensé qu'avant d'arriver aux conclusions que j'ai prises, je devais vous mettre à même de juger, par la connaissance du système d'agriculture qui a été suivi en Périgord depuis un temps immémorial, de ce qu'il conviendrait de faire pour en corriger les vices, tant sous le rapport du matériel que sous celui du personnel. J'ai pensé aussi que les détails dans lesquels je suis entré pour vous faire connaître la division des propriétés de l'arrondissement de Périgueux pourraient vous être de quelque utilité pour l'enseignement agricole que vous êtes chargé de propager.

Si vous désirez provoquer les mesures d'amélioration proposées dans cette lettre, vous pourrez en extraire ce que vous aurez jugé utile de publier dans les *Annales d'agriculture*, et y ajouter ce que votre sagesse et vos connaissances vous suggèreront.

J'ai l'honneur, etc. *Un amateur de l'agriculture.*

Périgueux, le 2 juin 1846.

P. S. J'oubliais de vous dire que pour mieux coordonner toutes les parties de l'enseignement agricole, il conviendrait, aussitôt après l'organisation des sociétés géorgiphiles d'arrondissement, que chacune de ces sociétés désignât six agriculteurs pour former la société centrale d'agriculture du département, qui se réunirait une fois par an pour prendre connaissance des travaux des sociétés géorgiphiles d'arrondissement, dont la réunion aurait précédé d'un mois celle de la société centrale d'agriculture, dont enfin, d'après les bases que nous avons posées, le nombre de ses membres s'élèverait à 30.

DESTRUCTION DES INSECTES NUISIBLES.

PUCERONS.

Etudier la science pour elle-même et avec le seul désir de savoir, c'est un noble délassement auquel peuvent se laisser prendre grand nombre d'esprits élevés ; mais ce n'est assurément point dans ce but que l'homme a reçu du ciel le don magnifique de cette intelligence qui le constitue roi de toutes les créations terrestres : le vrai but de la science, c'est d'améliorer de plus en plus le domaine de l'humanité sur le globe dont le créateur lui a donné la régie. Bacon a proclamé dans tous ses ouvrages cette maxime fondamentale de la philosophie naturelle : « Nous souhaitons, dit-il, que tous les hommes soient avertis de ne point perdre de vue la fin véritable de la science, et sachent une fois qu'il ne faut pas la rechercher comme une sorte de passe-temps, ou comme un sujet propre à la dispute, ou pour mépriser les autres, ou pour se faire une réputation, ou pour tout autre motif de cette espèce, mais pour se rendre utile et pour l'appliquer aux usages de la vie.....

» Quelle est donc la vraie limite des sciences et leur véritable fin ? C'est d'enrichir la vie humaine de découvertes réelles, c'est-à-dire de nouveaux moyens d'étendre notre empire et notre puissance sur l'immensité des choses. »

Les principes de Bacon ont été pendant long-temps méconnus ; mais peu à peu le monde scientifique s'en est pénétré, et, depuis un demi-siècle surtout, la science marche rapidement dans la voie tracée par le génie de l'illustre restaurateur de la philosophie naturelle. La physique, la chimie, la mécanique nous donnent tous les jours de nouveaux moyens d'action sur la nature; l'étude des êtres vivans commence aussi à sortir de ses langes, et nous fera bientôt, à son tour, des révélations merveilleuses. Les branches de la science les moins importantes en apparence produiront leurs fruits utiles lorsqu'on saura les diriger : voyez l'entomologie, par exemple, cette étude si futile lorsqu'on l'entreprend sous la direction de certains esprits étroits ; voyez ce qu'elle promet dès qu'on la considère sous l'inspiration d'un Réaumur ou d'un Bonnet! Que de conquêtes nouvelles pour l'industrie humaine dans ce monde immense de petits êtres si bien doués pour détruire ou pour produire! Quand nous connaîtrons leurs mœurs, leurs instincts, leurs facultés; quand nous saurons les conduire, quelle armée innombrable de travailleurs ingénieux ne rattacherons-nous pas à la grande entreprise de l'exploitation du globe terrestre?

Les uns deviendront nos coopérateurs directs, en accomplissant avec leurs merveilleuses machines microscopiques des travaux trop délicats pour les instrumens créés par la main de l'homme : ils opèreront à notre profit des transformations d'un ordre trop subtil pour le creuset du chimiste ; les autres, serviteurs indirects, mettront à nos ordres leur instinct destructeur pour nous délivrer des êtres nuisibles. Nous avons conquis, parmi les quadrupèdes, un fidèle et intelligent serviteur qui dirige nos troupeaux, qui protége notre sommeil contre les voleurs, qui dépiste les bêtes féroces et nous aide à les détruire, qui force à la course ou fascine du regard le gibier de toute espèce ; nous pouvons obtenir des services analogues dans la famille des insectes, en les dirigeant selon la loi de leur nature. L'attention publique n'a point encore été suffisamment attirée sur cet objet très important ; il serait bien désirable que l'on vulgarisât davantage les études de quelques naturalistes qui suggéreraient probablement aux expérimentateurs le désir d'utiliser l'instinct des parasites et des carnassiers pour la destruction des insectes nuisibles dont nous ne savons pas nous garantir aujourd'hui.

De plus savans que nous auraient mieux rempli cette tâche ; nous la commençons dans l'espoir d'être remplacé bientôt par d'autres écrivains plus familiarisés avec les secrets de l'entomologie. Ce que nous allons dire est du reste parfaitement authentique, et tous nos lecteurs pourront vérifier immédiatement les faits de notre récit.

Nous voulons parler des pucerons. Ces laides petites bêtes sont bien connues des horticulteurs ; au moment où nous écrivons, ils détruisent avec acharnement les jeunes pousses des rosiers qui n'ont point été soumis à la taille, et compromettent la récolte des pruniers les mieux préparés. Les naturalistes du siècle dernier se sont beaucoup occupés de ces insectes : Ch. Bonnet publiait déjà leur histoire en 1745, et Réaumur les désignait aux observateurs comme un sujet admirable d'études.

La famille des pucerons est très nombreuse. Les mœurs diffèrent peu dans chaque espèce ; mais leur grosseur et leur livrée sont souvent bien différentes. Les pucerons de la fève sont drapés de brun ou de noir mat ; ceux de la tanaisie et du chêne se revêtent d'un beau vernis bronze ; ceux du groseiller miroitent comme la nacre de perle ; ceux du bouleau et du saule portent une livrée marquetée de vert et de noir, etc. Réaumur croyait que les pucerons du rosier changeaient de couleur selon la saison : « Ils sont verts au printemps, disait-il ; au mois d'août ils prennent souvent des nuances rouge pâle, ou même d'un beau rose. » C'était une erreur ; nous avons sous les yeux un rameau de rosier chargé de pucerons, parmi lesquels on remarque simultanément toutes les nuances indiquées par Réaumur, quel que soit du reste l'âge des insectes.

Tout le monde sait que les pucerons ont six pattes, une très petite tête surmontée de deux antennes, avec un ventre énorme, dans l'âge adulte, terminé par une espèce de queue transparente et immobile. Sur l'extrémité de la partie postérieure du corps, on remarque deux appendices en forme de cornes, droites, obtuses et ouvertes au sommet. L'usage de ces appareils singuliers n'est pas bien connu ; ils serviraient, selon certains observateurs, à la respiration des insectes ; d'autres les ont considérés comme les organes excréteurs d'une nature spéciale : le fait est qu'ils expulsent, de temps à autre, des gouttelettes d'un liquide sucré dont les fourmis paraissent très friandes. « Chacune des cornes situées près de l'anus, dit Bonnet, est un tuyau par lequel sort une liqueur miellée que les fourmis recherchent et dont la médecine fait usage. » Bosc pensait que les cornes étaient destinées à déverser hors de l'estomac des pucerons la surabondance de sève qu'ils ont pompée avec leur trompe plongée dans l'écorce des arbres et continuellement en action.

Les pharmaciens de nos jours ne perdent plus leur temps à ramasser le médicament fort problématique distillé dans les cornes lilliputiennes des pucerons ; les fourmis elles-mêmes, au dire d'un observateur moderne, se soucient fort peu de cette manne singulière : c'est possible ; mais il est certain que les fourmis éprouvent un penchant très vif pour les pucerons. Elles en perçoivent les émanations subtiles à distance, et semblent enivrées de voluptueuses sensations avant même de les avoir touchés. C'est un spectacle curieux de les voir s'approcher délicatement de l'objet de leur recherche ; elles le palpent avec leurs antennes et le comblent de caresses auxquelles le puceron paraît peu sensible. Tout ce manége aurait, dit-on, pour but de provoquer par des titillations irrésistibles l'émission du friand liquide que les cornes distillent. Nous ne pouvons rien affirmer à cet égard. S'il est vrai, comme on l'a dit, que les pucerons soient les vaches laitières des fourmis, ces dernières traitent leur bétail avec plus d'intelligence, il faut l'avouer, et avec plus de connaissance des lois naturelles, que ne le font la plupart de nos grossiers nourrisseurs.

Quoi qu'il en soit, les horticulteurs doivent se rappeler qu'il ne faut pas compter sur les fourmis pour détruire les pucerons ; il ne faut pas croire qu'ils soient leurs mères nourrices : c'est une rapsodie du vieux Goëdaert, qui ne peut plus se soutenir depuis les observations de Lyonnel et de Bonnet.

Les pucerons s'engendrent, comme tous les insectes, par l'union d'un mâle et d'une femelle : à la fin de la saison, la femelle dépose des œufs sur les tiges des arbres ou au pied des plantes dont elle se nourrit, et, au printemps, il sort de ces œufs un être parfait, c'est-à-dire pourvu de tous ses organes définitifs, sauf les ailes, qui poussent plus tard ; un grand nombre, du reste, ne prend jamais d'ailes : on croit que ce sont les femelles. A peine sorti de coquille, le puceron commence son œuvre de destruction ; il implante sa trompe dans l'épiderme des tiges ou des feuilles, et pompe, sans un moment de répit, les sucs séveux destinés à l'accroissement du végétal.

« La succion des pucerons, dit Bosc, est si active à certaines époques, pendant le mois de mai par exemple, que les cornes de leur abdomen paraissent comme deux fontaines toujours coulantes lorsqu'on les examine à la loupe. J'ai vérifié ce fait sur plusieurs espèces et en différens temps de la journée. Cet écoulement diminue dans la grande chaleur et pendant la nuit ; peut-être même cesse-t-il entièrement lorsque les nuits sont froides. Il suit probablement, et est proportionnel à l'ascension de la sève. Qu'on juge de la déperdition qu'il doit y avoir de cette substance, lorsque des milliers de pucerons la sucent à la fois, et que ces pucerons se touchent : aussi empêchent-ils les bourgeons de se développer, les font-ils devenir difformes, causent-ils le recoquillement des feuilles, donnent-ils naissance à des tubercules ou à des vessies quelquefois aussi grosses que le poing, et s'opposent-ils beaucoup à l'accroissement du bois et à la production du fruit, et enfin font-ils souvent périr les greffes et quelquefois même les arbres. »

La loupe de Bosc grossissait sans doute au delà de la vérité. Nous n'avons jamais vu les pucerons fonctionner ainsi à la façon d'une pompe aspirante et foulante tout à la fois ; les jets continus de liquide nous paraissent fort exagérés ; tout le reste est exact. Les pucerons épuisent avec facilité les jeunes pousses sur lesquelles ils établissent leurs colonies. Ces insectes en effet aiment à vivre en société ; au lieu de se disperser, ils se réunissent ; les petits se groupent autour de leurs frères et de leur mère ; et les familles se multiplient avec une si grande rapidité, que l'on voit souvent deux et trois couches de pucerons superposées, tous vivant, tous pompant la sève du malheureux végétal avec leur trompe, qui s'allonge comme un tuyau de longue vue et qui s'introduit jusqu'à l'écorce en traversant les rangs pressés des convives les premiers venus.

La multiplication des pucerons tient vraiment du merveilleux : vingt générations se succèdent pendant le cours de la belle saison ; chaque femelle est d'une déplorable fécondité, car il suffit de cinq générations pour produire 5,904,900,000 individus. Ce nombre dépasserait toute créance s'il n'avait été constaté par Réaumur. Du reste, toute l'histoire des pucerons ressemble à un roman, et l'imagination refuse d'y ajouter foi lorsqu'on l'étudie dans un livre : il faut voir de ses yeux pour croire les récits des auteurs ; mais il est facile de voir : c'est une satisfaction que nous nous sommes donnée ; nous portons témoignage des faits qui nous ont passé sous les yeux.

Au printemps, disions-nous plus haut, les pucerons naissent d'un œuf : si l'on observe cette première génération, on reconnaît bientôt qu'il n'y a point de ponte, quoique les familles s'accroissent à vue d'œil ; les femelles ont changé de mœurs, elles sont devenues vivipares. Les petits sortent tout formés du sein de la mère, et, quelques jours après, ils coopèrent eux-mêmes à la multiplication de leur race. L'observateur, étonné de cette inépuisable fécondité, redouble d'attention et veut pénétrer les mystères les plus secrets d'un mode de génération si nouveau : sa loupe infatigable est braquée sans répit sur une famille de pucerons ; il la surveille jour et nuit, et la voit grandir et multiplier ; l'abdomen des femelles se gonfle ; elles mettent bas, et cependant le mâle ne les a point encore approchées.

Les pucerones deviennent mères sans cesser d'être vierges : c'est un fait hors de doute : Bonnet a eu l'honneur de le découvrir et de le démontrer par des expériences faciles à répéter. Voici comme on s'y prend : au moment même de sa naissance, une pucerone est mise en captivité sous une cage de verre ; aucun être de son espèce ne peut l'approcher. Quelques jours après, on la voit grossir ; puis elle enfante. Enlevez tout de suite son petit, séquestrez-le dans une autre prison, et sous peu vous assisterez à un autre enfantement. Continuez l'expérience sur la troisième, la quatrième, la cinquième génération, et toujours vos femelles deviendront mères sans avoir été fécondées par l'accouplement.

Il vaut bien la peine de s'arrêter un peu à une pareille découverte et de raconter comment elle fut démontrée ; laissons parler l'inventeur lui-même. « Animé par l'invention de M.

Réaumur, dit Bonnet, j'entrepris, en 1740, de rechercher expérimentalement si un puceron pouvait se reproduire sans accouplement..... Il se présentait plusieurs moyens d'élever un puceron en solitude ; voici celui pour lequel je me déterminai : dans un pot à fleurs, rempli de terre ordinaire, j'enfonçai, jusqu'auprès de son col, une fiole pleine d'eau. Je fis entrer dans cette fiole le pied d'une petite branche de fusain, à qui je ne laissai que cinq à six feuilles, après les avoir examinées de tous côtés avec la plus grande attention. Je posai ensuite sur une de ces feuilles un puceron dont la mère, dépourvue d'ailes, venait d'accoucher sous mes yeux. Je couvris enfin la petite branche d'un vase de verre, dont les bords s'appliquaient exactement contre la surface de la terre ; moyennant quoi j'étais plus assuré de la conduite de mon prisonnier que ne le fut Acrisus de celle de Danaé, quoique enfermée dans une tour d'airain. J'eus soin dès-lors de tenir un journal exact de sa vie. J'y notai jusqu'à ses moindres mouvemens ; aucune de ses démarches ne me parut indifférente. Non-seulement j'observais tous les jours, d'heure en heure, mais même j'y regardais plusieurs fois dans la même heure, et toujours à la loupe, pour rendre l'observation plus exacte et m'instruire des actions les plus secrètes de notre petit solitaire. »

Nous passons les détails de mœurs observés par Bonnet ; après quatre mues successives, il vit accoucher sa pucerone vierge. Cela ne lui suffisait pas ; il voulut pousser plus loin l'expérience, et il obtint, toujours sans accouplement, quatre générations consécutives de pucerons du sureau, cinq de ceux du plantain, six de ceux du fusain, et enfin neuf générations provenant de la même mère, élevées en solitude absolue et privées complètement de toute accointance avec un mâle de leur espèce. Sans doute le rare privilége accordé à de petits êtres nuisibles démontre, comme dit Swammerdam, les incompréhensibles perfections du souverain Créateur; mais nous avons besoin de croire en même temps que son ineffable justice s'est ménagé le moyen de maintenir dans certaines limites ces créations subversives : le remède doit être à côté du mal ; et l'homme, l'agent de Dieu sur la terre, doit être capable d'en diriger l'application.   Élisée LEFÈVRE.

------o 00 o------

L'HIVER DE 1846 ET SON INFLUENCE
SUR LA VÉGÉTATION.

Pour les météorologistes, l'hiver se compose des trois mois de l'année dont la température est la plus basse ; en Europe, ce sont les mois de décembre, janvier et février. Celui de 1845 à 1846 a été d'une douceur extraordinaire, qui a frappé les esprits les moins attentifs aux vicissitudes de l'atmosphère. Comme toujours, l'exagération s'en est mêlée, et on a dit que de mémoire d'homme on n'avait rien vu de semblable. Soumettons ces assertions au contrôle de l'expérience résumée en chiffres, et par conséquent indépendant des influences sans nombre qui faussent les jugemens humains.

La température moyenne générale de l'hiver, déduite des quarante dernières, a été, à Paris, de 3°,22. La moyenne de l'hiver dernier s'est élevée à 5°,80 ; elle est donc supérieure de 2°,58 à la moyenne générale. Cette différence est considérable, et place immédiatement la saison qui vient de s'écouler dans la catégorie des hivers exceptionnellement doux, puisque le thermomètre s'est tenu en moyenne une fois plus haut que d'habitude ; mais est-ce à dire pour cela que de mémoire d'homme on n'ait eu d'hiver aussi chaud? En aucune façon : le tableau suivant en fournit la preuve. Il pré-

sente la température moyenne des hivers depuis 1807 jusqu'à 1846 (1).

Température moyenne des hivers depuis 40 ans.

1807. .	5°64	1827. .	1°57
1808. .	2,10	1828. .	6,00
1809. .	4,92	1829. .	3,07
1810. .	2,01	1830. .	1,60
1811. .	3,99	1831. .	3,60
1812. .	4,10	1832. .	3,47
1813. .	1,10	1833. .	3,70
1814. .	0,94	1834. .	6,30
1815. .	4,26	1835. .	4,35
1816. .	2,22	1836. .	1,85
1817. .	5,24	1837. .	3,84
1818. .	3,51	1838. .	1,47
1819. .	4,15	1839. .	3,23
1820. .	1,88	1840. .	4,16
1821. .	2,51	1841. .	0,65
1822. .	5,99	1842. .	2,79
1823. .	1,44	1343. .	4,01
1824. .	4,44	1844. .	3,30
1825. .	4,93	1845. .	0,40
1826. .	3,72	1846. .	5,80

Un rapide coup d'œil jeté sur ce tableau nous montre que
depuis 40 ans, les hivers de 1834, 1828 et 1822 ont été plus
chauds que celui de 1846 ; ceux de 1817 et 1807 ont été presque aussi chauds.

(1) Je dénomme les hivers d'après l'année qui contient les mois de
janvier et de février. Ainsi l'hiver de 1807 se compose de décembre
1806, janvier et février 1807.

Mais la température moyenne n'est pas le seul élément qu'il faut considérer, si l'on veut se faire une juste idée de la constitution météorologique d'une saison ; car un même nombre correspond indifféremment à une saison sans chaleurs notables et sans froids intenses, et à une autre où des chaleurs très fortes sont compensées par des froids très vifs. Il faut donc examiner les extrêmes de température. Mais si l'on se bornait, comme on le fait souvent, à enregistrer le point le plus haut et le degré le plus bas que le thermomètre ait atteint, on satisferait la curiosité, mais on ne fournirait pas à l'agriculteur, au médecin, à l'ingénieur, une donnée essentielle pour les guider dans leurs recherches. En effet, il leur importe assez peu de savoir que le 20 janvier 1842, le thermomètre est descendu à 19°,0, tandis qu'il s'est élevé à 37°,2 le 18 août de la même année. Ces chiffres n'ont d'intérêt que pour le climatologiste. Mais ce qu'il faut considérer avant tout, c'est la moyenne des maxima et celle des minima de chaque mois. Ces moyennes sont la véritable expression de la chaleur et du froid, et elles feront apprécier exactement l'influence de la température sur la santé de l'homme et des animaux, la germination, la foliation et la floraison des végétaux, la détérioration des routes et des édifices, le régime des eaux dans les rivières et dans les canaux. Aussi les résumés météorologiques de l'observatoire de Paris, auxquels nous empruntons ces nombres, donnent-ils toujours la moyenne des maxima et des minima pour chaque décade de l'année.

Examinons d'abord le maximum moyen ou la moyenne des plus hautes températures de chaque jour de l'hiver depuis 40 ans. Il est de 5°,43 ; en 1846, il s'est élevé à 8°,23, beaucoup plus haut cependant qu'en moyenne. Toutefois, en 1834, ce maximum moyen a été de 8°,66 ; en 1828, de 8°,30 ; en 1822, de 8°,43 : ainsi les trois années dans lesquelles la température moyenne a été plus élevé qu'en 1846 ont eu aussi des chaleurs plus fortes. Ce résultat, probable *à priori*, n'était cependant pas nécessaire ; car l'excès de la moyenne de ces trois années sur celle de 1846 aurait pu dépendre uniquement de ce que le thermomètre était descendu moins bas que l'hiver dernier. En résumé, sous le point de vue des chaleurs, cet hiver occupe le troisième rang depuis 1807 comme sous celui de la température moyenne. Dans les hivers les moins chauds que nous ayons eus depuis 40 ans, ce maximum moyen s'est abaissé à 2°,93 en 1814, 2°,33 en 1845, et 0°,83 en 1830 ; dans tous les autres, il a été supérieur à 3°,0.

Examinons maintenant le froid moyen, ou la moyenne des températures les plus basses de chaque jour de l'hiver. Depuis 40 ans, ce froid moyen, ou la moyenne des minima, a été de 0°,93 au-dessus de zéro. En 1846, il s'est élevé à 3°,30. Ces chiffres nous montrent déjà que la haute température de 1846 tient à la fois à ce que le thermomètre est monté plus haut et est descendu moins bas qu'à l'ordinaire. Si maintenant nous étudions le froid moyen de chaque année en particulier, depuis 1808 jusqu'à 1846, nous trouvons encore qu'il a été moins intense dans les mêmes années 1834, 1828 et 1822 que nous avons déjà citées. Dans la plus chaude-d'entre elles, qui est 1834, le minimum moyen a été de 3°,95. Comme terme de comparaison avec quelques extrêmes d'abaissement, je noterai les hivers de 1814, 1845, 1841, 1838 et 1830, où le minimum moyen s'est abaissé à — 1°,30, — 1°,50, — 1°,95, — 2°,17, et — 4°,06. On voit que dans deux hivers, ceux de 1838 et 1841, la température moyenne a été abaissée plutôt par les froids intenses qui ont régné que par absence de chaleur, puisque les maxima moyens n'étaient pas fort éloignés de la moyenne générale des plus hautes températures, puisque les minima moyens étaient fort au-dessous de la moyenne générale des plus basses températures, calculées d'après 40 années d'observations.

Les effets du froid étant fort différens s'il est intense, mais de peu de durée, ou s'il persiste pendant quelque temps, nous devons avoir égard au nombre de jours pendant lesquels le thermomètre est descendu *au-dessous* de zéro, ou, en d'autres termes, aux jours de gelée. En moyenne, ce nombre de jours est de 36 pour les mois de décembre, janvier et février réunis. L'hiver dernier, il ne s'est élevé qu'à 24. Le petit tableau suivant montre qu'il a été encore moindre dans un certain nombre d'années indiquées ci-après.

Années remarquables par le petit nombre de jours de gelée en hiver.

1807. . .	20	1824. . .	20
1809. . .	18	1825. . .	20
1815. . .	23	1828. . .	17
1817. . .	14	1831. . .	22
1822. . .	8	1834. . .	16

Le tableau suivant fait voir, d'un autre côté, que les gelées sont souvent très continues sous le climat de Paris, et prouve qu'un hiver où il ne gèle que 24 jours est un hiver relativement très doux.

Années remarquables par le grand nombre des jours de gelée en hiver.

1808. . .	49	1830. . .	65
1812. . .	47	1836. . .	46
1820. . .	45	1839. . .	42
1821. . .	47	1840. . .	41
1823. . .	46	1841. . .	58
1827. . .	45	1842. . .	41
1829	44	1845. . .	53

Nous avons déjà montré que la connaissance des points extrêmes indiqués par le mercure du thermomètre n'avait qu'un intérêt secondaire ; l'horticulteur seul doit s'en préoccuper. En effet, tous les arbres de nos climats résistent aux températures les plus basses que le thermomètre atteint ordinairement ; car les noyers, les châtaigniers, la vigne, les mûriers, les figuiers et les oliviers, qui souffrent dans les grands hivers, ne peuvent pas être considérés comme des arbres indigènes. Mais dans les jardins on cultive beaucoup de végétaux exotiques en pleine terre qui sont affectés par les grands froids, quelque courte que soit leur durée. Cette année, tous, même l'oranger, eussent supporté l'hiver de Paris, car le thermomètre n'est descendu qu'une fois à — 6°,0 dans les nuits des 5, 6 janvier, et à — 5°,7 dans celle du 11 février : ce jour-là, le thermomètre s'est élevé à 18°,1.

La quantité de pluie est un élément si variable, qu'on ne saurait raisonner sur des moyennes déduites de quarante années seulement ; toutefois, on peut affirmer qu'elle a été considérable en 1846, car il est tombé sur la terrasse de l'observatoire, pendant trois mois, 145^{mm},05 de pluie. En moyenne, cette quantité a été, depuis 1807, de 101^{mm},88. On comprend du reste qu'il y ait une relation assez intime entre la température et les quantités de pluies, car par les grands froids la pluie est remplacée par de la neige ; d'ailleurs, en hiver les fortes averses sont rares, et les quantités d'eau notables sont le produit de pluies continues.

Un hiver exceptionnellement doux, comme le dernier, a dû nécessairement avoir une grande influence sur le réveil de la végétation. Aussi tout le monde a été frappé de la foliation et de la floraison prématurées d'un grand nombre de végétaux, dans l'intérieur de Paris, où, grâce aux abris formés par les édifices, les arbres bourgeonnent plus tôt qu'en rase campagne. Ainsi, dès le 18 février, le *lycium europæum*, les saules pleureurs et les rosiers des quatre saisons avaient des feuilles bien développées ; l'hellébore fétide, le narcisse jaune, plusieurs espéces de safran et le *kerria japonica* commençaient à entr'ouvrir leurs fleurs. Le 25 du même mois, l'orme était en fruits ; l'amandier et l'abricotier en fleurs. Le 28 février, le célèbre marronnier des Tuileries, qui ordinairement n'entre en végétation que vers le 20 mars, avant tous les arbres du jardin, portait déjà à ses branches inférieures un grand nombre de bourgeons complètement épanouis, dont les petites feuilles avaient au moins 0^m,05 de long, ceux des branches supérieures paraissant moins avancés. Dans les jardins, la paquerette, la corbeille d'or (*alyssum saxatile*), la violette, le saxifrage de Sibérie (*S. crassifolia*), la giroflée et l'*arabis* des Alpes étaient généralement fleuris. Au Jardin des Plantes, j'ai noté 68 plantes en fleurs ; voici les plus généralement connues : le néflier du Japon, le *magnolia yulan*, l'ajonc (*ulex europæus*), le narcisse faux-narcise, quatre espèce de *crocus*, la petite bourrache (*cynoglossum omphalodes*), la petite pervenche, la primevère villeuse, la primevère printannière, le *mahonia aquifolium*, l'hépatique, l'hellébore fétide, la ficaire, le daphné bois gentil (passé), quatre espèces de prunier, le peuplier Ontario, un grand nombre de saules, d'aulnes, d'*andromeda*, de véroniques, d'ifs, de rhododendrons de la Daoucie, trois espèces d'*andromeda*, le cornouiller, qui fleurissait depuis le 25 février, la pensée et la soldanelle des Alpes.

Cet hiver si tiède et si doux, suivi d'une végétation précoce, doit nous rendre très réservés dans nos jugemens sur les changemens climatériques d'un pays, et moins enclins à nous étonner des récits que nous trouvons dans les chroniqueurs. Amis du merveilleux, ils enregistraient les années extraordinaires et passaient sous silence celles qui ne présentaient rien d'anormal. De là les jugemens erronés de quelques érudits, qui ont cru voir dans ces récits souvent exagérés les preuves d'un changement dans le climat de la France, qui inclinent à croire (et en cela ils sont d'accord avec la majorité des gens du monde) qu'il se détériore chaque année ; oubliant, les uns qu'ils ne raisonnent que sur des cas exceptionnels ; les autres qu'à l'âge auquel se reportent leurs souvenirs les plus éloi‑ gnés, tous les hivers sont doux, parce que le sang est chaud, et que les passions poétiques et généreuses activent son cours et le poussent énergiquement dans toutes les parties du corps.

Cʜ. MARTINS,
Professeur agrégé à l'école de médecine de Paris.

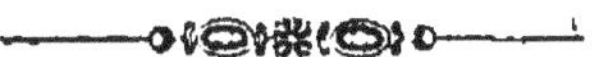

DE LA FACULTÉ NUTRITIVE DES FOURRAGES

AVANT ET APRÈS LE FANAGE.

On est généralement porté à admettre que les fourrages sont beaucoup plus nourrissans avant qu'après le fanage. En d'autres termes, on croit que 100 kilogr. de trèfle, de lu- zerne, d'herbe de prairie, ont une valeur nutritive bien plus élevée que le foin qui résulte de 100 kilogr. de chacun de ces alimens. Cependant, en compulsant avec attention ce qui a été écrit sur cette intéressante question, je n'ai rien trouvé qui justifiât cette opinion. Il est vrai que deux bons obser- vateurs, MM. Perralt de Jotemps, ont reconnu qu'il faut 1 kilogr. 50 de foin, de trèfle ou de luzerne pour remplacer 4 kilogr. de menus fourrages verts dans la nourriture des béliers ; sous l'influence de l'une ou de l'autre de ces rations, il y a un développement satisfaisant de chair et de laine.

D'un autre côté, ces cultivateurs ont constaté par leur pratique que, dans le fanage, en y comprenant la fermentation dans le fenil et toutes les pertes accidentelles, 100 kilogr. de trèfle ou de luzerne se réduisent à 23 kilogr. de foin. Avec ces données, on arrive, en effet, à cette conséquence, qu'en rationnant un bélier avec 1 kilogr. 50 de luzerne sèche, on administre précisément, sous le rapport de la valeur, l'équivalent de 6 kilogr. 52 de luzerne verte, c'est-à-dire 2 kilogr. 50 de nourriture verte de plus que celle qui est nécessaire quand la ration se compose de la plante non fanée; et que s'il faut comme aliment 100 kilogr. de trèfle ou de luzerne récemment fauchés, il faudra, pour nourrir au même degré, le foin provenant de 163 kilogr. des mêmes fourrages. On comprend aisément que ce mode de procéder est trop indirect pour résoudre convenablement la question que nous avons en vue. La discussion présentée par MM. Perrault de Jotemps se borne à prouver ce que personne ne conteste, que la manière la plus avantageuse d'utiliser les produits de la prairie artificielle est de les faire consommer autant que possible en vert, afin d'échapper aux frais, aux pertes, en un mot à toutes les éventualités qu'entraîne le fanage. Mais cette discussion n'établit nullement que la faculté nutritive des fourrages verts soit amoindrie par le seul fait de leur transformation en fourrages secs; elle laisse intacte la question physiologique. Depuis plusieurs années, j'ai fait diverses tentatives pour la résoudre; dans ce but, j'ai suivi avec le plus grand soin l'influence que des substitutions alternatives d'alimens verts et d'alimens secs pourraient exercer sur le poids de 32 chevaux sur lesquels portaient mes recherches. Les résultats ont été tantôt à l'avantage, tantôt au désavantage du régime vert, et, après de très nombreuses pesées, je me suis trouvé tout aussi peu avancé que je l'étais en commençant mes expériences.

Ces résultats contradictoires s'expliquent par l'imperfection de la méthode que j'avais adoptée. Il est évident que les foins avec lesquels on rationnait les chevaux, ayant été obtenus l'année antérieure, ne répondaient pas toujours, sous le rapport de la qualité, à ceux qu'aurait fournis le trèfle vert auquel on les comparait. Pour ce fourrage, il existait constamment une grande incertitude sur le poids réel de la ration employée, à cause de la plus ou moins forte proportion d'eau qui pouvait s'y rencontrer. Des essais que j'ai faits sur le fanage du trèfle montrent effectivement combien cette proportion varie suivant l'âge de la plante, la nature du terrain, et surtout selon les conditions météorologiques pendant lesquelles les coupes ont eu lieu. On en jugera par quelques exemples pris sur des soles de deuxième année :

17 mai. — 1re coupe avant la floraison, 1,000 kilogr. ont donné 212 kilogr. de foin.

3 juin. — 1re coupe, en fleurs, 1,000 kilogr. ont donné 288 kilogr. de foin.

5 juin (autre localité). — 1re coupe, en fleurs, 1,000 kilogr. ont donné 305 kilogr. de foin.

28 juillet. — 2e coupe, en fleurs, 1,000 kilogr. ont donné 290 kilogr. de foin.

Août. — 2e coupe, très avancé en fleurs, très ligneux, 1,000 kilogr. ont donné 360 kilogr. de foin.

Ajoutons encore que, pendant le fanage, le trèfle subit une perte assez considérable par suite des fleurs et des feuilles qui se détachent et qui ne sont pas recueillies lors du bottelage. Cette perte porte précisément sur les parties les plus substantielles.

Pour parer aux causes d'erreurs que je viens de signaler et afin d'obtenir des résultats comparables, j'ai disposé l'expérience de telle sorte que le fourrage sec consommé représente rigoureusement celui que donnerait le fourrage vert employé comparativement ; mais comme il est alors nécessaire de faner continuellement, opération qui devient embarrassante quand on agit sur une masse considérable de trèfle, je mis en observation un seul animal, une génisse âgée d'environ dix mois.

La génisse était pesée à jeun. On lui donnait une ration de fourrage vert un peu moins forte que ne l'était celle qu'elle consommait habituellement, afin que la nourriture fût prise en totalité dans les vingt-quatre heures ; puis, au moment où la ration verte était placée dans la crèche, on en prenait une autre, exactement semblable en poids et en nature, que l'on fanait immédiatement, en s'entourant de toutes les précautions convenables pour empêcher la déperdition des parties qui se détachaient de la plante pendant la dessication : cette ration fanée était conservée dans un sac portant le n° 1. Le deuxième jour, on agissait de la même manière, plaçant encore pour le fanage une quantité de fourrage exactement pareille à celle qui devait être mangée en vert, et cette ration sèche était réservée sous le n° 2, et ainsi de suite.

La génisse restait au vert pendant dix jours ; le onzième jour, on la pesait, et alors commençait l'alimentation du fourrage sec. On livrait successivement à la consommation les fourrages tenus en réserve dans les sacs n° 1, n° 2, etc.; en sorte que, durant les dix autres jours, la génisse prenait précisément la même dose et la même qualité d'aliment qu'elle avait reçues dans les dix jours précédens.

Il n'y avait d'autres différences dans les deux régimes que celle qui provenait de la présence ou de l'absence de l'eau de végétation. A la fin de l'alimentation sèche, l'animal était pesé. On voit que l'expérience totale se prolongeait pendant 20 jours.

Voici le résumé des observations :

PREMIÈRE SÉRIE.

	kilogram.
Poids initial de la génisse.	270
Après le régime vert.	267
Perte occasionée par le régime vert.	3
Après le régime du même fourrage fané.	272
Gain occasioné par le régime sec.	5

DEUXIÈME SÉRIE.

	kilogram.
Poids initial de la génisse.	306
Après le régime vert.	301
Perte occasionée par le régime vert.	5
Après le régime du même fourrage fané.	308
Gain occasioné par le régime sec.	7

TROISIÈME SÉRIE.

	kilogram.
Poids initial de la génisse.	329
Après le régime vert.	333
Gain occasioné par le régime vert.	4
Après le régime du même fourrage fané.	343,5
Gain occasioné par le régime sec.	10,5

Avant de tirer une conclusion, il importait de savoir quelle était l'étendue des variations accidentelles dans le poids de l'animal mis en observation. Plusieurs pesées consécutives, faites chaque jour et à la même heure, ont montré que la plus grande différence atteignait 6 kilogr. Ainsi, une différence de cet ordre ne saurait être sciemment attribuée à l'influence de l'alimentation, puisqu'elle est comprise dans la limite des variations de poids accidentelles.

On remarquera que les gains constatés à la suite de la substitution de la ration sèche à la ration verte ont été 7 et 10,5 kilogr., résultats qui sont de nature à faire présumer qu'une même quantité de fourrage nourrit plus quand elle est fanée ; mais en présence d'expériences aussi peu nombreuses, il serait prématuré de tirer une semblable conclusion. Ce que les expériences semblent établir avec quelque certitude, c'est qu'un poids donné en fourrage sec ne nourrit pas moins le bétail que la quantité de fourrage vert qui l'a fourni.   BOUSSINGAULT,

Membre de l'académie des sciences et de la société centrale d'agriculture.

APPLICATION INDUSTRIELLE DES FEUILLES

DES ARBRES VERTS.

Il arrive souvent, dit le *Journal d'agriculture de Prague*, que, guidé par l'esprit de perfectionnement et d'invention, ainsi que par le besoin de sujets nouveaux, l'homme revient sur des choses qui, au premier abord, lui avaient paru indifférentes. Qui se serait en effet imaginé que les aiguilles ou feuilles de pin, substance si peu importante, qu'on la reléguait auparavant parmi les fumiers, et que le paysan pauvre, dans les pays ou l'on rencontre des forêts de pins, destine tout au plus à servir de litière ou de combustible, était propre à fournir une sorte de coton pour rembourrer des vêtemens ou des meubles, remplir des matelas, etc., et remplacer le crin, la bourre, la zostère ou les autres matières animales ou végétales dont on fait usage dans ce but ? Peut-être avec le temps pourra-t-on la filer comme le chanvre, le lin et les autres matières textiles pour en tisser des étoffes d'un nouveau genre.

C'est là un résultat sur lequel un industrieux fabricant de papier de Zuckmantel, dans la Silésie autrichienne, M. Weiss, paraît avoir le premier attiré tout récemment l'attention des agriculteurs et des petits ménages. Dans ce pays, surtout à Reinorz, comté de Glaz, on fabrique depuis longtemps, quoique les autres arts y soient encore peu avancés, d'excellentes sortes de papiers presque aussi beaux que ceux de Hollande. C'est sans doute la connaissance intime de son art qui aura suggéré à M. Weiss l'idée du produit qui lui fait tant d'honneur, et qui repose sur la conversion du tissu fibreux des feuilles ou aiguilles de pins d'Ecosse et de pins sylvestres en une sorte de feutre qu'on peut appliquer aux usages indiqués plus haut et à beaucoup d'autres.

Il n'y a que les aiguilles récemment tombées des arbres qui soient propres à la fabrication de cette nouvelle matière, à laquelle on a donné dans le pays les noms de laine des pins, des bois ou des forêts : les forêts d'arbres verts peuvent la livrer en abondance et à peu de frais comme produit secondaire.

Ce nouveau produit de M. Weiss a déjà obtenu un grand succès en Silésie, en Bohême, en Autriche, et on en trouve déjà des dépôts à Prague et dans d'autres villes importantes.

« J'ai vu, dit l'auteur de l'article, quelques couvre-pieds qui, au lieu d'être ouatés avec du coton, l'ont été avec ce nouveau produit, et qui, décorés avec goût, m'ont semblé aussi chauds, aussi souples que les autres. Un couvre-pieds de cette espèce, plus ou moins élégant, pèse environ 2 kilog.; il a deux mètres de longueur sur 1 mètre 20 de largeur, et coûte, à Prague, 12 fr. »

Amenée à la forme qu'on donne communément à la ouate

de coton, la laine des bois a une teinte brunâtre de couleur capucine; c'est une substance assez dense, un peu rude au toucher, et qui rappelle une matière végétale. Plus pesante, sous le même volume, que le coton, et amenée à un état de demi-feutrage, cette ouate se rapproche des tissus de bourre et des couvertures communes pour les chevaux. Ouverte ou déposée en couches minces, elle répand, dans les endroits clos, l'odeur balsamique et résineuse des forêts de pins.

Les préparations et le travail pour dépouiller les branches et les rameaux résineux qui sont tombés des pins, de leurs feuilles vertes encore, et pour les transformer peu à peu en une laine végétale, exigent non-seulement les outils et les machines dont on se sert ordinairement dans la fabrication du papier, mais encore plusieurs autres ustensiles et manipulations particulières. Dans tous les cas, il paraît qu'il ne serait pas difficile aux pauvres ouvriers de produire une matière semblable, non pas, il est vrai, aussi belle et aussi bien conditionnée que celle que livre M. Weiss, mais une substance très propre à faire des matelas, des couvre-pieds et des meubles, et qui pourrait remplacer avantageusement la zostère maritime, encore d'un prix fort élevé. L'avantage serait encore plus sensible, si le pauvre pouvait se procurer partout les feuilles de pins en abondance et à un prix modéré.

L'auteur a vu, à Zuckmantel, une quantité considérable de ces aiguilles à l'état brut renfermées dans des corbeilles; puis il a pu les examiner après qu'elles ont été soumises à l'action de la vapeur, qui leur a fait perdre en grande partie leur roideur; enfin il a pu les comparer après une deuxième exposition à la vapeur et une manipulation, travaux après lesquels on peut en faire des couvertures, des tapis, etc. M. Weiss fait encore un secret de cette dernière manipulation; mais, d'après ce qu'il a été permis de voir, il parai-

trait que les macérations des aiguilles brutes de pins s'opè-
rent par les procédés ordinaires de l'emploi de la vapeur.

La vapeur, s'élevant d'une chaudière, cuve ou autre appareil convenable, à une température plus ou moins élevée, à
travers les feuilles déposées au-dessus, pénètre et atténue
leur tissu fibreux de la même manière à peu près que cela se
pratique dans le rouissage à l'eau, le rorage sur le chanvre et
le lin. Quand le procédé complet sera connu des gens de la
campagne qui se livrent déjà à la culture et à la préparation
des plantes textiles, l'auteur pense qu'ils ne rencontreront
aucune difficulté à travailler une matière qui se trouve sous
leur main, et qu'ils parviendront sans peine à la carder ou
la filer, soit seule, soit en l'associant à d'autres substances,
et à en fabriquer des étoffes à bas prix et d'un bon service
pour leur usage.

M. Weiss a donné, en Silésie, une certaine importance à
sa fabrication. Douze femmes sont actuellement occupées
journellement à la fabrication régulière de couvertures pi-
quées et de courtes-pointes. Ces couvertures sont très chaudes et fort agréables pour ceux qui ne redoutent pas l'odeur
de la résine du pin qu'elles répandent encore un peu ; et l'on
assure même qu'elles seront d'un emploi avantageux dans les
maladies de poitrine, pour lesquelles on a conseillé depuis
long-temps l'emploi des matières résineuses, du goudron, etc.,
ainsi que dans les affections goutteuses et rhumatismales.

M. Weiss fabrique aussi, avec cette matière, un bon papier brun rougeâtre, et en recueille en outre une huile
essentielle qui pourra recevoir d'utiles applications.

Le gouvernement autrichien a déjà fait acheter un mil-
lier de ces couvertures pour le service de la cavalerie et celui
des hôpitaux de Vienne et de Prague, et le gouvernement
prussien, ainsi que d'autres états d'Allemagne, vont suivre
cet exemple.   F. M.

VENTILO-ÉGRAINEUR,

OU MACHINE A ÉGRAINER ET VANNER LE FROMENT ET AUTRES CÉRÉALES,
INVENTÉE PAR M. F. DOLLEY.

Depuis bien des siècles, on a cherché à perfectionner les opérations si importantes du battage et du vannage des céréales.

Ces opérations sont au nombre des plus essentielles de l'agriculture, car elles influent sur la quantité et sur la qualité des produits.

Lorsque la récolte sur pied a échappé à toutes les mauvaises chances des saisons, elle n'est pas encore à l'abri de tout danger chez les propriétaires qui sont obligés de dépiquer en plein air.

Outre les pertes que l'on éprouve trop souvent, par la détérioration des grains atteints par les pluies, on voit encore le prix de la main-d'œuvre devenir d'autant plus onéreux que l'incertitude du temps oblige à mettre plus de lenteur dans ce travail important.

Les moyens de dépiquage employés autrefois par les Hébreux, les Egyptiens et autres peuples de l'antiquité étaient tous entachés des mêmes inconvéniens qui existent dans la plupart de ceux dont on fait encore usage de nos jours.

A ces époques éloignées, ce travail se faisait en plein air, soit par le piétinement des animaux, soit par le fléau, soit par le rouleau présenté sous diverses combinaisons.

Tous ces procédés offrent les mêmes circonstances fâcheuses :

Dépiquage imparfait, surtout quand l'atmosphère est char-

Annales Agricoles et Littéraires.

Ventilo-Egréneur.

géc d'humidité ; car alors il peut rester de 8 à 10 p. cent do grain dans la paille ;

Mélange des grains avec la poussière, le sable ou la terre se détachant du sol ;

Altération du grain par l'humidité ;

Perte du temps des travailleurs lorsqu'il pleut ou qu'il y a apparence de pluie, ou même quand il a plu, car alors il faut attendre que l'air ait séché ;

Les maladies, suites nécessaire d'un travail pénible sous un soleil ardent, sont encore un des résultats du battage au fléau.

Les cultivateurs et les mécaniciens, frappés de ces graves inconvéniens, ont fait dans tous les temps des recherches pour s'en affranchir.

Un siècle avant Jésus-Christ, on se servait en Espagne d'un assemblage de rouleau auquel on donnait le nom de *chariot phénicien.*

Une foule d'autres machines ont été inventées successivement depuis cette époque, sans qu'aucune ait été assez avantageuse pour être adoptée par l'agriculture, les unes à cause des résultats peu satisfaisans qu'on en obtient ; d'autres par leurs prix trop élevés et hors de la portée des agriculteurs ; quelques-unes par leurs grandes dimensions, exigeant d'ailleurs un vaste local et n'étant pas transportables ; d'autres encore ne pouvant fonctionner avantageusement qu'en y appliquant la force des chevaux ou celle d'une chute d'eau, ou même l'action énergique de la vapeur.

Par de tels motifs, ces machines ne pouvaient être généralement admises, et, quoique présentant la plupart des avantages sous bien des rapports, l'on a encore recours, dans toutes nos campagnes, aux moyens imparfaits dont on faisait usage dans les premiers siècles. Rien encore n'était satisfaisant pour le cultivateur.

Il est une chose très remarquable dans toutes les recherches qui ont été faites pour cet objet : c'est l'analogie qui existe
entre tous les systèmes employés jusqu'à nos jours pour parvenir à séparer le grain de la paille. Depuis l'emploi du fléau,
le plus ancien de tous; depuis le chariot phénicien, décrit par
Varon, un demi-siècle avant l'ère chrétienne, jusqu'à la machine de Michel Mauziers, premier inventeur d'une machine
à battre, vers 1738, et plus tard jusqu'à celles de Elderdon,
Fenloch, André Mickle et plusieurs autres, sans oublier celle
des frères Motthe, bien plus perfectionnée encore; cette analogie, disons-nous, bien facile à constater, consiste en ce que
toute la puissance employée, soit par le bras de l'homme directement, soit par des animaux, soit par des mécanismes
combinés avec plus ou moins de bonheur, agit constamment
sur la masse de la gerbe que l'on veut dépiquer ou égrainer.

On voit toujours la force utile venir s'amortir, en grande
partie, sur un gros volume de paille qu'on présente à son
action, tandis qu'il ne faudrait agir que sur le grain seul.

Un cultivateur de la Gironde s'aperçut de la fausse route
suivie jusqu'à ce jour par ses devanciers. Il pensa que
la quantité de force perdue par cette résistance de la paille
était énorme, comparativement à la petite résistance du
grain que l'on veut dégager, et il tenta de faire disparaître
cette fausse application par des dispositions nouvelles qui
avaient échappé à ses prédécesseurs.

La gerbe est composée de paille, balle et grain. Le volume
de l'épi n'est pas la dixième partie de celui de la paille; le
grain n'a pas la moitié du volume de l'épi. Le grain offre
donc un volume moindre que la vingtième partie de la gerbe.

Ainsi, pour dégager de la gerbe le grain dont le volume
est représenté par 1, tous les mécaniciens ont dirigé les forces dont ils disposaient pour agir sur un volume égal à 20.

M. Dolley a pensé que s'il pouvait diriger la puissance de manière à n'agir que sur le grain seul, en éliminant la paille, une très petite puissance suffirait pour dégager le grain de son enveloppe.

Cette idée simple ouvre une nouvelle voie à ce mécanicien; il sort de l'ornière en s'appliquant à la poursuite de telles recherches.

L'épi est à peu près cylindrique : or, un cylindre qui roule entre deux surfaces présente très peu de frottement, par conséquent peu de résistance.

C'est ainsi que (si l'on peut comparer le très petit au très grand) un navire avec son lourd chargement est monté avec facilité sur le plan incliné du rail-way marin, en roulant presque sans frottement sur les petits galets qui le supportent.

Les épis, en roulant entre deux surfaces, produisent, pour ainsi dire l'effet de petits galets qui roulent entre deux plans.

En interposant les épis entre deux surfaces dont l'une sera fixe et l'autre mobile et qui présenteront des aspérités, ces épis, tournant sur eux-mêmes, s'égraineront en un instant sans opposer d'obstacle sensible au plan mobile.

Ces deux surfaces devront être cylindriques, l'une fixe et concave, l'autre mobile autour de son axe et concentrique avec la première. Leur distance sera moindre que le diamètre d'un épi, d'environ 2 à 3 millim. La surface concave sera composée d'un maillage métallique pour que les grains et la balle la traversent et ne puissent s'y engager.

Les javelles devront être présentées de manière que la paille ou axe des épis soit à peu près parallèle à l'axe du cylindre.

De cette manière, les javelles et les épis éprouveront un léger froissement et une rotation que la force d'un seul homme pourra vaincre avec facilité.

Une roue dentée donnera un mouvement simultané au cylindre égraineur et au ventilateur qui nettoiera les grains à mesure que , dégagés de leurs enveloppes , ils tomberont sur une *glissadière* en traversant un courant d'air.

Deux cribles, ayant , ainsi que la *glissadière*, un mouvement de secousses, retiendront et détourneront les débris d'épis, afin que le grain arrive bien net en dehors de la machine.

Telle est l'idée bien simple qui a donné naissance au ventilo-égraineur que M. F. Dolley vient de faire construire et dont l'exécution a été si habilement réalisée par MM. Béchade frères , mécaniciens de Bordeaux.

Le 7 juillet, il y eut une expérience publique sur cette machine , à la salle d'exposition d'industrie agricole de M. Halié , archiviste de la société d'agriculture de la Gironde. Trente à quarante gerbes de froment nouveau furent égrainées, vannées et criblées avec une perfection inconnue jusqu'à ce jour, par une seule opération. Deux hommes appliqués aux manivelles faisaient fonctionner la machine, tandis que 4 hommes, deux de chaque côté, présentaient les javelles, qui étaient égrainées en un instant. Ce sont ordinairement des femmes et des enfans qui sont chargés de l'égrainage , les hommes faisant mouvoir les manivelles.

Les agronomes présens à cette expérience ont paru très satisfaits des résultats obtenus , tant pour la perfection de l'égrainage que pour celle du vannage et du criblage , quoique les hommes qui manœuvraient n'eussent point encore acquis l'habitude de se servir de cette ingénieuse machine , que l'on peut voir dans les ateliers de MM. Béchade frères, mécaniciens, rue Bouquière , n° 34 (1).

(1) Le prix du ventilo-égraineur , livrable à Bordeaux, avec garantie pour une récolte, est de 500 fr. payables comptant , escompte 2 p. 0ɪ0 , ou à quatre mois, sans escompte.

Le ventilo-égraineur est peu volumineux (1 mètre 80 de de haut, sur 1 mètre 40 de longueur et 0 mètre 90 de largeur); son poids est de 280 kilog.; on peut donc facilement le transporter de ferme en ferme sans le démonter, en le portant à bras, avec des brancards, ou sur une charrette.

La société d'agriculture de Bordeaux a nommé une commission pour examiner cette machine et la faire fonctionner en sa présence. Par suite de son examen et d'expériences répétées et suivies avec un soin tout particulier, la commission a été à même d'établir dans son rapport un tableau comparatif des prix de revient, par hectolitre, pour le dépiquage et le vannage, en suivant les procédés employés le plus généralement pour ces opérations :

	Blé marchand.	
Par le fléau, pour 1 hectolitre. . . . . fr.	1	42
Par les machines écossaises (la petite).	1	10
Dito (par les grandes machines agissant sur de grandes masses de grains).	»	77
Par le rouleau.	»	72
Par la machine Motthe frères.	»	55
Enfin par la machine Dolley, même à bras d'hommes.	»	47
Par la même, en y ajoutant le manége agissant sur plusieurs à la fois.	»	39

Il résulte de ces calculs une différence dans le prix de revient en faveur de la machine Dolley :

De 0   95 à 1   03 par hectol. sur le battage au fléau.
De 0   28 à 0   63 et
même de 0   39 à 0   77   } sur la machine écossaise.
De 0   25 à 0   33 sur le rouleau.
De 0   8 à 0   16 sur la machine Motthe.

Mais l'économie de la main-d'œuvre est un des moindres

avantages de la machine qui nous occupe, et les agriculteurs apprécieront bien plus encore la facilité qu'elle offre :

De pouvoir travailler à couvert;

D'être transportable d'une ferme à une autre, de manière que plusieurs fermiers peuvent se réunir pour en faire l'acquisition en commun et l'employer au service de plusieurs fermes ou métairies.

Le travail se fera sans craindre l'humidité, qui est si nuisible à la conservation des grains.

La paille ainsi que le grain ne seront pas brisés, ni mouillés, ni imprégnés de poussière, et le cultivateur travaillera à l'égrainage de sa récolte quand le mauvais temps, ou la saison l'empêcheraient de se livrer au travail de son champ.

Enfin, la manœuvre de cet instrument est si facile, que des femmes et des enfans peuvent la faire fonctionner, sans être aidés par aucun homme.

On nous a communiqué des renseignemens sur l'égrainage fait avec cette machine dans une des métairies de la Gironde, les 9, 10 et 11 juillet, d'où il résulte qu'une brigade de *métiviers*, composée de 4 hommes et de 4 femmes, a fait fonctionner un ventilo-égraineur sans aucune difficulté. Et, bien que ces paysans se servissent pour la première fois de cet instrument, ils ont égrainé et vanné 17 gerbes à l'heure la première journée, et, les deuxième et troisième journées, ils ont obtenu de 20 à 21 gerbes par heure; soit, par journée de 10 heures de travail, 200 gerbes.

On peut compter année moyenne que 9 gerbes produisent 1 hectolitre, ce qui donnerait pour 200 gerbes 22 hectolitres par jour.

Dans les mauvaises années où les blés sont pressés par la chaleur, il faut un plus grand nombre de gerbes pour produire un hectolitre; aussi les résultats seraient-ils moindres à proportion.

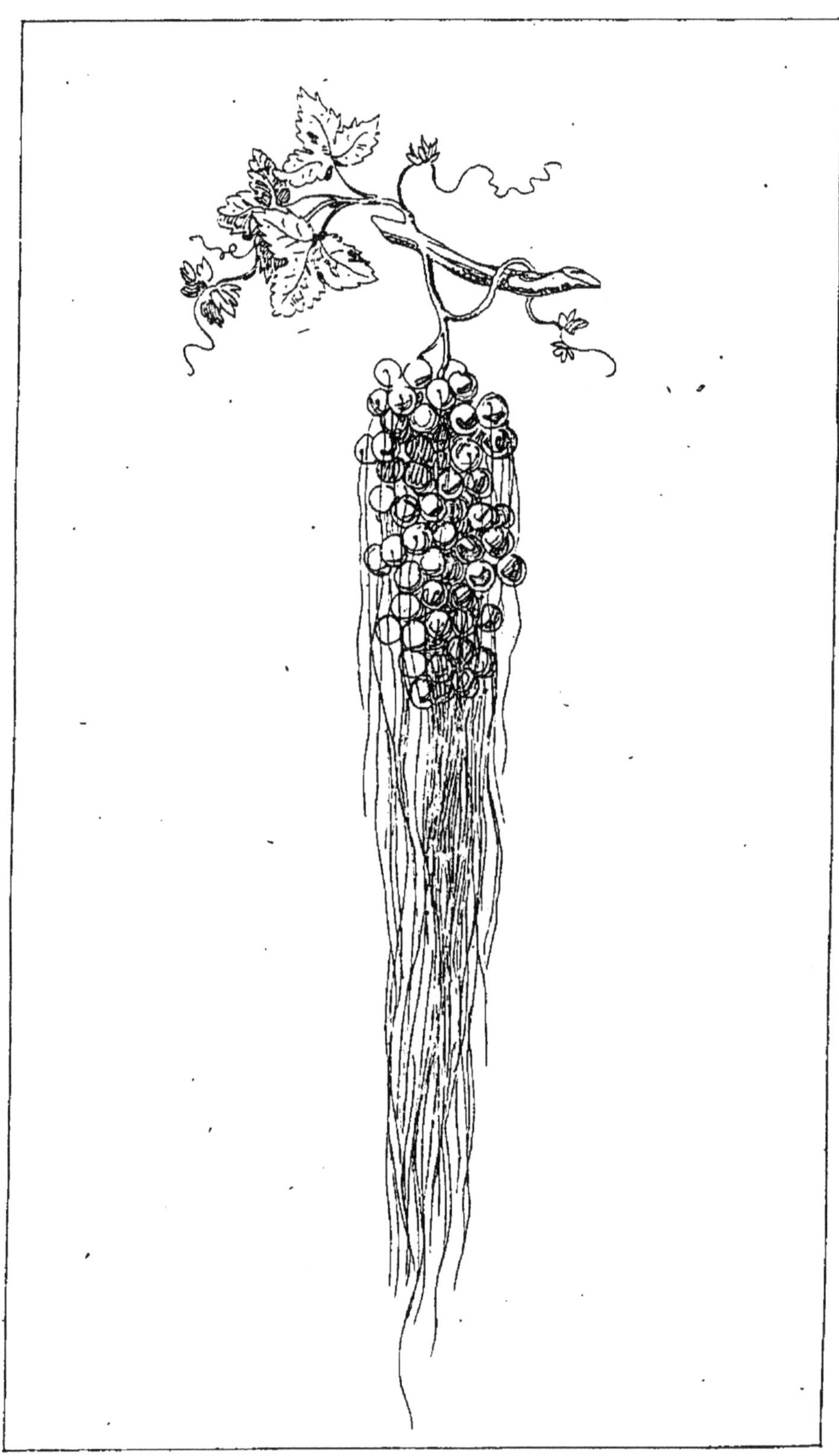

Raisin barbu.

Cette machine dépique également le froment, le seigle, l'orge, l'avoine, le blé noir, le riz et le millet.

DES RAISINS BARBUS,

PAR M. DE MOURCIN (1).

Autrefois on était souvent trop crédule; aujourd'hui on doute de tout. Ces deux excès nuisent également à la science. Il faut surtout se garder de n'admettre que les choses ordinaires et que nous croyons comprendre; chaque règle a ses exceptions, et nous ne comprenons guère la nature, qui se joue presque toujours de notre faible intelligence.

Ulysses Aldrovande a fait un gros livre intitulé : *Ulyssis Aldrovandi, patricii bononiensis, monstrorum historia; Bononiæ*, MDCXLII. On trouve dans cet ouvrage des choses fort étranges, qu'on prend pour des rêveries, et dont quelques-unes sans doute le sont en effet; mais il y en a aussi beau-coup qui sont vraies; tout le monde en a vu des exemples; plusieurs ont passé sous mes yeux.

Ainsi, il y a quelques années, on m'envoya un beau lézard gris à deux queues parfaitement formées et d'égale grandeur, comme on en trouve dans Aldrovande; aujourd'hui, c'est une grappe de raisins barbus, venant des jardins d'Angou-lème (2).

Ce raisin est du muscat rouge de très bonne qualité; il provient d'une treille qui était toute chargée de fruits semblables (3).

(1) Voir la lithographie.

(2) C'est M. d'Elbauve, sous-intendant militaire à Périgueux, qui a bien voulu me faire remettre cette grappe de raisin, que Mme d'El-bauve avait cueillie elle-même dans son voyage.

(3) Une treille de chasselas avait produit le même phénomène.

La barbe a, dans son ensemble, 65 centimètres de long ; dans son état de siccité, elle est de couleur rougeâtre. Les brins sont fort déliés et comme de la soie à trois fils ; ils ont peu de force. Quelques-uns sont implantés dans le grain avec racine seulement dans la pellicule ; d'autres le sont sur le pédoncule, et d'autres sur la râpe. Quelques grains sont retenus non-seulement par leur pédoncule, mais encore par un ou deux brins de barbe assez courts et implantés sur la râpe.

Les barbes des épis de blé d'Espagne sont assez analogues à ces barbes de raisins ; et qu'on les considère comme des espèces de conferves ou de toute autre manière, c'est un phénomène assez rare. Voici ce qu'en dit Aldrovande, page 666 :

Iterum majori admiratione debent nos afficere vites monstrificæ, quæ anno salutis humanæ post sesquimillesimum quadragesimo primo uvas longis barbis refertas produxerunt. Recitat enim Lycosthenes uvas barbatas vindemiæ tempore compertas esse in Germania, prope Alberschwiler, non longè à Landavio oppido ; quæ primum ad Ludovicum, Bavariæ ducem et electorem, dono missæ fuerunt ; deinde à Ferdinando rege et principibus imperii miraculi loco conspectæ ; immo, ab Henrico Vogther, insigni pictore, vivis coloribus fuerunt expressæ.

Liceti, dans son *Traité des Monstres*, parle aussi de ces raisins barbus ; mais il ne fait que traduire Aldrovande, avec quelques erreurs typographiques, telles que *Ziogther* pour *Vogther*, et 1561 pour 1541, qui est bien l'année où parut le phénomène, puisque Ferdinand Ier n'était encore que roi des Romains, et que Louis-le-Pacifique, duc de Bavière, mourut en 1544 ; d'ailleurs, la diète de Spire, dont parle Liceti, d'après Lycosthènes, est justement de l'année 1541.

COMICE AGRICOLE DE BRANTOME.

Discours prononcé par M. Titus LAFOREST.

Concitoyens, à pareil jour, dans nos réunions précédentes, mes honorables collègues, en vous rendant compte des travaux de notre société durant chacune des années écoulées, constataient vos succès, trop souvent vos revers, et vous encourageaient toujours à tenter de nouveaux efforts, à perfectionner vos cultures sous tous les rapports. Ces conseils sont remplis de trop de sagesse et de dignité pour que je ne m'y associe pas à mon tour ; mais pourquoi ne puis-je, à leur exemple, ajouter : Il y a progrès encore cette année !

Dans ces jours solennels, la vérité seule doit se montrer. Nous, car je n'excepte personne, n'avons fait ni mieux ni plus mal que l'an passé : nous avons fait de la même manière ; et si je regrette, dès le but de cet entretien, que nous justifiions mal tout ce que l'heureuse création de notre société semblait promettre d'améliorations rapides, ce n'est pas, à Dieu ne plaise, cependant, pour nier l'influence salutaire qu'elle a répandue sur la plupart des cultures de ce canton ; mais puisque sa naissance fut saluée par l'adoption des principes qu'elle avait mission de propager, il est de notre devoir d'en poursuivre la réalisation par des moyens nouveaux, si les premiers sont insuffisans. Pour nous, le progrès doit être continu, incessant ; si nous voulons être une société utile, il faut remplir complètement le but de notre création.

Les principes que le comice agricole du canton de Brantôme avait mission de faire adopter et pratiquer étaient bien simples. Les voici :

L'agriculture française doit diriger tous ses efforts vers la production du blé maïs. Comme cette céréale est éminemment épuisante, il faut, pour avoir constamment de riches récoltes, avoir des champs constamment fumés ; de là, la nécessité de se procurer des engrais en grande quantité. Pour atteindre ce but, on nous recommande de donner une extension considérable aux prairies artificielles, pour la nourriture et l'augmentation du bétail ; on nous dit d'en couvrir le quart, la moitié, les deux tiers même du sol cultivé ; et l'on avait raison ; car ce dernier tiers, convenablement amendé, n'aurait peut-être pas rapporté autant que tout le reste ; mais son produit, ajouté à celui des deux autres, eût été bien supérieur au revenu que nous obtenions précédemment. Ainsi le sol, recevant plus d'engrais qu'il n'en perdait par la récolte, allait atteindre bientôt une fertilité jusqu'alors inconnue.

Tel est, en peu de mots, le système que l'agriculture moderne réalisera, sur les diverses natures de sols et de climats, par les moyens infinis que l'expérience suggère au cultivateur actif et réfléchi. Nos timides essais ont plutôt confirmé que détruit cette vérité incontestable.

Nous avons tous saisi, dès le début, ce moyen de perfectionner notre culture : pourquoi la mise en pratique a-t-elle été si lente ? Nous ne sommes pas plus avancés qu'à la seconde ou à la troisième année de la création du comice. Disons donc là-dessus franchement toute notre pensée ; mais disons aussi toutes nos espérances.

Habitans de ce canton, nous ne sommes ni riches ni doués d'un caractère bien aventureux, pour sortir des usages surannés du passé ; propriétaires et cultivateurs, nous nous ressemblons tous un peu à cet égard. Si le défaut trouve là naturellement une excuse, n'en est-il pas cependant bon nombre d'entre nous dont l'obstination a volontairement résisté à la mise en pratique des principes nouveaux qui ont conduit dans quelques contrées l'agriculture si vite et si loin ?

N'en est-il aucun parmi nous qui n'ait reculé, pouvant néanmoins se les imposer, devant les sacrifices momentanés, mais plus tard productifs, que réclame toute amélioration dans ce monde ? Je ne parle pas de ceux qui n'ont pu surmonter les les grandes difficultés qu'oppose notre système déplorable de cultiver à moitié fruits ; je ne parle pas de ceux que les variations brusques de la température ou l'incertitude des saisons découragent trop fréquemment. A tous, je leur dirai : Vous êtes aujourd'hui convaincus de l'utilité des prairies artificielles ; mais chacun de vous ne veut ou ne peut les cultiver que d'une manière trop restreinte. Vous reconnaissez la chose bonne, excellente : eh bien ! pour la prospérité de vos champs, agrandissez, perfectionnez cette culture chaque année, avec la réserve que vous imposent les nombreuses charges qui pèsent sur vous ; mais, pour votre propre intérêt et pour l'avenir de ce pays, faites-en plus que vous n'en détruisez.

A ce mal, que l'action de notre société n'a pu jusqu'à présent faire disparaître, malgré les dispositions les plus sages, les mieux combinées et les plus bienveillantes de son règlement, malgré l'action et les conseils de ses commissaires, il faut chercher un remède pour l'avenir ; car, en homme sérieux, aujourd'hui que notre société, grâce à ses premiers statuts, a répandu tout le bien qu'elle pouvait produire, en faisant pénétrer nos principes dans la plus humble chaumière, il faudrait prononcer notre dissolution comme comice agricole, si le moyen de faire complètement passer les principes dans les faits était hors de notre portée. Nous ne le croyons pas, et nous vous laissons juges de cette cause commune, vous tous propriétaires, hommes éclairés, travailleurs de ce canton.

Avant de vous exposer un petit nombre de moyens que vos

délibérations étendront aisément, permettez-moi de vous signaler un fait qui n'a peut-être pas été étranger à l'arrêt subit du développement et du progrès continu que l'agriculture semblait promettre dans les premiers temps de notre création : je veux parler de notre mode d'encourager, de nos primes, nombreuses il est vrai, mais si faibles chacune, que notre chétif budget, ainsi morcelé, se sentait à peine dans la main rude qui avait le mieux retourné ses sillons, soigné ses récoltes ou engraissé son bétail.

Pour vouloir encourager trop de choses, nous avons semé l'indifférence, je dirai presque le dédain.

Plusieurs membres de notre société ont déploré depuis une semblable situation. Soyons donc, messieurs, pleins de confiance dans la pensée que nos prochaines réunions ne se termineront pas sans discuter et adopter de nouveaux moyens capables de nous faire faire encore plusieurs améliorations, car nous savons tous qu'il faut souvent, sans regarder en arrière, briser avec les usages dont le temps a fait justice, eussent-ils brillé avec éclat dans le passé.

A ces conditions seules, les sociétés de tout genre peuvent braver les années et rester toujours jeunes, toujours vivaces. C'est ainsi que nous continuerons à mériter l'appui du conseil de ce département, qui, f rappé lui-même de l'insuffisance actuelle des comices agricoles, cherche de nouveaux moyens de propagation. Quelques efforts, de la bonne volonté, et nous donnerons l'exemple d'une société usée, disons le mot, puisqu'il faut s'exécuter, qui sait se résigner et accomplir jusqu'au bout sa mission avec intelligence.

Notre programme et notre règlement, malgré la sagesse de leurs dispositions et l'autorité de leurs auteurs, ne seront point leur dernier mot ; leur concours bienveillant nous en donnera, j'espère, prochainement l'assurance. Mais, dans cette œuvre nouvelle, dans cette réorganisation, si je puis m'exprimer ainsi, il n'est pas trop, pour les mener à bonne fin, d'invoquer à notre aide chaque propriétaire, chaque homme éclairé de ce canton.

Parmi les améliorations que nous sollicitons, vous aurez à voir, messieurs, s'il ne conviendrait pas mieux de n'avoir que quelques primes sérieuses, applicables elles-mêmes en améliorations sur le domaine et d'après les principes que nous sommes chargés de propager.

L'établissement d'une et, successivement, de plusieurs métairies-modèles dans toutes les communes du canton, sur lesquelles la culture serait surveillée par le comice, ne peut-elle pas avoir de bons résultats?

Au nombre des autres moyens, il y a aussi un système d'encouragement qui doit attirer toute notre attention : ce serait celui qui rendrait le métayer apte à devenir le fermier du bien qu'il travaille, en offrant au propriétaire toutes les garanties désirables.

La concurrence que cet usage nouveau amènerait, en assurant la facilité du fermage, ferait naître une émulation bien préférable au zèle que nous allons récompenser. Son prix de bail acquitté, le fermier travaillerait exclusivement pour sa famille ; et vous savez comment on cultive lorsqu'on ne doit plus partager. Puis, quel est celui d'entre nous, plus ou moins bon administrateur avec le système de colonage actuel, qui peut répondre de trouver de semblables successeurs dans ses enfans? Qui peut garantir leur éloignement, le besoin impérieux d'une vocation nouvelle, entièrement opposée? Vous le savez, l'argent glisse et disparaît ; mais le sol reste et résiste avec plus de lenteur. Quel plus beau culte, d'ailleurs, que la conservation de cet héritage agrandi et embelli par les soins paternels! Ne semble-t-il pas qu'en restant ainsi propriétaire on soit meilleur citoyen?

Pour nous autres plébéiens et patriotes , il est une considération qui dominera toujours nos encouragemens de toute sorte , l'élévation successive des habitans trop déshérités de nos campagnes. Ce qui peut toucher au bien-être matériel doit, selon nous, se mêler un peu aux préceptes moraux. En arrachant l'homme de la misère, ne le détourne-t-on pas souvent de la route du mal? Voici pourquoi nous proposons au comice l'étude de moyens nouveaux pour perfectionner la culture. Nous avons la conviction qu'ils sont , sous tous les rapports, pleins d'avenir, malgré les difficultés de leur réalisation. Permettez-moi donc quelques considérations de plus sur l'avantage de remplacer le métayer par un fermier.

Pourquoi ce dernier vaut-il mieux que l'autre? C'est parce que le fermier est un homme libre, livré à toute son énergie, à toute son action , et débarrassé de cette tutelle imposée au métayer. Ses devoirs et ses obligations accomplis envers les autres , il se pénètre mieux à son tour de l'importance de ses droits ; il attache en quelque sorte un plus haut prix à ses économies ; il comprend mieux aussi par elles tout le respect qu'impose la propriété d'autrui ; il voit par ses affaires que chaque fortune est l'accumulation successive du travail d'un homme ou de ses ancêtres avant lui, et combien cette transmission du père aux enfans est légitime et sainte, puisqu'elle est dans la nature.

Mais serait-ce trop de dire que nous serons bien près d'atteindre ce résultat le jour où chaque métayer sèmera et cultivera avec soin la plus grande quantité possible de prairies artificielles? Alors, s'il est vrai que tous les progrès s'enchaînent mutuellement, les récoltes mieux fumées seront plus abondantes, moins chanceuses ; et quel propriétaire ne préférera une somme raisonnable et fixe, s'il est sûr du paiement, à la difficulté d'une gestion personnelle? Il n'aura plus qu'à choisir un père de famille honnête homme, et leur nombre en est, j'espère, plus grand qu'on ne le croit.

Plébéiens et patriotes, il est de notre devoir, puisque ailleurs on a de bien différentes préoccupations, de ne pas abandonner les cultivateurs de ce pays, car l'instruction et l'aisance leur manquent presque toujours en même temps. En élevant leur position sociale, nous leur apprendrons à mieux aimer la France, parce que plus on la connaît, plus on l'aime et plus l'on s'y dévoue; et si un jour ce pays avait besoin, pour sa défense, de tous ses enfans, nous nous applaudirions d'avoir augmenté dans la mesure de nos forces le nombre des citoyens intelligens.

Pour être justes envers la classe des cultivateurs, nous n'avons qu'à considérer ce qu'elle fait, la manière dont elle contribue aux charges publiques et ce qu'on lui rend en échange de tant de sacrifices.

Grâce à une activité qui devance le jour et voit le soleil disparaître le soir à l'horizon, que la rigueur de l'hiver et l'ardeur de l'été n'arrêtent jamais, la France se couvre chaque année des moissons qui la nourrissent et des nombreux produits agricoles qui servent de matière première à ses fabriques, de transport au roulage, de fret à sa marine; mais, grâce aussi à cette inépuisable activité, le trésor perçoit aisément l'impôt foncier, et il n'attend pas même que toutes les récoltes aient passé dans la circulation pour commencer l'exercice de cette autre magnifique série de contributions qu'il appelle indirectes.

Je veux aussi mentionner cet impôt d'une autre espèce appelé l'impôt du sang. Vous ne l'ignorez pas, plus de la moitié de notre armée se compose de fils de laboureurs, soldats infatigables, servant presque sans possibilité de gagner l'épaulette, et mourant obscurs, mais en hommes de courage, au poste que le pays leur a confié. C'est un mérite de plus ajouté à tant d'autres.

Personne ne connaît le chiffre énorme des sommes que le fisc prélève directement ou indirectement sur la population des campagnes et tous les sacrifices que l'état lui impose ; mais un grand nombre savent qu'elle reçoit huit cent mille francs d'encouragemens, c'est-à-dire beaucoup moins que ne coûtent au trésor une douzaine de baladins et de danseurs à l'Opéra.

De notre position modeste nous élèverons à notre tour, puisque l'occasion se présente, cette plainte qui s'éteindra comme tant d'autres sans être écoutée ; mais du moins, au nom du pauvre laboureur de nos campagnes, nous aurons rempli un devoir sacré. Quant à nous personnellement, il ne nous reste plus d'illusions. Que nous importe après tout cet oubli ou ce mépris de ceux qui ne nous connaissent pas ! Chacun ici a la conviction que ce n'est pas de si tôt qu'il faut oublier en France de faire nous-mêmes les améliorations de toute sorte !

COMICE AGRICOLE DU CANTON DE CADOUIN.

Discours prononcé par M. Chansard.

Messieurs, aujourd'hui je crois devoir vous parler des orages et de quelques moyens que l'on peut opposer à ces agens de dévastation.

En mer, les orages présentent des phases qui excitent autant l'admiration que la terreur; les vents tourmentent les flots; on peut voir le fond des abîmes, et sur les gouffres immenses bientôt s'élèvent des montagnes liquides plus immenses encore; la foudre frappe partout; les trombes se succèdent; les eaux et le ciel se confondent; le chaos semble étendre son règne sur l'univers!.... Le lendemain, les vents se sont apaisés; le tonnerre a cessé de gronder; la pluie ne tombe plus; le soleil brille de tout son éclat, et la mer redevient une plaine d'azur, calme comme la conscience de l'homme juste; il n'y reste plus aucune trace des bouleversemens de la veille.

Mais sur la terre les orages produisent des effets bien désastreux et pour ainsi dire à toujours durables : sans parler de la grêle qui détruit les récoltes, meurtrit les arbres; les pluies torrentielles, tombant sur un sol nouvellement travaillé, ravagent les montagnes et les collines, entraînant la terre et les plantes, n'y laissant que le stérile rocher entièrement mis à nu; le torrent se précipite dans les vallons, y creuse de profondes excavations, et charrie, sur d'autres points, des masses énormes de mauvais sables, de rocailles et de grosses pierres, emportant dans les rivières l'humus, la terre végétale des champs. Voilà un tableau bien triste, bien affligeant; c'est pourtant celui que vous présentent cette année plusieurs communes de ce canton, plusieurs cantons de ce département, dont le sol est très accidenté. Trouver un moyen pour prévenir ces effets funestes et l'indiquer, ce serait une bonne action.

En voici un qui, s'il n'atteint pas complétement ce résultat, du moins en approche beaucoup; bientôt je vais le proposer; d'abord, voyons-en deux autres bien utiles aussi :

On parle du reboisement des terrains en pente; cela est bien sans doute, mais ne peut convenir aux petits proprié-

taires qui vivent au jour-le jour et ont besoin de récolter
fréquemment.

On peut faire des digues ou chaussées transversales gazonnées, dans les gorges, dans les vallons, partout où ces travaux peuvent être nécessaires et exécutés sans trop gêner
pour la culture des champs. Ces chaussées peuvent être formées par le rejet de la terre d'un profond fossé, qu'on pourrait
remplir ensuite avec les pierres qui généralement surabon-
dent dans les vallons et font obstacle aux laboureurs qui les
cultivent.

Aux époques des inondations, au-dessus de la digue,
il se forme une vaste nappe d'eau. Si on craint que cette
digue ne soit pas assez haute pour retenir toutes les eaux de
l'inondation, il faut faire un fossé sur un côté du vallon
pour recevoir celles qui peuvent déborder, et les porter à une
digue inférieure. Dans les terrains perméables, ces nappes
d'eau sont, bientôt après la pluie, absorbées par infiltration,
laissant sur le sol qu'elles ont couvert, sans nuire presque
jamais aux récoltes, une couche de limon, source de fécondité et de richesse. Sur les terrains imperméables, les eaux
resteraient long-temps et noieraient les récoltes; mais il est
facile de prévenir ces accidens et de tirer un parti utile des
eaux ainsi rassemblées; il faut pour cela placer sous la digue,
au niveau de la partie la plus déclive du vallon submergé, un
aqueduc en maçonnerie, dont l'ouverture supérieure sera fermée par une petite vanne ou par une bonde qu'on met comme
un bouchon dans une boîte en fonte. Après la pluie, on fera
écouler par là l'eau, qui n'aura pas eu le temps de nuire à la
récolte, et qui fertilisera les terrains inférieurs, y étant répandue convenablement par irrigation (1).

(1) Nous ne saurions trop recommander les moyens que propose M.
Chansard. Ils sont infaillibles; nous en avons fait l'expérience. (DE M.)

Dans les terres qui bordent les chemins, il faudrait faire plusieurs trous suffisamment grands pour recevoir, de distance en distance, les eaux provenant de ces chemins et les immondices qu'elles charrient; ainsi, encore, les chemins seraient mieux conservés et on se procurerait de bons engrais.

Voilà sans doute des moyens précieux, mais qui nécessitent quelques dépenses que tout le monde ne pourrait pas faire. Voici celui que je propose de préférence, qui pourrait et devrait être employé simultanément avec les précédens, qui est à la portée de tout le monde, et qui préserve les collines et les vallons. Tout le monde a pu remarquer que les torrens, même ceux qui roulent avec plus de violence, ne peuvent entamer les terrains couverts de gazon : le nœud gordien est donc délié ! Il faut semer des fourrages de durée, et les y laisser le plus long-temps possible, partout où les inondations peuvent faire du dommage; dans les vallons, sur les parties les plus déclives, où la ravine peut passer, il faut établir des luzernières, semer du sainfoin ou faire de prairies naturelles ; dans les pentes des collines, s'il y a de la terre, il faut semer du sainfoin ou de la luzerne, par planches ou rubans en travers, en lignes horizontales de 6 à 7 mètres de largeur, laissant en culture ordinaire d'autres planches intermédiaires d'égale largeur. L'eau qui coule sur les planches travaillées s'arrête sur les planches en fourrage. Quand les planches en fourrage cessent d'être productives, on en sème dans celles qui sont en culture ordinaire, et quand celles-ci sont bien gazonnées, on peut se remettre à travailler celles du vieux fourrage. Il est bien de séparer les planches entre elles par des rangées de vignes ou de mûriers, selon l'exposition et la nature du terrain.

Quant aux terres bien en pente, où il y a peu de terre, le pauvre comme le riche ont intérêt de les laisser tranquilles ;

s'ils le pouvaient, ils feraient bien de les reboiser ; s'ils né le peuvent pas, qu'ils ne les tourmentent plus par un travail improductif, et qu'ils les abandonnent au temps ; il prendra soin de les repeupler de bois, d'herbages, de mousses et de bruyères qui les défendront contre les atteintes des orages et donneront un petit produit sans dépense.

Messieurs, j'ai expérimenté ces moyens ; je ne les propose pas légèrement ; cette année ils ont préservé ma propriété, qui aurait été frappée d'une ruine presque entière, tandis que d'autres propriétés, mieux situées que la mienne, ont été complètement dégradées.

Eh bien ! chaque jour nous le démontre encore mieux, nous devons faire tous nos efforts pour propager la culture des fourrages. Aidez-nous, vous, messieurs, en qui le pays a foi ; vous mériterez plus d'estime et de la reconnaissance. Aidez-nous, vous, mesdames, qui, par les grâces dont la nature vous a douées, votre angélique douceur, votre dévouement aussi sublime que désintéressé, votre penchant pour le culte des grandes choses, exercez tant d'influence sur l'esprit de notre sexe ; aidez-nous, et vous serez plus dignes encore de notre admiration !

STATUE EN PIED DE PARMENTIER.

Le 12 août, l'académie des sciences se trouvait presque tout entière sur l'esplanade des Invalides, pour admirer la statue en pied de Antoine-Augustin Parmentier. Voici sur cet homme utile quelques détails biographiques.

Parmentier naquit à Montdidier (Somme), en 1747, il y a bientôt un siècle, et mourut le 13 décembre 1813, vénéré de l'Europe entière.

Il perdit son père très jeune, et ce fut sa mère, savante et noble femme, qui fit sa première éducation.

En 1755, il entre chez un modeste apothicaire de Montdidier ;

puis il vient à Paris, chez un sien parent pharmacien; de là il passe dans l'ambulance de .l'armée de Hanôvre, où il fut fait cinq fois prisonnier en soignant et en pansant les blessés.

La paix de 1763 le ramène en France; il se perfectionne dans les sciences aux leçons des Nollet, Rouelle, Antoine et Bernard de Jussieu.

En 1766, il remporte, au concours, la place de pharmacien à l'hôtel des Invalides.

En 1772, il en devient pharmacien en chef.

La disette de 1769 ayant déterminé l'académie des sciences à proposer un prix pour le meilleur mémoire qui signalerait les végétaux capables de suppléer les plantes céréales, Parmentier remporte le prix, et, comme on le devine déjà., la *pomme de terre* en fut le sujet. Dès-lors, la pomme de terre, transplantée du Pérou en Europe dès le quinzième siècle, devint la grande occupation d'une partie de sa vie.

On le voit combattre les préjugés qui repoussent le précieux tu-bercule.

On le voit demander à Louis XVI cinq arpens de terre inculte dans la plaine des Sablons, pour y cultiver la pomme de terre.

On le voit présenter au roi, entouré de sa cour, les premières fleurs de la plante.

Dès-lors toutes les provinces cultivent à l'envi la merveilleuse pomme.

Ce fut aux Invalides, Franklin présent, qu'il en fit du pain.

On le vit donner un splendide banquet à ses amis, où tous les mets n'étaient composés que de pommes de terre, depuis les gâteaux de Savoie et les biscuits, jusqu'aux liqueurs. Le repas fut exquis.

Le ministre François de Neufchâteau voulut qu'on appelât la pomme de terre *parmentière*, du nom de son digne inventeur. Depuis, on sait comme la parmentière a fait son chemin. Parmentier devint membre de l'institut en 1796, puis président du conseil de salubrité et administrateur des hospices.

La statue, due à Molchnecht, ainsi que les quatre bas-reliefs qui décorent le piédestal, est fort belle.

Elle sera transportée prochainement à Montdidier, pour être placée au centre de cette ville.

PARTIE LITTÉRAIRE

ET SCIENTIFIQUE.

—

LE PÉRIGORD ET SES LIMITES.

(Suite et fin.)

C'est surtout durant le cours du quatorzième siècle que cette partie du Périgord fut le plus tourmentée dans ses formes administratives. Les Anglais étaient-ils maîtres du pays, aussitôt toutes les localités de la rive droite de la Dordogne, depuis le Fleix et Fronsac jusqu'à Villefranche-de-Loupchac et Puynormand, étaient annexées à la sénéchaussée d'Agenais. Les Français repremaient-ils le dessus, elles repassaient à celle de Périgord ; et comme, au milieu de cette fluctuation, les intérêts des particuliers n'en n'étaient pas moins obligés d'avoir leur cours, il se trouva souvent que ceux qui avaient des procès ou d'autres affaires à régler officiellement ne savaient plus à quelles autorités judiciaires et civiles ils devaient s'adresser. De là des conflits auxquels des ordonnances et des réglemens multipliés ne remédiaient que provisoirement. Durant le quinzième siècle, la lutte s'étant transformée en guerre de partisans organisés par bandes de pillards, chaque château, chaque bastille se trouva transformée en petite place forte indépendante, se faisant anglaise ou française, avec la plus entière impunité, selon le caprice de ceux qui l'occupaient; de sorte que, par le fait, le pays était sans administration, ou, s'il en avait, c'était celle de la force et du bon plaisir. Aussi, quand vint le moment de l'affranchissement, on ne parut plus se souvenir de l'ancien état des choses, et les limites primitives du Périgord furent délaissées pour lui assigner celles qui forment aujourd'hui la séparation du département de la Dordogne de ceux de la Gironde et de la Charente, le long des bords de l'Ille (1).

Depuis l'Ille, en remontant vers le nord, jusqu'aux confins actuels du département de la Haute-Vienne, l'Angoumois posséda toujours dans le Périgord des enclaves qui imprimaient à la ligne de démarcation des deux pays un mouvement d'oscillation si saccadé, qu'on pouvait la comparer à une véritable ligne brisée. La cause de cet étrange enchevêtrement n'a jamais été expliquée, que je sache, et pourtant elle méritait bien qu'on s'en occupât. Voici mes conjectures à cet égard.

Tout le monde sait que lorsque Wlgrin vint dans le pays avec la mission d'y organiser la résistance contre les Nor-

(1) Je ne dois pas omettre de rappeler ici que, postérieurement, il y eut une nouvelle division territoriale, par suite de laquelle Libourne fut érigé en sénéchaussée; que, pour former cette nouvelle sénéchaussée, on emprunta à celles de Guienne, de Saintonge, d'Angoumois et de Périgord, et que cette dernière lui fournit toute la partie de son territoire depuis et y compris Montpaon jusqu'aux limites actuelles des départemens de la Dordogne et de la Gironde. Quoique cette création ne fût qu'un accident administratif, je ne devais pas la passer sous silence. Toutefois, on aurait tort d'en conclure qu'elle porta atteinte aux limites réelles du Périgord. Elle modifia, il est vrai, la circonscription de la sénéchaussée; mais elle ne fit pas, et de fait elle ne pouvait pas faire que, dans la partie qui lui était attribuée, la population cessât brusquement d'être ce qu'elle avait toujours été jusqu'alors.

mands, il y fut envoyé par Charles-le-Chauve avec le titre
de comte d'Angoumois et de Périgord. Ses fils, au lieu de se
partager ses domaines, comme l'ont avancé les auteurs de
l'*Art de vérifier les dates*, les administrèrent en commun.
Après leur mort, cette sorte de communauté d'intérêt, quoique moins amicale, se continua entre leurs descendans ; ou,
pour mieux dire, la branche directe d'Wlgrin, s'étant main-
tenue dans l'Angoumois, continua pendant assez long-temps
à exercer de fait dans le Périgord une certaine autorité qui
se transmettait de génération en génération. Le temps et les
événemens modifièrent et restreignirent cette autorité ; mais
elle ne se perdit pas entièrement, comme le démontrait l'existence de ces enclaves qui constituaient certainement le dernier anneau de cette chaîne. Aussi je n'hésite pas à dire que
ces enclaves ne prouvaient rien en faveur de l'Angoumois,
et je suis bien convaincu que s'il avait eu connaissance de
cette circonstance, tout en signalant, comme il l'a fait, la
nécessité où l'on se trouva, à l'époque de la formation des
départemens, d'attribuer ces enclaves à celui du *Périgord* (1),
pour rectifier la ligne de démarcation de deux nouvelles divisions territoriales, l'auteur des *Annuaires de l'an XI et de*
l'an XII n'aurait pas manqué de faire observer que l'origine
de ces enclaves contribuait essentiellement à faire rejeter
l'idée de leur annexion primitive à l'Angoumois, tandis qu'au
contraire elle autorisait à poser en fait qu'il était rationnel de
les attribuer à l'ancien Périgord, puisque, de tout temps,
elles avaient fait partie du diocèse primitif (2). Il n'aurait

(1) Le département de la Dordogne s'appela d'abord *département du*
Périgord.

(2) Ces enclaves faisaient pour la plupart partie de l'archiprêtré d'A-
vancens. *(Voir l'article sur les archiprêtrés déjà cité.)*

donc pas fallu dire, comme l'a fait Delfau et d'autres après lui, que, pour donner une circonscription plus régulière au département de la Dordogne, on lui incorpora quelques communes de l'Angoumois et de la Saintonge, mais faire remarquer avec soin que la nouvelle division territoriale fournit l'occasion de reprendre sur l'Angoumois et la Saintonge une partie des communes qu'on avait, à diverses époques, détachées du Périgord.

Vers le Haut-Limousin, ce fut tout le contraire. On a vu que l'archiprêtré de Nontron n'avait jamais fait partie de l'ancien évêché de Périgueux. Quoiqu'il restât toujours réuni spirituellement au diocèse de Limoges, dès le quatorzième siècle, au plus tard, il était compris administrativement dans la sénéchaussée de Périgord, et n'en fut jamais détaché depuis. Nous savons cependant que sa position mixte lui suscitait parfois des désagrémens qui finirent par devenir tellement fâcheux au commencement du quinzième siècle, qu'il fut obligé d'avoir recours à l'autorité royale. Voici à quelle occasion : Les nécessités que les malheurs du temps et les guerres continuelles avec les Anglais avaient fait naître forçaient les populations à subir l'imposition de nombreux subsides, fouages, tailles, etc. A cette époque, pendant qu'on imposait cet archiprêtré comme partie intégrante de la sénéchaussée de Périgord, on le taxa également comme dépendance du diocèse de Limoges, si bien qu'il se trouvait réduit à payer deux fois, lorsqu'il n'était pas bien en état de payer une. Par lettres patentes du 10 juin 1410, le roi Charles VI déclara qu'il ne serait plus imposé que par la sénéchaussée de Périgord.

Du côté du Bas-Limousin, on rencontre des difficultés semblables à celles dont j'ai parlé au sujet de la délimitation des sénéchaussées de Périgord et de Quercy. Le fait même de la possession, par le vicomte de Limoges, de quelques domaines situés en Périgord , y ajoute un embarras de plus. Cependant nous trouvons que la ligne de démarcation des deux pays ne varia pour ainsi dire pas de ce qu'elle était pour les diocèses, à quelques paroisses près. Ainsi, par exemple, il est constant que, dès l'origine, la chatellenie d'Excideuil et ses dépendances ressortissaient au sénéchal de Périgord et qu'elles firent toujours partie de la sénéchaussée ; comme aussi nous savons parfaitement que lorsque le Quercy et le Bas-Limousin eurent été soustraits à la juridiction du sénéchal de Périgord, la chatellenie d'Ans resta annexée à la sénéchaussée et en fit toujours partie depuis. Il en fut de même de celle de Terrasson.

Il suit de tout ce qui précède que les limites du Périgord ne furent jamais modifiées d'une manière très sensible, et que c'est faute d'études préliminaires suffisantes, ou plutôt par suite de préventions basées sur les sentimens exaltés d'un patriotisme local mal entendu , mais qui n'a rien que de très excusable, qu'on s'est persuadé et qu'on a voulu persuader aux autres que ce pays avait acquis, dans un temps très reculé, des proportions extraordinaires et essentiellement propres à faire concevoir une très haute idée de l'importance primitive du peuple pétrocorien et du rôle remarquable qu'il avait dû jouer dans la Gaule. Il en résulte même que cette préoccupation a été telle, qu'elle a fait perdre de vue et complètement négliger les autres parties frontières du Périgord., sur lesquelles il eût été fort nécessaire de faire des études et des recherches d'autant plus minutieuses, que, dans quelques-unes de ces parties, les limites primitives étaient inconnues ou mal déterminées, et que, par le fait, elles avaient subi presque partout des modifications bien autrement importantes que celle dont on s'était tant occupé, que l'on préten-

dait avoir constatée d'une manière péremptoire, et qui en réalité n'exista jamais que dans l'esprit de ceux qui en par-
laient.

Frappé de cette fausse direction donnée aux études historiques, j'ai regardé comme un devoir, comme une obligation
sacrée de repousser ces mauvaises traditions et de leur substituer la vérité pure et simple. Nous ne sommes plus au temps
où l'on se faisait scrupule de respecter les vieux préjugés. Désormais les vanités de clocher et de province doivent s'effa-
cer pour faire place à des idées plus larges et à des sentimens
plus élevés. Je me plais donc à croire qu'on voudra bien rendre justice à mes intentions et qu'on reconnaîtra que je n'ai
eu qu'un seul but, l'impartialité.

Je sais bien toutefois que ce qu'on vient de lire ne peut
pas être considéré comme une réfutation complète, absolue
de toutes les erreurs accréditées jusqu'ici sur l'état des limites
du Périgord. Je conviens également qu'après avoir com-
battu les opinions émises et reçues jusqu'ici sur ces limites,
je n'ai pas justifié, comme j'aurais dû le faire, les assertions
contraires que j'ai formulées; mais c'est sciemment et volontairement que j'ai procédé de la sorte. Ne pouvant pas, ne
voulant pas pour le moment dépasser les bornes ordinaires
d'un article, j'ai dû nécessairement me restreindre à l'énon-
ciation des faits tels que je les ai recueillis, me réservant de
les faire connaître plus tard dans toute l'extension de leur
réalité (1). Avant tout, et par-dessus tout, j'ai voulu constater qu'on s'était trompé, et que les erreurs dans lesquelles
on était tombé jusqu'ici disparaissaient facilement devant une

____

(1) Dans mon *Histoire du Périgord*, où une carte reproduira maté-
riellement les faits que j'aurai établis au moyen des documens authentiques contemporains.

saine et juste critique. Je n'ose dire pourtant que j'ai atteint le but ; mais tout ce que je puis assurer, c'est que ma conviction est entière, et que si je ne l'ai pas fait passer dans l'esprit de mes lecteurs, c'est plutôt ma faute que la faute des faits, qui sont évidemment incontestables.

L. DESSALES,

Membre de la société royale des antiquaires de France.

—♦♦♦♦♦⊙Ɔ◌ᕩᕩᕩ♦—

DÉCOUVERTES A WHEATLEY.

Les restes d'une villa romaine d'une étendue considérable viennent d'être découverts près de Wheatley, canton d'Oxford, en Angleterre ; quelques fouilles y ont été faites sous la direction du docteur Branet. Tout ce qu'on a mis au jour jusqu'à ce moment consiste en un hypocauste et des bains. Des dessins en ont été faits. Ces ruines sont éloignées d'environ un mille et demi du palais de l'évêque d'Oxford, à Cuddesden.

Le rédacteur-éditeur, AUG. DUPONT.

Vu : *Le secrétaire-perpétuel,* DE MOURCIN.

PARTIE AGRICOLE.

—

COMICE AGRICOLE DE MONTAGRIER.

Séance du 27 septembre 1846.

DÉCUVAGE DES VINS.

Le 27 septembre dernier, le comice agricole de Montagrier a célébré son dix-neuvième anniversaire. Attristée par des deuils récens, cette réunion a vu s'abstenir ses élégans habitués, n'ayant fait appel qu'aux membres de la nombreuse famille cantonnale. Les plaisirs, en fuyant, ont laissé l'intérêt agricole dans l'exercice de tous ses droits trop souvent sacrifiés aux folles joies. La journée a été pleine d'utiles enseignemens et de consciencieux encouragemens. Fidèle à la tradition de son passé, le comice a fait de la séance solennelle de la distribution des primes un cours d'axiomes agricoles. Il a confié à un jury éclairé, capable de mettre la main à l'œuvre, le soin de présider au concours du labourage. Les concurrens ont dû, joignant la théorie à la pratique, répondre sur les modifications apportées, en ces derniers temps, aux charrues, sur leurs avantages, sur leurs inconvéniens, su rla différence du labour à exécuter, suivant la nature du sol et suivant la semence à confier à la terre. On a entendu le rapporteur de la commission d'examen des prairies artificielles exposer, dans un langage simple et concis, le mérite ou les défauts des objets ayant concouru. Il a enseigné à tous l'art de bien faire , et, développant la théorie des assolemens , il a assigné aux prairies artificielles le rôle qu'elles doivent y jouer. Un autre rapporteur, organe de la commission d'examen du bétail , a signalé les heureux effets de la concurrence que se font nos riches propriétaires. Nous devons à cette louable rivalité de voir chaque année notre champ d'exposition s'enrichir de produits plus nombreux et plus beaux. M. le secrétaire a résumé les travaux de l'année. Ces travaux, nullement inférieurs à ceux des années précédentes, se coordonnent avec eux, pour réaliser la pensée première des fondateurs du comice; donner aux améliorations agricoles une marche progressive, lente sans doute, mais toujours sûre, aucun fait n'étant proclamé utile et recommandé comme tel, s'il n'a été expérimenté par un ou plusieurs de ses membres.

A une heure, la distribution des primes a eu lieu : M. le secrétaire faisant l'appel des lauréats, M. le président leur remettant le certificat et M. le trésorier payant à l'instant. Tous les membres actifs du comice ont, suivant leur habitude, renoncé à l'argent de leurs primes pour accroître d'autant celles des colons et des petits propriétaires.

Après la séance, il y a eu comité particulier pour des modifications au réglement. M. Ducluzeau fils a remercié le comice de l'honneur qu'il lui a fait de l'appeler à lui et a promis un concours aussi efficace que possible. Il s'occupera de la vinification, dont il a fait une étude sérieuse. Commençant à réaliser sa promesse, il lit un discours sur la fermentation vineuse, et dit qu'en 1846 la maturité du raisin étant parfaite, le thermomètre ayant peu baissé, on doit conclure que cette fermentation sera tumultueuse et rapide. Les vins ne devront donc pas cuver long-temps si on veut éviter qu'ils ne prennent de l'acidité dans la cuve. Ils seront encore, à la vérité, chauds et troubles en les mettant dans les tonneaux ; mais étant chargés de tanin, on arrivera facilement à leur clarification sans inconvénient, au moyen de la soupape hydraulique que M. Ducluzeau emploie depuis six ans avec le plus grand avantage. Il a présidé lui-même à sa confection chez M. Vergnat, lampiste à Périgueux, pour qu'elle fût vendue à un prix très modéré.

Cette soupape s'adapte à une bonde percée et enveloppée de linge ou de chanvre. Une fois placée sur le tonneau, on l'entoure d'un enduit composé en volume de deux tiers de blanc d'Espagne et d'un tiers de suif en rame. Il faut faire chauffer le mélange et l'employer avant qu'il se soit durci. — Les vins devront être soutirés en décembre et en mars.

L'honorable président, M. Ducluzeau père, a, suivant la coutume, donné le dîner à tous les membres du comice. C'est-à-dire que cette réunion s'est terminée sous les auspices d'une hospitalité franche et cordiale, qui n'a laissé de place qu'à l'expression des sentimens les plus élevés.

Voici l'excellent discours sur le décuvage des vins qu'a prononcé M. Pasquy-Ducluzeau fils, nouvellement admis, et qui a signalé son entrée dans le comice par d'utiles observations :

« Messieurs, en acceptant l'honneur de faire partie de votre société, je devais m'acquitter envers elle d'un tribut que j'ose vous offrir ; veuillez l'accepter avec bienveillance et agréer mes remercîmens, pour avoir bien voulu songer à moi dans le choix d'un membre destiné à compléter le nombre voulu par vos statuts. Je m'efforcerai de seconder vos louables efforts dans tout ce qui aura rapport à vos travaux.

» L'industrie marche vers des améliorations progressives ; les produits animaux destinés à la nourriture et aux besoins journaliers de l'homme se perfectionnent de jour en jour ; une seule branche de notre agriculture est restée dans l'oubli, non-seulement dans ce département, mais dans toute la France, qui déplore aujourd'hui la perte croissante de sa plus riche production.

» Le comice de Montagrier a beaucoup fait; mais il lui reste encore beaucoup à encourager : l'art agricole ne doit pas être stationnaire. Regardez autour de vous : de toutes parts la production de l'industrie vinicole est devenue l'objet de l'attention de plusieurs sociétés savantes, qui se sont organisées dans le but de remédier à l'état de détresse où elle se trouve aujourd'hui.

»Quatre moyens existent pour relever cette partie de notre agriculture. Les deux premiers, dont je m'abstiens de parler, appartiennent à la sage prévoyance du gouvernement; le troisième, qui concerne les voies de transport, est en pleine activité; le quatrième, qui a pour but le renouvellement des vignobles, le choix des cépages, la propagation, la popularisation des principes scientifiques de la vivification, principes qui sont inconnus encore dans nos vignobles, sera notre tâche à tous, messieurs, dans l'intérêt de la société.

» En effet, pourquoi souffrir qu'on s'occupe plus long-temps de vos intérêts sans y prendre part, qu'on sacrifie cette industrie à d'autres systèmes agricoles dont nous n'avons pas calculé les conséquences? Ne serait-ce pas le moment de primer les vignerons? A quoi sert d'avoir de bons alimens, s'ils ne sont accompagnés de vins qui auront pris part au progrès général? Pourquoi chercher ailleurs ce qu'on peut se procurer chez soi, ou se confier à ces vins qui, sous le dehors de la réputation, sont aussi nuisibles à la santé que peu agréables au goût? Il y a, ce me semble, un intérêt d'humanité, en perfectionnant ces utiles produits : nous aurions à déplorer moins d'accidens qui sont la suite de l'usage de vins de mauvaise qualité.

» Continuez donc, je vous en supplie, de seconder ces hommes généreux de toutes les conditions qui se dévouent sans réserve à l'amélioration de tout le bien-être matériel de notre pays.

» C'est ici le moment, messieurs, de vous entretenir de la fermentation vineuse de cette année, qui sera, on doit bien s'y attendre, prompte et rapide dans sa marche, et complète en peu de jours, signes certains de bonne maturité. Le thermomètre n'ayant pas baissé considérablement, il faudra redouter la durée de la fermentation dans les cuves. Aussi l'essai de la soupape hydraulique que je vous propose, après un usage de six années, devient-il urgent au moment du décuvage pour laisser terminer la fermentation insensible dans les tonneaux. Le tanin fourni par la raffle du raisin, qu'on devra laisser en partie cette année, clarifiera les vins que vous croirez devoir rester troubles, décuvés trop tôt.

» Je me borne à vous désigner l'endroit où vous pourrez vous la procurer : c'est chez M. Vergnat, lampiste à Périgueux, à qui j'ai confié des modèles pour en faciliter l'application. Quant à la manière de s'en servir, je puis vous en montrer, dès à présent, les effets et la ressource. »

P. S. M. Vergnat est chargé d'indiquer la manière de s'en servir.

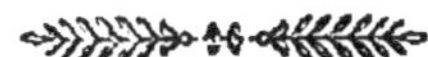

COMICE AGRICOLE DE THIVIERS.

Séance du 19 juillet 1846.

M. Beaupoil de Sainte-Aulaire, propriétaire aux Limagnes, ayant été présenté pour faire partie du comice, on passe au scrutin. Son admission est prononcée par l'unanimité des suffrages.

On procède ensuite, par la voie du scrutin, au renouvellement triennal du bureau. Voici le résultat de l'élection :

Président, M. Armand de Bellussières, au château de l'Axion ;

Vice-président, M. Theulier Saint-Germain, notaire à Thiviers ;

Trésorier, M. Lasescuras-Lépine, propriétaire à Thiviers ;

Secrétaire, M. Lorenzo Theulier, à Thiviers ;

Vice-secrétaire, M. G. de Labardonnie, propriétaire à Verzinas.

Il est ensuite, par M. le secrétaire, donné lecture du rapport envoyé par M. Noël Dupeyrat, conseiller à la cour royale de Paris, délégué du comice de Thiviers, près du congrès central d'agriculture. Ce rapport est ainsi conçu :

« Monsieur le président,

» J'ai été très sensible à l'honneur que m'a fait le comice agricole de Thiviers, en me désignant pour son délégué près du congrès central d'agriculture. Quoique je me sentisse fort au-dessous de la mission qui m'était confiée, j'ai cherché à suppléer par mon zèle à mon incapacité. Je me suis empressé de me mettre d'abord en rapport avec la commission permanente du congrès, et de lui adresser les diverses propositions ou observations de notre comice.

» Presque toutes les questions énoncées au programme ont été traitées et discutées ; quelques-unes ont été renvoyées à l'année prochaine, le temps et la durée de la session n'ayant pas permis de les examiner.

» Des propositions utiles ont été adoptées, notamment sur les engrais et amendemens, sur l'instruction des classes agricoles et établissemens humanitaires, sur l'impôt du sel et sur les associations agricoles. Quelques-unes de celles qui avaient été faites par notre comité ont été comprises implicitement et sauf quelques modifications dans les vœux émis par le congrès.

» Ainsi, sur l'instruction des classes agricoles, il demande que l'enseignement dans les écoles primaires rurales comprenne des notions élémentaires d'agriculture et d'horticulture, que des dispositions soient prises dans les écoles pour préparer les élèves à cet enseignement, et qu'à l'avenir le programme d'examen impose aux candidats instituteurs des conditions d'instruction agricole et horticole. Il demande en outre que l'agriculture soit professée dans les colléges communaux, et que l'on multiplie les fermes-écoles.

» Sur les établissemens charitables et humanitaires le congrès admet une partie des idées si sages émises par M. Luguet, et demande que le gouvernement avise à la répression efficace du vagabondage et à l'extinction de la mendicité par l'adoption de mesures obligatoires pour tous les départemens ; que la loi autorise les conseils municipaux à s'imposer des centimes additionnels ayant pour affectation spéciale les secours à distribuer aux indigens invalides de la commune, et l'exécution, par les indigens valides, de travaux utiles à l'agriculture. Il demande en outre : 1° l'institution dans tous les départemens de colonies agricoles pour les enfans trouvés et les orphelins ; 2° l'encouragement de celles qui existent déjà ; 3° de nouveaux essais pour diriger vers les travaux de l'agriculture les jeunes détenus, soit en les fixant dans des maisons pénitentiaires déjà fondées, soit par la création de colonies agricoles auprès des maisons centrales de détention ; 4° l'établissement de sociétés libres de patronage qui se chargeraient de la surveillance et de la direction des jeunes gens à leur sortie des colonies ; la fondation dans les communes rurales de succursales des caisses d'épargnes établies aux chefs-lieux d'arrondissement.

» Sur le fermage et le métayage, le congrès, après une discussion plus théorique que pratique, et des opinions contradictoires sur la préférence à donner à l'un et à l'autre système, a déclaré qu'il n'y avait lieu à formuler aucun vœu.

» Sur l'amélioration des bestiaux, la commission avait proposé au congrès d'émettre des vœux nombreux au sujet de la race chevaline, de la race bovine et de la race ovine. La discussion s'est ouverte le dernier jour de la session, et a porté principalement sur la race chevaline. Mais elle a été si confuse, et les opinions si divergentes, que l'on a fini par renvoyer la question à l'année prochaine.

» Sur le commerce agricole, le congrès, parmi les vœux qu'il a émis, a demandé, comme le proposait notre comice, la réduction du nombre des foires.

» Sur l'impôt du sel, le congrès a demandé que la taxe sur le sel fût, *dans le plus bref délai*, réduite à 10 centimes par kilogramme.

» Quant aux associations agricoles, le conseil est d'avis que l'organisation de l'agriculture doit être envisagée à deux points de vue distincts et comprendre deux ordres différens d'institutions.

» Dans le premier, il range *les associations libres*, s'occupant soit des moyens d'améliorer la pratique agricole, soit de discuter les intérêts généraux de l'agriculture et de faire connaître au gouvernement ses besoins et ses vœux.

» Ces associations sont les comices, les sociétés agricoles, les congrès régionaux, le congrès central.

» Le congrès, tout en reconnaissant que l'organisation de quelques-unes de ces sociétés est susceptible d'améliorations, pense
qu'il faut attendre ces améliorations de l'expérience et *du libre
assentiment* des comices et des sociétés particulières. En conséquence, il émet le vœu :

» Que toute liberté, compatible avec le bon ordre, soit laissée
à toutes ces associations pour la confection de leurs statuts, de
l'ordre de leurs travaux, et les rapports à établir entre elles.

» Le second ordre d'institutions doit comprendre les corps con-
sultatifs de l'agriculture chargés de donner leur avis sur divers
points d'économie agricole et forestière, de police rurale, de législation, de tarifs, etc., et sur tous les intérêts de l'agriculture.
Ce sont les chambres d'agriculture, le conseil général d'agriculture et, dans une juste proportion avec les autres industries, le
conseil supérieur du commerce.

» Le congrès, pour répondre à ce second besoin, émet le vœu :

» Que les chambres consultatives d'agriculture soient organisées par voie d'élection dans tous les départemens ;

» Que le conseil général d'agriculture soit composé de 86 membres nommés par ces chambres ;

» Qu'il soit accordé à l'agriculture, dans la composition du conseil supérieur du commerce, une part égale à celle de l'industrie
et du commerce, et que ce conseil prenne le nom de conseil supérieur de l'agriculture, des manufactures et du commerce.

» Tels sont, monsieur le président, les principaux vœux émis
par le congrès. Combien y en aura-t-il d'accueillis par le gouvernement ? C'est ce que l'avenir nous apprendra. Quoi qu'il en soit,
le congrès s'est livré avec zèle à l'examen et à l'étude de la plupart
des questions qui lui étaient soumises, et son temps a été bien employé. Mais une session de huit jours ne pouvait suffire pour les
discuter toutes ; la carrière était trop vaste pour un délai aussi
court.

» J'ai cru devoir vous rendre un compte succinct des décisions
prises par le congrès pour le soumettre au comice qui m'a honoré
de son choix. Il serait trop long de vous donner l'analyse complète des discussions qui ont eu lieu. Malheureusement mon service à la cour royale m'en a fait perdre une partie, le congrès
commençant ses séances *le matin,* pour laisser aux pairs et aux

députés la faculté de se rendre à leurs chambres respectives. Cependant j'ai concilié mes devoirs de manière à assister chaque jour au moins à une partie de la séance du congrès, et à prendre part ainsi à ses travaux et à ses décisions. »

Le comice ordonne que le rapport sera inséré au procès-verbal. Il rend hommage au zèle de son délégué, qui a rempli sa mission en homme éclairé et consciencieux.

Plusieurs mémoires envoyés par le congrès central sont déposés sur le bureau. Dans un rapport présenté par MM. de Romanet, Dinet-Peuvrel, Pierre Jouet et Lainé, on lit à l'article *foire* : « ..... L'homme abuse souvent, et les foires, » naguère si nécessaires, sont pour la plupart, et sauf quel-» ques grandes exceptions, devenues non seulement des lieux » de vente et d'achats peu importans, mais des réunions pour » le plaisir, la débauche et l'ivrognerie : des jours s'y perdent » pour la culture, et trop souvent les bonnes habitudes s'y ou-» blient dans les cabarets, ainsi que le disent si bien les co-» mices agricoles de Thiviers (Dordogne), de St-Fargeau..... » Le comice ne fait remarquer ce passage du rapport qu'afin de prouver que le congrès central ne dédaigne aucun des matériaux qui lui parviennent, quelque humble que soit la main qui les fournit à l'édifice agricole.

M. le trésorier rend ensuite ses comptes, qui sont approuvés. Il en résulte qu'il existe en caisse 331 fr. 96 c. M. le président annonce que M. le préfet accorde une subvention de 100 fr. sur les fonds départementaux.

M. de Lamarthonie présente ensuite son rapport sur les fourrages qu'il a bien voulu inspecter. Il en résulte que les récoltes par assolement, que le comice a voulu encourager, sont peu nombreuses. Il ne sera, en conséquence, accordé que deux primes :

La première, pour trèfle à transformer en céréales, au

métayer de M. Joubert, au Bos-du-Trands. . . . . 30 fr.

.La seconde, pour la même plante, au métayer de

M. Lépine. . . . ·. . . . . 20 fr.

Le comice décide ensuite que la fête agricole aura lieu le 13 septembre, jour de dimanche. On ouvrira un concours de labourage, auquel seront admis les bouviers étrangers au comice. Il commencera à neuf heures du matin. Trois primes seront distribuées, la première de 20 fr., la seconde de 15 fr., et la troisième de 10 fr. MM. A. de Bellussière, Hautefort et de Labardonnie sont nommés juges-commissaires pour le concours de labourage.

MM. Joubert-Magne et L. Theulier sont désignés comme commissaires pour les détails et l'organisation de la fête du 13 et du bal du 15 septembre, qui en fera la clôture.

Séance du 13 *septembre.*

Le comice, réuni au lieu de ses séances pour la distribution des primes, sur la proposition de son président, s'occupe de la question de la réduction de l'impôt sur le sel, dans ses rapports avec l'agriculture. Cette diminution, admise par la chambre des députés, n'a échoué devant la chambre des pairs que par suite d'un rapport présenté par M. Gay-Lussac, rapport dans lequel le savant a soutenu un paradoxe qui a égaré les hommes d'état.

D'autres se sont chargés de répondre à la question scientifique. Pour la théorie, le café a été successivement un poison et un remède, un irritant et un calmant; enfin on vient de constater qu'il est riche en parties nutritives. Le café n'en est

pas moins devenu un besoin général, et, malgré notre anglo-
manie, le thé n'est pas parvenu à s'acclimater parmi nous.
Le comice ne doit donc s'adresser qu'à l'expérience, et il reconnaît à l'unanimité, pour le canton de Thiviers et le département de la Dordogne, l'existence des faits suivans :

La viande paraît à peine aux grandes fêtes dans la maison
du paysan de la Dordogne. Ses alimens se composent, une
partie de l'année, de châtaignes, de pommes de terre, de mets
particuliers pétris de farine de maïs et de sarrazin. L'ognon et
l'ail sont les condimens de cette triste alimentation. Le sel
seul peut rendre cette nourriture mangeable et en faciliter la
digestion. Le lard et la graisse de cochon remplaçant le
beurre, le sel est encore d'une nécessité absolue pour relever la
fadeur de ces substances trop grasses. Obligé de se restreindre,
chaque ménage de paysan arrive cependant à une consommation annuelle de 150 à 200 k°⁵ de sel.

Il est constant que l'emploi du sel active l'appétit du bétail,
facilite la consommation du plus mauvais fourrage, qui, rebuté
seul, est mangé en entier avec une addition d'eau salée.
Les moutons sont préservés de la pourriture si fréquente dans
les terrains humides par l'usage du sel. Dans les années froides et pluvieuses, du sel jeté sur les cuves en ébullition bo-
nifie le vin et en rend la conservation plus facile. L'emploie
du sel comme amendement pour la végétation des plantes
est encore à l'état d'essai ; mais ses usages incontestables
suffisent pour que le comice de Thiviers regarde comme un
bienfait, en faveur de la classe des agriculteurs, la réduction
de l'impôt sur cette utile denrée. Il supplie le conseil général
de la Dordogne d'émettre un vœu dans ce sens.

Après cette délibération, le comice, en corps, se rend sur la
place pour procéder à la distribution des primes et siéger sur

une estrade élevée dans cet objet. M. le président prend la
parole :

« Messieurs,

» Nous célébrons notre huitième fête agricole ; il y a aujourd'hui
huit ans que, pour la première fois, je suis venu ici vous convier
à renoncer à vos vieilles habitudes et à augmenter votre bien-être
en retirant un meilleur produit des terres que vous cultivez. Depuis ce temps, je n'ai cessé de vous répéter les mêmes choses, parce
que ce sont celles qui seules peuvent vous conduire à ce résultat.
La terre ne demande qu'à vous prodiguer ses richesses ; mais il
faut que vous sachiez les en faire sortir. En faisant succéder une
récolte épuisante à une autre récolte épuisante, vous l'appauvririez
tellement, qu'elle finirait par ne pouvoir plus produire. Vous savez
qu'on entend par plante épuisante celle qui porte des graines à
parfaite maturité et propres à se reproduire. Mais à côté de ces
plantes vous en avez d'autres qui sont améliorantes, c'est-à-dire qui
rendent plus à la terre qu'elles ne lui empruntent. Un exemple
vous rendra ceci plus sensible. Quand vous semez du froment sur
une terre qui a produit du froment l'année précédente, vous n'avez
qu'une mauvaise récolte, tandis que quand vous semez le même
froment sur une défriche de prairie naturelle ou artificielle, vous
avez une récolte plus abondante et qui vous donne souvent autant
de grains dans un hectare que dans quatre qui ont déjà produit
du froment. Vous avez tout avantage à adopter cet assolement.
Voyons si cet avantage a été compris par tous. Avant l'établissement
du comice, aucune plante fourragère ne venait aider la prairie naturelle pour la nourriture des bestiaux ; par suite, peu de bestiaux,
peu d'engrais et de mauvaises récoltes. Aujourd'hui nous voyons
quelques champs couverts de trèfle, de sainfoin, de luzerne, de
betteraves, etc., et dans quelques étables le nombre des bœufs
doublé, même triplé. Nous voyons, dis-je, ce résultat dans quelques endroits ; mais ce n'est pas assez ; nous voudrions le voir partout. Je viens donc encore vous inviter, vous retardataires, à
examiner les récoltes de vos voisins, à les comparer avec les vô-
tres et à suivre leur exemple ; ils n'ont d'autres moyens que ceux

qui sont à votre disposition ; mais ils font mieux que vous, parce qu'ils écoutent ce qu'on leur dit et qu'ils le pratiquent.

» C'est encore pour vous prouver qu'avec ces moyens on peut obtenir des récoltes plus abondantes que le comice a créé, il y a deux ans, une métairie dans les plus mauvaises conditions, afin que vous ne puissiez pas dire que tout lui avait été facile. Je vous avais promis, l'année dernière, de vous faire connaître les résultats obtenus cette année ; mais malheureusement cela m'est impossible ; les élémens ont été contre nous ; la pluie au printemps, la sécheresse en été ont annulé tous nos efforts et ont rendu, comme chez vous, notre récolte presque nulle, quoiqu'elle eût la plus belle apparence.

» Puisque je vous ai parlé du mauvais temps de cette année, je ne veux pas terminer sans vous faire part des réflexions qu'il m'a suggérées.

» Que faisons-nous quand nous sacrifions tout à la culture du froment? Nous mettons, comme on dit vulgairement, tous nos œufs dans le même panier, de sorte que si le panier se renverse, les œufs se cassent, et adieu le produit de leur vente. Il en est de même quand nous voulons récolter beaucoup de froment; nous négligeons le reste, et si la grêle, le brouillard ou la sécheresse l'emportent, nous sommes ruinés; tandis que ceux qui cultivent avec lui des plantes fourragères conservent encore quelque chose. La pluie et le brouillard, qui sont nuisibles au froment, favorisent la végétation de la prairie artificielle et en augmentent le produit; et quand la sécheresse vient, le fourrage est récolté. Dans ce cas, l'élève ou l'engraissement des bestiaux couvrent une partie de la perte éprouvée sur la céréale. Nos bestiaux, étant plus nombreux, seraient moins chers, et leur consommation serait plus à la portée de tous. L'éleveur ne perdrait pas à cette baisse de prix, car s'il gagnait moins sur chaque tête, il en élèverait davantage, il se retrouverait sur la quantité. Vous voyez donc que nous avons le plus grand intérêt à modifier notre agriculture et à diversifier nos produits. La leçon qui nous est donnée cette année est dure; elle nous coûte assez cher pour que nous en profitions. Votre comice, en vous le conseillant, le fait dans votre intérêt; votre bien-être est le seul but qu'il veut atteindre; tous ses efforts tendent à y arriver. C'est dans cette vue qu'il vous prodigue ses conseils et qu'il donne des récompenses à ceux qui les suivent avec le plus de persévérance et de fruit. Ses efforts ne se bornent pas à vous donner des conseils ; il veut encore contribuer, autant qu'il est en lui, à l'allégement des charges qui pèsent sur vous. Il vient tout récemment de solliciter la diminution de l'impôt du sel ; espérons que sa voix sera écoutée et que le gouvernement fera droit à sa demande. Vous savez de quelle utilité est le sel en agriculture, soit pour corriger la mauvaise qualité des alimens, soit pour la conservation de la santé de l'homme et des animaux.

» Un concours de charrue devait avoir lieu avant la distribution des primes ; le mauvais état de la terre ne l'a pas permis ; nous le regrettons vivement, parce que vous auriez pu encore une fois vous convaincre de la supériorité des charrues perfectionnées sur les anciennes du pays, qui sont si défectueuses sous tous les rapports ; elles grattent la terre à une très petite profondeur et la déplacent sans la retourner, tandis que les charrues perfectionnées la labourent profondément et ramènent à la surface une terre fraîche et reposée ; vous auriez pu aussi apprécier l'utilité d'une bonne herse et la rapidité avec laquelle elle ameublit la terre ; mais les années comme les jours se suivent et ne se ressemblent pas ; ce que nous n'avons pas pu cette année, j'espère que nous le ferons l'année prochaine. »

M. Lorenzo Theulier, secrétaire, a ensuite prononcé le discours suivant, qu'il a revêtu de l'idiôme patois pour le mettre à la portée des paysans auxquels il s'adresse plus particulièrement :

« Je vois avec plaisir que l'influence du comice, quoique lente, se fait sentir. Vous comprenez l'importance de la multiplication du bétail, de l'emploi des bonnes méthodes de culture et des outils perfectionnés. En travaillant mieux, vous aurez moins de peine et plus de bénéfice. Mais je dois vous dire que les progrès que vous ferez dans l'art de la culture seront perdus, si vous laissez rompre les liens de famille, source de jouissances honnêtes et de moralité ; si vous méconnaissez le véritable esprit d'association d'où découlent la force des faibles, l'amour de nos semblables et la charité.

» Tous les jours, et c'est un grand malheur, nous voyons disparaître ces familles nombreuses et unies qui se perpétuaient dans les domaines et en augmentaient la valeur. Les métayers et les maîtres ont à peine le temps de se connaître, et vivent, non pas comme des gens unis par des intérêts communs, mais comme des ennemis qui cherchent à se nuire.

» Autrefois le propriétaire et le métayer seuls, avec la bonne foi, établissaient leurs conditions, sans écrit, sans notaire. Une famille nombreuse, honnête, laborieuse, entrait dans le domaine, dirigée par des vieillards qu'on écoutait et qu'on respectait. Quand la mort venait réclamer les anciens, le vide qu'ils faisaient se trouvait comblé par leurs enfans, derrière lesquels s'élevait une génération nouvelle où se perpétuaient les bonnes habitudes d'ordre, d'économie et de travail. Les deux familles vieillissaient et se renouvelaient ensemble en voyant croître l'attachement et les égards réciproques entre le propriétaire et le cultivateur, qui regardaient leurs intérêts comme inséparables.

» Aujourd'hui, comme garantie, on établit des dédits qui n'assurent pas des conventions rompues pour le moindre avantage qu'on croit trouver ailleurs. Le métayer entre avec une famille devenue nombreuse, pour la circonstance, mais qui bientôt sera dispersée et qui déjà n'est pas d'accord. Dès qu'un jeune homme a passé la conscription, mis son chapeau sur l'oreille, dès qu'une jeune fille a su nouer sur sa tête un mouchoir à carreaux, ils veulent devenir indépendans et s'établir. Ils n'ont rien, ils ne savent rien, et ils s'imaginent qu'ils peuvent se passer du secours de tout le monde. Ils oublient, les ingrats, que leurs vieux parens les ont élevés, nourris, durant l'enfance, à la sueur de leur front. Ils ont mangé sans s'inquiéter ce qu'il coûtait le pain de leur père, et dès qu'ils peuvent travailler, ils cherchent à s'éloigner, et craignent de partager quelque chose avec ceux qui leur ont tout donné. Avec un peu de religion, un peu de charité, ils ne quitteraient pas ainsi leurs vieux parens, ils ne déchireraient pas le sein de la famille en cherchant à emporter la plus grande part du lambeau déjà rétréci qui la garantit et la couvre.

» Cette mauvaise action retombe bientôt sur ceux qui la commettent. Ils ont affaibli leurs vieux parens; mais ils n'ont pas augmenté leurs propres forces. Il n'y avait pas assez de bois pour bien

entretenir un seul feu ; comment voulez-vous en allumer deux séparés ? La jeune femme a des enfans, et comme la bonne grand'-
mère n'est plus là pour les suivre et les amuser, la mère y emploie tout son temps et ne travaille pas. Obligé de tout faire, sans
un moment de relâche, sans un sou d'avance, le mari épuise bientôt ses forces, et la ruine vient avec la maladie, quand le désir
d'oublier sa misère ne livre pas le malheureux aux excès honteux
de la boisson. Ce ménage est puni pour avoir méconnu le précepte
divin d'aimer et d'honorer ses père et mère. Quand Dieu a châtié
les coupables, les bons parens oublient tout, et, du peu qui leur
reste, nourrissent encore les pauvres petits enfans, victimes inno-
centes de la folie de leur père.

» Restez unis, si vous voulez rencontrer le bonheur et la force.
Que les vieillards dirigent et que les jeunes gens exécutent ; que
chacun fasse bien et avec goût son devoir de tous les jours. L'ordre qui économise le temps double les forces ; la bonne intelligence soulage les peines et rend les plaisirs plus vifs. Mais, va-t-
on me dire, et les femmes peut-être plus haut que les hommes,
il est si difficile de vivre ensemble, si agréable d'être seul et toujours maître chez soi. Vous vous trompez : l'homme est né pour
la société et non pour vivre comme les escargots dans une coquille
sans jour. Il est raisonnable pour supporter sans aigreur les contrariétés de la vie, les défauts et les travers de ses semblables.
N'a-t-il pas lui-même les siens qu'il faut qu'on lui pardonne ? Il
est sensible pour aimer, secourir, soigner ceux qui l'approchent.
La loi de la nature est de s'entr'aider mutuellement, chacun suivant ses forces et sa capacité. Si vous l'oubliez, vous en serez toujours punis.

» Quand la famille est unie et bien dirigée, il n'y a pas de membre, si faible qu'il soit, qui ne trouve un emploi utile. Je ne connais
que les méchans qui ne sont bons à rien. Les enfans gagnent toujours à être occupés ; ne les laissez jamais dans l'oisiveté, mais
respectez leur âge et leur faiblesse ; donnez-leur l'exemple de la
bonté, de la douceur, et n'exigez pas d'eux plus qu'ils ne peuvent
porter. Les femmes dans la maison, les hommes aux champs, les
vieillards près des bestiaux, les enfans partout, suivant leur âge
et leur force, et la journée sera utilement employée, et vous ren-
trerez tous gais et contens autour du grand foyer où la soupe appé-

tissante fume. Et, à la veillée, s'il y a parmi vous un bavard ,
comme moi, qui cherche à vous apprendre de bonnes choses,
écoutez-le ; il abrégera le temps, vous inspirera de salutaires réflexions, et le bon Dieu que vous aurez prié vous accordera un
doux sommeil et un réveil heureux.

» Si, au contraire, la famille est sans chef, si l'union n'est pas
dans les cœurs et l'ordre dans le travail, tout va de travers et rien
ne prospère. A la plus petite foire qui se tienne aux environs, tout
le monde déserte. S'il y a un pauvre petit cochon à conduire, on
lui fait une escorte, et six grandes bêtes en promènent une petite.
On arrive, on se disperse, on perd son temps à regarder, souvent
son argent à jouer contre des filoux. Le cochon est-il vendu :
sous prétexte de boire le vin du marché, le père de famille s'ac-
croche à la table d'un cabaret , de laquelle il ne se détachera que
lorsqu'il sera ivre. Pendant ce temps, les jeunes gens sont au café,
et les jeunes filles qui ont suivi, je n'en sais rien. . . . .

, » A la métairie, cependant, les bestiaux, soignés par quelque vieille
femme , ne boivent pas à l'heure, mangent trop ou souffrent de la
faim ; les enfans gâtent les fruits, cassent les meubles; l'herbe
prend racine à son aise dans les récoltes ; heureuse encore la maison ainsi abandonnée si elle n'éprouve pas de plus graves accidens. La famille rentre enfin : le père trébuche sous le poids du
vin ; les fils sont aimables comme des joueurs qui perdent; les filles sont tristes ou préoccupées. Quand la soupe serait aussi bonne
qu'elle est mauvaise pour avoir été mal soignée, quel plaisir voulez-vous qu'on éprouve en se mettant à table avec de semblables
dispositions ? Bientôt chacun gagne son lit, sans avoir songé à Dieu
qui en gémit, et, après un sommeil tourmenté, se lève le corps
mal disposé au travail et l'esprit mécontent.

» Les enfans, les animaux qui ne comprennent rien à ce changement d'humeur, en souffrent et sont maltraités sans motifs, frappés sans pitié. On se fâche, on se bat, on va trouver la justice.
Que voulez-vous qu'elle leur dise, la justice, à ces hommes qui l'ou-
tragent et la méconnaissent? Ils lui demandent de venir en aide à
leurs mauvaises passions, et ne la reconnaissent plus si, au nom
de la morale, elle blâme de si coupables excès.

» Croyez l'évangile, croyez-moi aussi, vivez comme des frères,
aidez-vous les uns aux autres, soyez humains et charitables; vous

vivrez plus contens et plus riches tout à la fois, vous sentirez moins la misère qui est venue vous visiter, et en soulageant votre prochain, en apaisant la faim, en étanchant la soif de votre frère souffrant, vous aurez mérité l'assistance des hommes et les bénédictions du ciel dans vos jours de souffrances : qui n'a pas les siens !

» Je vous le répète, votre bonheur et votre force ne se trouvent que dans l'association. L'association la plus douce et la plus naturelle, c'est celle de la famille. Avec de la santé et une bonne conduite, vos enfans, plus ils viennent nombreux, plus vous avez de force et de satisfaction. Le riche, obligé de calculer avec la fortune à venir de ses descendans, porte bien souvent envie à votre heureuse postérité.

» Quand vous voulez faire un lien solide pour une gerbe de blé, ce n'est pas tout que de choisir la paille la plus longue, la plus forte ; il faut en prendre une poignée, l'unir, la serrer, la tordre, et alors tous les brins, dont chacun isolé serait brisé par un enfant, résistent ensemble à la force d'un homme, et attachent vigoureusement un lourd fardeau. Une corde se compose de brins de chanvre plus faibles que la paille. Comment parvient-on à leur donner assez de puissance pour retenir le plus lourd vaisseau ? En les unissant ensemble, en les pressant de manière à les confondre et à former un tout résistant de ce qui était si fragile dans l'isolement. Unissez-vous donc comme les *brins de paille ;* serrez-vous comme les fils de chanvre, sous la main de la morale, sous l'œil de la charité, avec l'amour du prochain ; devenez religieux, charitables, patiens et laborieux. Dieu vous récompensera en bénissant vos travaux, et vous m'aurez procuré la plus douce des jouissances qu'il soit donné à un homme de goûter, celle d'avoir contribué au bonheur de ses semblables. »

Le comice a proclamé ensuite les primes obtenues. M. le président a annoncé qu'elles étaient peu nombreuses, les fonds se trouvant consacrés à une grande expérimentation, sur une métairie entière ; qu'elles étaient exclusivement accordées aux plantes fourragères destinées à précéder immédiatement une autre récolte :

TRÈFLES.

1ᵉʳ prix, au métayer de M. Joubert, au Bos-des-Trauds. 30 fr.
2ᵉ prix, au métayer de M. Lépine..................... 20

SAINFOIN.

Prix unique, au métayer de M. Monfanges, au Pic... 15 fr.

Gratifications aux bouviers qui avaient conduit leurs
charrues et leur attelage pour le concours que la
sécheresse du terrain a rendu impossible............. 20

Le reste de la journée s'est passé en réjouissances, et l'on
n'a eu à déplorer ni les rixes, ni les excès de boissons qui trop
souvent accompagnent les fêtes votives et marquent constamment les foires nombreuses.

COMICE AGRICOLE DE LAFORCE.

Le dimanche 4 octobre 1846, a été célébrée à Laforce la fête du
comice agricole du canton. Un concours général de labourage l'a-
vait précédée de quelques jours. Comme les années précédentes,
la cloche a annoncé la solennité.

A une heure et demie, le bureau du comice et les autorités du
canton, escortés de gardes nationaux de Fleix, de Saint-Pierre-
d'Eyraud et de Laforce, ont pris place sur une estrade, et, après
un discours de M. le président, il a été procédé à la distribution
des primes.

CONCOURS DE FOURRAGES.

Commune de St-Pierre-d'Eyraud.

Trèfle de Hollande. — 1ʳᵉ prime : M. Orthion, 12 fr. ; 2ᵉ
prime : M. Pinot, 8 fr. — Farouch, 3ᵉ prime : M. Raymond,
5 fr.

Commune de Fraisse.

Farouch. — 1ʳᵉ prime : Charles Prévôt, 12 fr. ; 2ᵉ prime : Tocheport, 8 fr. ; 3ᵉ prime : M. Laville, adjoint, 5 fr.

Commune de Lesches.

Vesce. — 1ʳᵉ prime : Jean Perrier, 12 fr. — Farouch, 2ᵉ prime : Dupuy, 8 fr.

Commune de Bosset.

Farouch. — 1ʳᵉ prime : Léonard Lhome, 12 fr. ; 2ᵉ prime : M. Clament, 8 fr. ; 3ᵉ prime : Pierre Vilette, 5 fr.

Commune de Laforce.

Luzerne. — 1ʳᵉ prime : M. A. Clament, 12 fr. — Farouch, 2ᵉ prime : M. J. Bonnet, 8 fr. ; 3ᵉ prime : M. Dureysset, 5 fr.

Commune de Prigonrieux.

Trèfle de Hollande, prix unique : M. Gast, 8 fr.

Commune de Ginestet.

Farouch. — 1ʳᵉ prime : M. Amedieu, 12 fr. ; 2ᵉ prime : Jarnage, 8 fr.

Commune de Lunas.

Farouch. — 1ʳᵉ prime : M. Edouard Lespinasse, 12 fr. — Trèfle et vesce, 2ᵉ prime : M. Denoix, 8 fr.

Commune de Fleix.

Trèfle de Hollande. — 1ʳᵉ prime : M. Reclus, 12 fr. ; 2ᵉ prime : M. Château, 8 fr. ; 3ᵉ prime : M. de Monplaisir, 5 fr.

Transports de terre.

Le Fleix. — 1ʳᵉ prime : M. Château, 10 fr. ; 2ᵉ prime : M. de Monplaisir, 8 fr. ; 3ᵉ prime : M. Bouny, 6 fr.
Prigonrieux. — Prix unique : M. Gast, 7 fr.
Bosset. — Prix unique : M. Clament, 7 fr.

Fraisse. — 1re prime : M. Dessaignes, 10 fr.; 2e prime : Château (François), 8 fr.; 3e prime : M. Laville, adjoint, 6 fr.

St-Pierre-d'Eyraud. — 1re prime : M. Orthion, 10 fr.; 2e prime : M. Dureysset, 8 fr.; 3e prime : M. Raymond, 6 fr.

Concours général de labourage.

1re prime : Château (Pierre), du Fleix, 15 fr.
2e prime : Château (Jean), du Fleix, 10 fr.
3e prime : Monpontel, de Laforce, 5 fr.

A trois heures, les membres du comice se sont réunis dans un banquet. Avant et durant le banquet, à des intervalles assez rapprochés, des musiciens ont joué différens airs qui ont été écoutés avec plaisir. L'on a également entendu avec intérêt deux morceaux connus de poésie qui ont été déclamés avec chaleur et entente.

Vers quatre heures, il y a eu ascension au mât de cocagne, départ d'un ballon et des danses animées.

Enfin, un bal particulier, qui s'est prolongé assez avant dans la nuit, a terminé cette fête, qui, par la réunion de divers amusemens, a été la plus belle et la plus attrayante de celles que le comice ait données depuis sa fondation.

COMICE AGRICOLE DE SAINT-ASTIER.

Le dimanche 20 septembre était un jour de fête pour Saint-Astier. Le comice agricole distribuait les primes accordées au zèle, à la persévérance et au succès.

Un programme avait réglé les heures de cette solennité, à laquelle assistait une grande population arrivée de tous les points du canton, et même de Périgueux et des arrondissemens voisins.

A 8 heures du matin, a eu lieu le concours des labours, et l'on a remarqué un progrès bien sensible dans cette partie si importante de l'agriculture.

Après deux heures d'essais de labours dans tous les genres, le comice s'est rendu à l'église pour y assister à une messe solennelle. M. l'abbé Audierne, chanoine de Saint-Front, a adressé à son nombreux auditoire un discours remarquable sous le double rapport religieux et social. — Après avoir démontré que de tous les arts l'agriculture était le plus utile, le plus étendu et le plus doux, l'orateur chrétien en tire des conséquences pratiques éminemment importantes : « Les plan-
» tes, a-t-il dit, ont, comme nous, leur goût, leur appétit ;
» elles ne prennent que ce qu'elles aiment ; et si vous les
» mettez dans une terre qui est leur table, où elles n'auront
» rien à manger ou que des mets qui ne leur conviennent
» pas, elles languiront et finiront par périr. Apprenez donc
» à connaître les terres, leurs propriétés, et appliquez-vous
» aussi à savoir ce que demande chaque plante. N'oubliez ja-
» mais que la terre est purement mécanique et passive, et
» que les plantes vivent d'humus, d'air, d'eau, de calorique
» et de lumière. » A ce sujet, M. l'abbé Audierne a exprimé une heureuse et utile pensée : il voudrait que chaque institu-teur eût dans sa classe une collection des terres et des plantes les plus usuelles, afin d'en faire connaître la propriété à ses élèves.

M. l'abbé Audierne a terminé par une chaleureuse pérorai-son : il a dit que la France était dans les meilleures conditions pour le développement de l'agriculture, la liberté et la paix, deux bienfaits indispensables pour le progrès du commerce et de l'industrie ; et, payant le tribut de reconnaissance au mo-narque et à son gouvernement, il a fini en disant que l'agri-culture développée amènerait l'ordre, la prospérité dans les familles et le repos social. Cette improvisation, qui intéres-sait toutes les classes de la société, a été écoutée avec un silence respectueux et approbateur.

Après l'office religieux , le comice s'est transporté sur une place qu'on avait ornée pour le couronnement des lauréats. Une musique brillante et l'élite des dames de la ville et des environs prenaient part à cette solennité. M. Gintrac, président du comice, a ouvert la séance par un discours dont le but était de préconiser la nécessité du travail. M. le secrétaire a également lu un discours sur les travaux du comice.

Enfin, M. Léchelle, membre du comice, a donné aux *agriculteurs de sages avis sur la manière de conserver les engrais.* Nous avons remarqué avec plaisir que les spectateurs écoutaient avec avidité les bons et utiles conseils que leur prodiguaient des hommes tout dévoués au bien public.

Après la distribution des primes , on s'est livré à des jeux ; un banquet leur a succédé, et le soir il y eut balon lancé par les élèves de l'école de M. Haulpetit et un bal magnifique et fort nombreux.

Espérons qu'à l'aide de ces solennités agricoles, l'agriculture se développera et répandra partout ses bienfaits sur nos populations mieux éclairées.

DE L'ÉBRANCHAGE OU ÉLAGAGE DES CHÊNES.

Dans l'article suivant nous allons citer l'opinion de quelques agriculteurs sur l'ébranchage ou élagage des chênes, mode funeste, résultat de l'ignorance où l'on est en Allemagne comme en France sur les effets d'une mutilation dont on n'apprécie pas assez la gravité :

« Un peuplier s'élague tous les trois et quatre ans ; au delà de cet âge, cette opération fait plaie ; il en est de même pour l'orme. Tant que les branches de ces deux essences ne traversent pas leur aubier et ne sont placées en quelque sorte qu'à leur épiderme, il convient d'élaguer, et c'est même une salutaire amputation ; à sept ou huit ans, au contraire, les branches sont très fortes, adhérentes au cœur ; alors, des écouloirs, des ulcères, des chancres ou la carie remplacent les branches élaguées.

» Quant au chêne, au hêtre et au charme, ils peuvent supporter la coupe de leurs branches jusqu'à seize ans ; mieux encore serait de laisser l'élagage aux soins de la nature. Les plus beaux arbres qui ont été employés à l'ancienne machine de Marly, au Louvre, et à nos plus grandes constructions, n'ont jamais été élagués que par le temps.

» L'élagage des chênes est une opération anti-forestière qui a détruit plus de bois de constructions que la marine ne pourrait en employer en vingt ans.

» C'est M. de Larminat, ancien conservateur de la forêt de Compiègne, qui a contribué le plus à introduire en France ce mode de nettoyage ; s'il vivait aujourd'hui, il serait le premier à en déplorer les conséquences désastreuses et à le proscrire.

» Quand un chêne fait le pommier de trente à soixante ans, c'est que ses racines sont sur le roc ou sur une terre stérile : alors il y a perte à le conserver en futaie ; si, au contraire, il s'élance bien et que ses branches soient légères, il s'élague naturellement, et il faut bien se garder de vouloir activer sa végétation en ne lui ôtant même que ses plus minces rameaux ; dans ce cas, les plaies se forment, saignent et ne se cicatrisent pas ; puis la carie gagne, l'arbre s'étiole et n'est plus propre qu'au chauffage.

» Les noyers, les châtaigniers, les oliviers, les pêchers, les pommiers, les poiriers et les saules, qu'on élague à outrance pour en tirer plus de profit, sont *tous* plus ou moins tarés, même dès leur jeune âge.

» Aux Tuileries, aux Champs-Elysées, au Luxembourg, il n'y a peut-être pas, sur vingt mille arbres qu'ils contiennent, un seul qui n'ait une tache, parce que la serpe de l'élagueur s'est occupée trop souvent de leur toilette. Nous conviendrons franchement que la plupart des élagages, à part ceux de la liste civile, qui sont exécutés par des élagueurs belges, se font en beaucoup de localités très négligemment et avec de mauvais outils : mais qu'importe? L'expérience est faite aujourd'hui même sur des arbres amputés avec le plus grand soin, à vingt-quatre ou trente centimètres du tronc, ainsi que le plus près possible, façonnés enfin à la manière belge et même avec une admirable perfection, sans qu'on ait réussi à autre chose qu'à gâter les arbres dont on ne peut plus faire ni lattes, ni planches, ni merrain, ni parquet, pas même une charpente ordinaire; il est donc urgent de signaler ces déplorables résultats, car les faits bien constatés seront plus efficaces que tout ce que nous pourrons dire et écrire contre l'élagage des chênes.

» M. de Larminat éprouvait le repentir le plus sincère d'avoir propagé les illusions de l'élagage belge, et jusqu'à sa mort sa conscience de forestier lui en fit des reproches. Mme Boscary de Romaine, près d'Ozouer-la-Ferrière; M. le comte de Beauverger, *id.*; M. Desmions, intendant-général des Montmorency et du baron James de Rothschild (1); enfin les

(1) M. Fournier fils, acquéreur en 1841 d'une coupe au bois de Belle-Assize, appartenant à M. le baron James de Rothschild, nous a déclaré que tous les arbres de sa vente qui avaient été élagués par M. Fouchard, précédent propriétaire, étaient tarés et impropres à l'industrie. Tous les marchands exploitans, au surplus, sont unanimes à cet égard.

inspecteurs des forêts de Compiègne, de Villiers-Coterets, de Fontainebleau, de Versailles et de Saint-Germain, avertis par l'expérience, ont fait suspendre tous les ébranchages, dans les bois qui leur appartiennent ou qui sont soumis à leur direction. Nous pouvons, en résumé, ajouter sans crainte d'être démentis qu'il n'y a pas un exploitant, pas un charpentier, pas même un seul ouvrier, ayant débité ou travaillé un chêne élagué, qui ne confirme tout ce que nous venons de rapporter, et ne blâme ouvertement une mutilation aussi irréfléchie, qu'il faut se hâter d'arrêter promptement, en ce qu'elle détruit évidemment nos ressources pour nos constructions civile et maritime, et l'envaisselage de nos vins. Nous prions donc instamment messieurs les forestiers de méditer sérieusement la question de l'élagage des chênes, que nous croyons cependant avoir résolue de manière à ce que tout forestier *non prévenu* qui nous lira avec attention, non-seulement ne fasse plus élaguer de chênes, mais au contraire nous aide à détruire la funeste habitude de l'élagage (1), système absurde et ruineux pour les plus belles forêts de France, si ceux qui sont appelés à les administrer persistent à marcher dans une fausse route : un taillis, gelé, grêlé, dévoré par les chenilles, brouté par les ruminans, après vingt ans de souffrance, peut revenir, par une coupe faite avec soin et intelligence, à un état brillant de végétation et de qualités ; mais jamais, quelque dépense qu'on puisse faire, on ne verra se rétablir un chêne dont on aura amputé les branches. »

(Moniteur des Eaux et Forêts.)

(1) Le prince de Wagram, le duc de Mortemart et la famille de feu le marquis de Las Marismas, à notre grand regret, élaguent encore leurs chênes : puisse cet avis les éclairer et les faire renoncer à cette funeste mutilation.

TAILLE DE LA VIGNE.

Suivant M. Laure, on doit toujours partir, dans la taille, de la vigueur d'un arbre, relative de son système aérien à son système radical, et *vice versâ ;* car l'un n'est pas plus tôt traité à contre-sens de cette loi de la nature que l'autre en ressent bientôt des effets analogues, et, par suite, une taille générale de toutes *les pousses ou branches menues de l'arbre,* soit annuelle ou bisannuelle, ou trisannuelle, est un contre-sens de ce qui doit être fait, et surtout les ravalemens *des grosses branches du mûrier sont des opérations désastreuses dans leurs suites.*

Relativement à la taille de la vigne, l'usage est de ne laisser qu'un bras ou courson au plant qui pourrait en supporter deux, deux quand il pourrait en porter trois, et trois quand il pourrait en porter quatre et même beaucoup plus. Le terme ne peut être fixé ; c'est la vigueur du plant de vigne, le plus ou le moins de sarmens qu'elle porte qui doit en décider.

« Si vous ne taillez la vigne que sur un ou deux coursons ou bras, dit M. Laure, vous arrêtez la naissance de ses racines en contrariant l'équilibre qui existe entre la partie terrestre et la partie aérienne. »

Ici M. Félix cite l'exemple de vignes qui, plantées en sol fertile et cultivées avec soin, ont promptement dépéri par suite d'une taille rigoureuse, et d'autres qui, plantées dans des conditions moins favorables, se soutiennent vigoureusement et donnent de grands produits ; puis il ajoute : « Comment pouvez-vous supposer que toutes les vignes, dont les unes sont vigoureuses et les autres faibles, puissent être taillées d'une manière uniforme ? Et puis ne voyez-vous pas que le refoulement continuel de la sève vers les racines vous apportera une perturbation dans le mouvement de cette sève, et que, par suite, vous nuirez à la végétation et à l'accroissement de vos vignes ; et qu'alors si elles se trouvent dans un sol gras, elles sont maintenues dans un état rachitique qui les rend infertiles et les fait dépérir plus tôt ? »

Prétendre assujétir une vigne à une taille rigoureuse, ne lui laisser que trois bras ou guère plus, ne serait-ce pas la traiter en sens contraire de ce qu'elle doit être et hâter à coup sûr son dépérissement, et se priver bénévolement d'amples récoltes de raisins ?

J'avais deux *carterées* ou *journaux* de vigne, dans lesquelles il se récoltait huit, dix, douze charges de raisins ; j'en fis arracher une moitié pour y semer du sainfoin et tailler vieux et nouveau, c'est-à-dire à deux, trois bourres tous les sarmens des coursons de la partie conservée, et même ceux que formaient les pousses adventices. Or, qu'en résulta-t-il ? Ce qui devait être, une forte production en fruit ; mais ce qu'il y a d'extraordinaire, c'est que tous les coursons taillés et conservés poussssèrent de plus belle, tellement qu'à la taille suivante, ils furent tels qu'on dût opérer sur eux comme lors de la-taille précédente. Il semblait qu'après une seconde récolte, il devait y avoir lieu à l'arrachement de la vigne ; mais comment se décider à ce parti, puisque les sarmens, par leur nombre, une vigueur passable, indiquaient qu'elle devait encore produire, l'année d'après, suffisamment de raisins ? On conserva donc la vigne ; seulement, en la taillant, on dût supprimer une partie des sarmens pour qu'elle conservât assez de force pour produire des fruits juteux et les mûrir. A la suite, on a fait encore chaque année ainsi qu'il avait été fait l'année précédente, et je crois que nous sommes à la sixième année de cet état de choses. Il y a de quoi être ébahi de voir cette moitié d'un vignoble produire chaque année autant de raisins que lorsqu'il n'en avait été arraché aucune partie ; ce serait là un fait singulier, un fait étrange, si l'on ne devait pas l'attribuer à la fraîcheur, à la fertilité du sol, qui fournit d'autant plus de sève que, par une taille large, on lui a ouvert plus de canaux où elle peut accomplir son expansion.

Au sujet de ce fait, je dois faire observer qu'il ne faudrait pas s'attendre à ce même résultat, à moins que les causes fussent identiques ; ou bien si dans ce cas on *spoudassait* la vigne, comme disent les paysans, c'est-à-dire si on conservait tous les sarmens, et on les taillait d'un pan de long à cinq à six bourres ou œils, on conçoit que, par suite, l'épuisement de la vigne devrait être rapide.

Tous les faits que j'ai cités se sont passés dans mon pays, à Callas, près de Draguignan ; je puis en certifier l'exactitude, et, à la suite, je dois ajouter que j'en ai aperçu de tout-à-fait analogues sur bien des points différens de la Provence ; il n'y a qu'à savoir observer et être au fait des choses pour les reconnaître là où elles ont lieu.

M. Henri Laure cite autre part, dans son article de la vigne, l'exemple des propriétaires du Languedoc, qui ont l'attention de donner à leurs plants de vigne plus de coursons que les propriétaires de la Provence ; d'où il suit qu'elle prénd un plus grand développement, qu'elle se maintient plus long-temps dans un état prospère, et donne des récoltes de raisins beaucoup supérieures à celles que produisent les vignes de la Provence.

Moi aussi j'ai été sur les lieux ainsi que M. Laure, et en parcourant les bords du Gardon, dans un de ces voyages où je me plaisais tant, en compagnie de ma fille, à parcourir la Provence, à visiter ses beaux sites, à interroger la nature, à la deviner, j'ai pu m'assurer de la vérité du fait.

Je voyais sous mes yeux des vignes vigoureuses, bien souvent dans un sol qui ne le comportait pas ; c'était fin septembre ; j'entrais dans le vignoble ; je découvrais les pampres et comptais les raisins, qui bien souvent étaient au nombre de dix, douze, quinze, vingt sur un seul plant ; je me suis toujours rappelé qu'il y en avait un qui m'en offrit vingt-cinq et tous d'une grosseur moyenne ; j'étais émerveillé ; mais quand je reconnus que le plant avait jusqu'à douze coursons, la chose me parut toute naturelle.

Mais, me dira-t-on, le terrain était sans doute de première qualité ? Pas du tout, puisqu'il était composé en grande partie de cailloux roulés, la plupart siliceux ; seulement je remarquai, là où le sol avait été raviné, que sa nature se trouvait être la même à une grande profondeur ; ce qui devait faciliter le passage des chevelus, par suite entretenir l'humidité autour d'eux et maintenir l'action de la végétation.

Je ne me bornais pas à une seule remarque : de temps à autre je descendais de la voiture, lorsque je voyais le long de la route des plantations de vignes ; mais c'était presque partout les mêmes faits qui se présentaient à mes yeux, ce qui me donnait la certitude que le mode de tailler la vigne à plus de trois coursons était général ; et par là il me fut révélé que c'était là la principale cause du produit supérieur de la vigne en Languedoc à celui des vignes en Provence.

Dans la marche ordinaire de la taille, que fait-on relativement au but de déterminer le nombre de coursons à laisser ? Il suffit que la vigne présente deux sarmens, pour qu'en supprimant le supérieur, on asseoie la taille sur le sarment inférieur ; que la vigne à deux bras offre quatre sarmens, pour qu'on en supprime deux et qu'on taille sur les deux autres ; que la vigne à trois bras présente six sarmens, afin qu'on en supprime trois et qu'on taille sur les trois autres.

D'après cette marche, il semble tout rationnel que l'on va continuer cette graduation dans l'opération de la taille de la vigne, qui est que quand la vigne offrira huit sarmens, il faudra lui donner quatre bras, cinq quand elle en présentera dix, ainsi de suite ; car si la vigne n'est pas affaiblie quand on laisse trois bras à celle qui a poussé six sarmens, il n'y a pas de raison pour qu'elle soit plus affaiblie lorsqu'on lui laissera dix bras quand elle vous présentera vingt sarmens. La conséquence est toute naturelle et rationnelle, et, par suite, les faits à en déduire doivent être fondés en raison et en vérité.

Voilà donc la base d'opération pour exécuter la taille de la vigne avec mesure et entente toute trouvée ; il ne s'agit plus que de la formuler ; mais cependant, comme il convient de ne pas perdre de vue qu'il est important de soutenir la vigueur de la vigne, non pas le plus possible (car alors il faudrait toujours la soumettre à une taille rigoureuse), mais le mieux qu'il convient relativement à ce but et par rapport à un autre qui est aussi important, celui de se procurer de bonnes récoltes de vin, nous allons la préciser ainsi qu'il suit :

La vigne a-t-elle deux sarmens ? Supprimez l'un, le plus haut, et taillez sur l'autre, ainsi qu'il le faut. En a-t-elle quatre ? Retranchez-en deux et taillez sur les deux autres. En a-t-elle six ? Abattez-en trois et taillez sur les trois autres. Et puis, en a-t-elle huit ? Coupez-en quatre et taillez sur les autres quatre, et ainsi graduellement et selon la même marche. Or, il me semble que vous n'affaiblirez pas plus la vigne en ces derniers cas et les subséquens que dans les premiers. La conséquence est de rigueur ; il n'est personne, la plus prévenue, qui puisse le contester.

C'est graduellement et à mesure que les différens bras de la vigne s'élèvent et s'étendent, qu'il faut conserver sur leur longueur quelques sarmens propres à donner un nouveau courson. On conçoit qu'en usant de cette précaution, il ne peut guère s'ensuivre qu'on se repente d'en avoir ainsi agi.

Il est donc reconnu que c'est le nombre de sarmens qui doit déterminer le nombre de coursons à donner à la vigne. Il est toutefois une autre raison aussi valable que les précédentes, qui peut concourir à vous décider à suivre cette marche : c'est lorsque votre vigne ne présentant pas le nombre normal de sarmens, il se trouvera qu'ils sont d'une longueur double, triple de leur longueur ordinaire, que l'on peut déterminer à un mètre et quart. N'est-il pas visible que, dans ce cas, sa vigueur se trouvera être à peu près la même que celle de la vigne qui a un plus grand nombre de sarmens, mais la moitié plus courts? C'est donc encore là une raison majeure à prendre en considération, relativement au nombre de coursons à donner au plant de vigne. Je ne puis, à ce sujet, offrir une base absolue, comme dans le cas précédent ; mais, si je me suis fait comprendre, on doit voir, d'après tout ce que j'ai dit, qu'il ne sera pas difficile de se faire une règle approximative par rapport à cela.

Ne négligeons pas cependant une autre observation essentielle : dans le nombre des sarmens de vigne qu'il est bon d'envisager par rapport à un seul plant, doit-on compter toutes les pousses, grandes et petites? Je dis non ; les pousses frêles, minces, de la longueur d'un quart de mètre, ne doivent pas entrer en ligne de compte ; mais toute pousse de la longueur d'un demi-mètre, bien aoûtée, bien durcie, qu'elle ait poussé sur les coursons mêmes ou sur le corps de la vigne, et même du cep enfoui dans la terre, doit être appréciée et faire nombre, puisqu'elle aussi indique le plus ou le moins de vigueur du plant.

Que me reste-t-il maintenant à dire relativement au sujet que je traite ? Il me semble que j'en ai fini ; mais j'entrevois de nouvelles considérations à apprécier ; poursuivons donc. Quand il s'agit d'augmenter le nombre de coursons d'un plant de vigne, peut-on faire entrer en ligne de compte les sarmens adventices qui ont poussé sur le corps de la vigne ou du collet enfoui ? Je réponds oui, quand le sarment adventice est de bonne qualité et qu'il est bien aoûté ; le courson qu'il fournira produira probablement moins de raisins que les autres établis sur les sarmens normaux ; mais il en donnera, puisque l'on voit ces sortes de sarmens, survenus à la suite d'une gelée du printemps, en produire même beaucoup dans certaines années.

On a dû entrevoir, à la suite des différens faits que j'ai exposés et des conséquences que j'en ai déduites, qu'il serait très important d'avoir ou de former des ouvriers qui pussent entrer dans les idées que nous avons émises ; mais, dira-t-on, ce n'est pas facile ; vous pourrez parvenir à vous former un ouvrier ; mais un second, un troisième ; ce n'est pas à espérer dans l'état que la routine et le défaut de raisonnement ont déterminé.

Je propose donc de partager le travail relatif à la taille de la vigne de manière que l'ouvrier que vous espérez former et voir entrer dans vos vues opère seul dans la partie la plus essentielle de la taille, celle qui consiste à déterminer le nombre des coursons à donner à la vigne, tandis que les autres, agissant mécaniquement, travailleraient à la suite du premier ; ou, s'ils le précédaient, ce serait pour une œuvre qui ne demanderait aucun effort de raisonnement.

En effet, tout ouvrier est capable de marcher en avant et d'enlever la terre autour du collet de la vigne, là où il en a poussé des sarmens, et de préparer ainsi la voie au

maître-ouvrier, à l'ouvrier principal. Or, celui-ci se présente ;
il voit la vigne d'un seul coup-d'œil dans son ensemble et
dans ses parties ; il a déjà compté le nombre des sarmens
qu'elle porte, apprécié leur place, leur plus ou moins de
vigueur, et, d'après ce, déterminé tout ce qu'il y a à faire ; il
met la main à l'œuvre, et, avec son *poudet* ou *poudadouiro* (1),
il coupe tous les sarmens qui doivent être retranchés, selon
les idées que nous avons fait connaître, et laisse sur place
tous les autres qui fourniraient les coursons que la vigne peut
porter.

Il serait bien que l'ouvrier principal se bornât à cette
opération ; mais cependant il en est une autre encore très
essentielle qui doit être de son ressort. Il y aura des bras de
la vigne qui languiront et pousseront faiblement, tandis qu'en
dessous, il sera élevé des sarmens adventices vigoureux. Qui
ne voit qu'il faut rapprocher les premiers sur les seconds ? Et
comme il y a en cela à savoir discerner ce qui est bon à conserver ou à retrancher, il est visible que c'est à l'ouvrier en
chef à en décider. Cette opération devra se faire à l'aide du
couteau-scie, qui agit sans ébranlement, sans éclater ni bois
ni écorce, et au point juste que l'on veut.

Ils sont bien répréhensibles ces ouvriers qui emploient à
cet effet le talon de la *poudadouiro* en guise de couperet. Les
conséquences sont faciles à prévoir. C'est donc un très bon
conseil à donner à un propriétaire de vignes d'armer tout
ouvrier tailleur de vigne d'un excellent couteau-scie.

Le maître-ouvrier a amputé, retranché à la vigne tout ce
qui doit en être supprimé ; il aura employé, ainsi que nous
l'avons dit, le couteau-scie pour enlever les vieux chicots,

(1) Serpette à tailler la vigne, ayant sur le dos une saillie tranchante
qui donne la facilité de couper en frappant.

lés bránches mortes languissantes ; il aura dû se servir de la pointe courbe de la *poudadouiro* pour couper tous les sar- mens au point qu'il faut, sans laisser ni petits chicots ni protubérance ; il se sera imposé de n'employer à cet effet que fort rarement le talon de la *poudadouiro,* attendu qu'en l'em- ployant pour cela, il fait souvent éclater le sarment au point de la bifurcation, de manière à faire à la vigne une plaie allongée, ce qui n'a point lieu quand il se sert de la pointe courbe de la *poudadouiro,* en la tirant à lui de bas en haut.

Vient ensuite le troisième ouvrier muni de sa *poudadouiro,* qui doit agir ; c'est un travail facile, mécanique en quelque sorte ; il n'a qu'à tailler les sarmens non supprimés par le maître-ouvrier, et c'est ce qu'il fait en coupant à bec de flûte ou horizontalement, n'importe comment, chaque sarment à un centimètre environ au-dessus de la seconde bourre qui se trouve au-dessus de l'agassin, œil très peu développé qui se trouve tout-à-fait au bas de chaque sarment.

Il se présente encore une question majeure à résoudre : s'il est bon d'augmenter le nombre des coursons selon que la vigueur du plant de vigne augmente, il doit être dans un ordre raisonnable de choses d'agir en sens contraire quand le plant de la vigne ne végète plus avec la même vigueur qu'auparavant, et c'est ce qui arrive par suite de diverses causes, mais principalement par celle d'une forte sécheresse prolongée. On conçoit qu'il importe de savoir s'y connaître pour opérer avec entente.

Il me semble pourtant que ce ne doit pas être là un point fort difficultueux : chaque courson conservé à la taille précé- dente aura donné ses deux pousses ; mais, par cause d'épui- sement, ou toute autre, ces deux sarmens seront restés fai- bles ; leur diamètre sera petit ; la longueur n'atteindra qu'à un demi-mètre, à peut-être moins. Qui ne voit qu'il de-

vient urgent d'opérer une concentration de séve par la suppression d'un ou de quelques bras? Mais pour cela c'est encore au couteau-scie qu'il faut avoir recours, ainsi qu'au
maître-ouvrier, autant parce qu'il saura mieux s'en servir,
qu'il saura mieux déterminer les coursons à conserver.

En général, il vaut mieux rapprocher les coursons les plus
élevés pour tailler sur les coursons inférieurs; c'est, comme
je l'ai dit, à la suite des sécheresses que l'on doit recourir
à cette suppression de coursons, comme c'est en conséquence
d'un fait opposé, celui qui a lieu quand la pousse de la vigne
végète avec luxe, à la suite d'un été chaud et pluvieux,
qu'il est à propos de laisser à la vigne plus de coursons.
C'est une balance et un équilibre à établir, qui ne peut être
d'une grande exactitude, mais qui peut en approcher.

L'on me demandera : Agissez-vous ainsi dans vos vignobles? Oui, je répondrai, quand c'est moi qui mets la main
à l'œuvre; mais pas tout-à-fait oui quand le fermier-mé-
ger opère seul; car moi je n'opère que sur un petit nombre
de plants, faute de force suffisante de ma part, au lieu que
le fermier opère sur la presque totalité.

Aux diverses questions que j'ai déjà traitées, toutes relatives à la taille de la vigne, se rattache nécessairement un
autre fait, celui de son ébourgeonnement; ce qui va être
dit le démontrera.

Définissons d'abord ce que c'est que l'ébourgeonnement
dans la vigne : c'est la suppression dans le cours de l'été
des sarmens grands et petits qui sont survenus autre part
que sur les coursons conservés. Au premier aspect, cela semble de rigueur; mais, en y regardant de plus près, on voit
qu'il peut y avoir lieu à se prononcer pour la négative.

D'abord il en doit être ainsi pour la vigne qui n'a pas
encore le nombre de coursons qu'elle peut supporter, puisque

par là, lors de la taille suivante, il ne se trouvait plus aucun sarment adventice sur le corps de la vigne qui fût propre à donner un nouveau bras.

Il en devra être de même par rapport à l'attention tant recommandée de viser à ce que l'équilibre entre la partie aérienne et la partie radicale de la vigne ne soit pas essentiellement troublé. En effet, si sur un plant ayant un excédant de vigueur qui soit tel qu'il donne de nombreuses pousses adventices, l'on opère la suppression totale, n'est-il pas visible que les racines devront en souffrir et que les résultats en seront d'autant plus mauvais, que l'ébourgeonnement aura été fait dans le temps du plus grand mouvement de la sève, qui dure dans la vigne souvent tout l'été?

Mais quand l'ébourgeonnement ne doit porter que sur les pousses frêles et minces qui partent par-ci par-là du corps de la vigne, les inconvéniens ne sauraient en être bien dangereux. Il est vrai qu'il pourra arriver qu'ayant mis les ouvriers au travail, sans continuer à les surveiller, ils se laissent aller à faire plus qu'il ne convient, et à extirper les sarmens adventices vigoureux comme les autres. Avis donc au propriétaire soigneux d'assurer la force et la vitalité de son vignoble; car, à tout prendre, il serait plus avantageux de ne pas ébourgeonner que d'ébourgeonner.

La question de l'ébourgeonnement de la vigne se rattache naturellement à celle de la suppression ou conservation des gourmands qui poussent sur les arbres à fruit.

Il faut d'abord distinguer les gourmands naturels des gourmands forcés à pousser par des suppressions considérables de quelques-unes des parties de l'arbre. Ces parties supérieures d'un arbre auront vieilli; elles auront porté beaucoup de fruits; le bois se sera endurci. Or, dans cet état, la sève y coule lentement; elle s'entasse et fait effort pour sourdre sur quelques points par des yeux supplémentaires encore bien organisés, s'il y en a. Ils ont commencé de poindre ; quelques feuilles paraissent ; le bourgeon s'allonge ; les feuilles nouvelles attirent vers elles la sève, et le bourgeon s'allonge encore ; bientôt il donne des pousses latérales qui elles-mêmes se développent aussi avec rapidité, et enfin les résultats sont tels, que là où l'on n'apercevait pas trace de végétation, il se découvre pour ainsi dire tout à coup un beau rameau bien grand, bien vert et bien développé. Un main imprudente en aurait-elle fait la suppression dès le principe ou plus tard, et qu'il ne s'en élevât aucun autre pour le remplacer, ce qui arrive souvent, il est incontestable que la vitalité de l'arbre en serait affaiblie souvent de beaucoup, et suivant le cas.

Mais, dira-t-on, les parties supérieures de l'arbre auraient reçu l'excédant de sève qui aurait été admis dans le gourmand. Cela peut être ; mais c'est douteux, car, lorsqu'il est arrivé qu'un arbre qui a atteint tout son développement se met tout à fruit et qu'il ne pousse plus que des boutons à rosette, les pousses extrêmes à bois deviennent presque nulles, et l'arbre languit. C'est ce qui arrive à tous les arbres des forêts qui, dans cet état, finissent par se couronner d'eux-mêmes, c'est-à-dire par périr dans leurs extrémités supérieures ou latérales, et quelquefois même dans leurs grosses branches.

On voit par là qu'il faut être très avisé et disposé plutôt à conserver les branches adventices qu'à les supprimer. Plus tard on rapprochera l'arbre sur les gourmands, qui alors, se développant de plus en plus, constitueront de nouvelles branches, un nouvel arbre implanté sur l'ancien. Je ne dis point que ce principe soit d'une rigueur absolue, puisqu'il peut arriver aussi que par le retranchement des branches adventices l'on conserve l'arbre dans un bon état ; mais il faut pour cela agir avec discernement, tenir la balance en équilibre avant de prendre un parti.

J'ai parlé de gourmands qui surviennent naturellement ; mais qui ne voit que mes raisonnemens et ma pratique ne doivent encore mieux s'appliquer aux gourmands dont on a provoqué l'expansion par un fort couronnement et des ravalemens ? Vous avez concentré la séve, et alors c'était peut-être un bien ; puis après vous voulez la comprimer tellement dans ses canaux, qu'à la fin elle n'a plus la force de se faire jour. Mais de deux choses l'une, ou votre arbre fera encore de nouveaux efforts que vous combattrez de nouveau, ou il finira par languir et tomber dans le marasme, et alors à quoi aura servi votre procédé ?

Le mieux serait et doit être de laisser développer les branches adventices quand les branches supérieures font juger ne pouvoir pas recevoir cet excédant de séve qui doit s'introduire dans les gourmands pour en faire la base d'un rajeunissement ; ou, si l'on doit croire qu'il en est autrement, c'est-à-dire que les parties supérieures de l'arbre peuvent végéter encore avec quelque vigueur, de laisser les gourmands passer l'année pour amuser la séve, comme disent les jardiniers de Montreuil, et comme le recommande Roger Schabol, ou, pour mieux dire, afin que leur vitalité surabondante se communique de proche en proche à tout l'arbre, ou du moins à la partie des racines leur correspondant ; d'où il suivra que plus tard leur suppression définitive ne pourra avoir les mêmes inconvéniens. Et qui ne voit que ce que je viens de dire dans ces derniers paragraphes peut et doit s'appliquer encore mieux à la vigne, quand il s'agit de son ébourgeonnement ?

Félix.

INSTRUMENS ARATOIRES.

CHARRUE HALLIÉ, DE BORDEAUX.

Toutes les fois que nous avons eu à nous occuper de charrues, soit dans nos leçons, soit dans nos écrits, soit aussi dans les concours et expériences auxquels nous avons assisté, nous n'avons pas manqué de faire remarquer que le problème soulevé par cet instrument était complexe, que sa solution pouvait être entendue de deux manières tout-à-fait dinstinctes.

Effectivement, considérée au point de vue absolu, la meilleure charrue sera toujours celle, quelles que soient d'ailleurs sa forme et sa construction, qui accomplira le mieux les opérations suivantes : trancher la terre verticalement, la trancher horizontalement ou parallèlement à la surface du sol, la soulever et la renverser.

Considérée au point de vue pratique, ces conditions essentielles, fondamentales, auront bien toujours leur importance, et cependant elles se trouveront subordonnées à ce qu'a de particulier la contrée dans laquelle on se trouve placé, par rapport à la nature de la terre cultivée, au genre d'exploitation suivi, aux besoins, aux usages et même jusqu'aux préjugés admis.

C'est pour avoir méconnu la double entente de ce problème que tant de personnes se sont trompées; c'est pour n'avoir voulu considérer que le côté théorique de la question qu'elles ont éprouvé tant de peine à propager les utiles réformes qu'elles avaient en vue, qu'elles ont fini par se décourager, par céder aux obstacles qu'elles rencontraient.

Dans les sciences, dans les arts en général, il faut être de

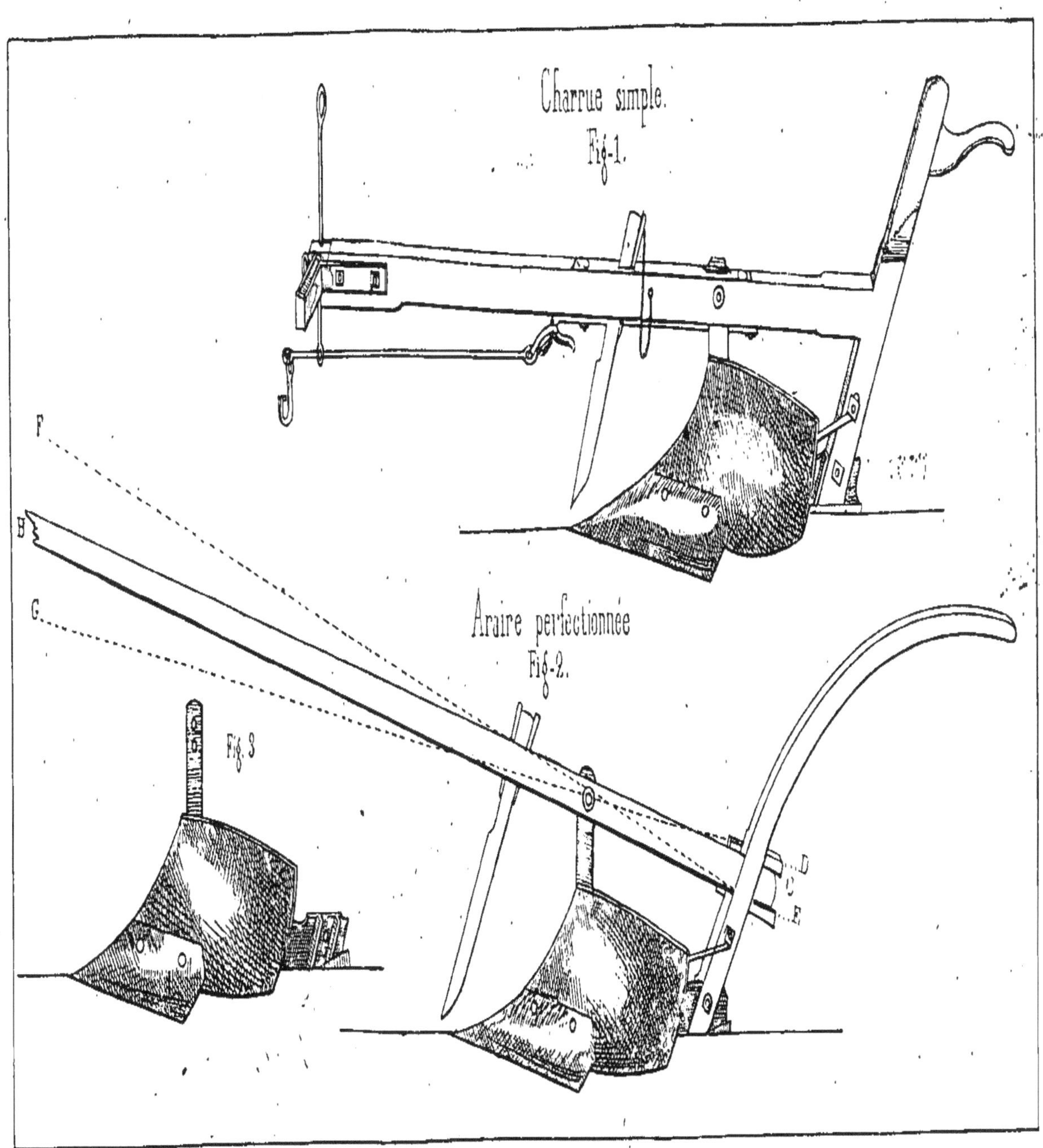

Annales Agricoles et Littéraires

son temps, sous peine de ne pouvoir être compris, de rester sans autorité. En agriculture, indépendamment de cette première nécessité, il faut de plus et tout aussi impérieusement être de son pays, sous peine de ne pas être secondé, de manquer du concours réclamé pour ce qu'on veut entreprendre.

Ce sont ces considérations qui nous expliquent de la manière la plus naturelle pourquoi la charrue Dombasle, par exemple, la plus puissante, la plus parfaite de toutes les charrues, a d'abord rencontré tant de répugnance dans nos contrées; pourquoi il a fallu tant de peines pour lui en faciliter l'accès.

Cela vient principalement de ce que nous labourons très superficiellement, trop superficiellement; de ce que nous manquons d'engrais; de ce que nous voulons, dans bien des cas, substituer les vaches aux bœufs pour le travail des terres; de ce que nous avons l'habitude traditionnelle d'un araire simple, léger, mais presque toujours d'une construction tellement vicieuse, tellement routinière, qu'on le prendrait plutôt pour un objet de curiosité, une représentation d'un autre âge, que comme un instrument fonctionnant encore. Cela vient aussi et surtout de ce que nulle part les instrumens aratoires ne marchent seuls, et que l'on doit tenir compte, chez les hommes qui les dirigent, des habitudes contractées, des usages admis, des préjugés répandus.

Dans cette situation, il nous a toujours semblé, et cette opinion nous avons eu la satisfaction de la voir partager par les agronomes les plus éminens; il nous a toujours semblé qu'une transaction entre la science et la pratique locale actuelle était le parti le plus sage que l'on pouvait adopter.

L'agriculture pratique et sagement progressive est-elle autre chose d'ailleurs? et le plus habile en ce genre n'est-il pas celui qui sait, avec le plus de sagesse et de bonheur, concilier les principes invariables de la théorie avec les exigences transitoires de la pratique?

La charrue simple à timon brisé et celle à timon raide, dont nous reproduisons les dessins dans la planche I, ne sont point, à proprement parler, des charrues nouvelles; elles sont composées des mêmes pièces que les autres; elles en diffèrent seulement par la forme du versoir et du soc, qui ont été modifiés de manière que ces charrues offrent, en outre d'une grande diminution dans le travail des animaux, la faculté essentielle de pénétrer facilement et profondément en terre, de ne pas faire de crémaillère si on les tient toujours d'aplomb, et d'enfouir les plantes sauvages de façon à n'en laisser paraître que très peu ou point sur le sol. La combinaison de cet instrument et sa marche régulière ont permis de n'y mettre qu'un manche, au lieu de deux, et ce changement paraîtra d'autant plus utile que déjà, dans nos contrées et dans celles environnantes, ce mode est d'un usage généralement répandu. Par ce moyen, le laboureur, n'ayant que sa main gauche employée à maintenir l'instrument, peut se servir de la droite pour diriger et presser la marche des animaux. Cependant nous sommes loin de vouloir prétendre que cette suppression d'un manche doive s'opérer indistinctement sur toutes les charrues, et nous croyons au contraire qu'il en est quelques-unes dont la puissance et l'emploi exigent impérieusement les deux mancherons, lesquels permettent de les maintenir en terre avec plus de facilité : telles sont les charrues Dombasle, Small, etc.

Le grand nombre d'ouvrages d'agriculture qui ont traité des charrues laissent trop peu à dire sur leurs fonctions en général pour que nous veuillons nous livrer ici à un examen de cette nature.

On a dit souvent, et malheureusement avec trop de raison,

que la routine ; le mauvais vouloir des cultivateurs, étaient
des causes auxquelles, dans une infinité de cas, on devait attribuer le non-succès des meilleures charrues. On a remarqué
également que ce mauvais vouloir prenait particulièrement sa
source dans le changement de la manœuvre réclamée par ces
charrues. Sans doute la transition subite du mauvais au bon
est bien préférable à celle du mauvais au médiocre ; mais
encore vaut-il mieux, par une concession temporaire, s'assurer un demi-succès que de poursuivre en vain une perfection
qui ne saurait être atteinte.

C'est donc sous l'influence de ces idées et à l'exemple d'ailleurs de ce qu'avaient déjà tenté d'habiles agronomes du
midi, que nous engageâmes M. Hallié (1) à construire un
corps de charrue en fonte qui permît, au besoin, l'application d'un genre de monture analogue à celui des araires
du pays.

Ainsi nous facilitons son adoption par les hommes les plus
assujétis à l'empire de l'habitude. Ainsi nous faisons disparaître l'un des plus grands obstacles, au dire de l'illustre Dombasle, qui s'opposent au perfectionnement si utile, si désirable de nos instrumens aratoires.

Seulement nous avons pensé, et déjà l'expérience a confirmé notre opinion, que cette occasion transitoire conduirait
à l'adoption d'une charrue infiniment préférable à l'araire
du pays, et hâterait le moment où tous nos instrumens aratoires auront atteint leur dernier degré de perfection.

Nous ne nous assujétirons pas à faire une minutieuse description de la charrue Hallié. La fidélité des figures de la
planche I nous dispense de ce soin, d'autant plus qu'il n'y

(1) Constructeur d'instrumens aratoires, à Bordeaux, allées d'Orléans,
n° 10, et fondateur de l'*Exposition agricole et industrielle*.

a dans cet instrument rien qui ne soit déjà parfaitement connu. Seulement nous ferons remarquer que pour régler la charrue *figure* 2, à timon raide, on agit ainsi :

Le timon de la charrue pivote sur un boulon qui le traverse au point A, de sorte que pour élever ou abaisser son extrémité antérieure B, il suffit d'agir sur l'extrémité opposée C, au moyen des coins D et E. Le premier coin D étant enfoncé de manière à repousser l'extrémité postérieure du timon vers le bas de la mortaise pratiquée dans le manche, il s'ensuit que le timon s'élève graduellement et peut enfin atteindre sa plus grande hauteur indiquée par la ligne ponctuée F. On comprendra qu'en agissant dans le sens contraire et sur le coin opposé E, on forcera le timon à s'abaisser et à venir enfin se confondre avec la ligne ponctuée G.

La conséquence de la première action est de déterminer une plus grande entrure de la charrue, une plus grande profondeur du labour.

Celle de la seconde est en tous points opposée et donne un labour plus superficiel.

Dans la charrue à timon brisé, *figure* 1, toutes ces conditions sont obtenues d'une manière facile et tout-à-fait précise par le régulateur à coulisse placé à l'extrémité antérieure du timon. Au moyen d'une vis de pression comprimant la tringle, on peut faire porter la charrue ou plus à droite ou plus à gauche, selon que l'on veut prendre une plus ou moins grande largeur de bande, ou seulement corriger le défaut d'ensemble de l'attelage.

La *figure* 3 représente le corps de charrue, en fonte, non monté, avec ses différentes pièces assemblées par des boulons (1).   *(Agriculture de la Gironde.)*

(1) Le corps de fonte assemblé, *figure* 3, est du prix de 25 fr. — La charrue à timon brisé, toute montée, comme à la *figure* 1, coûte 60 fr.

CORRESPONDANCE AGRICOLE.

A Monsieur le Rédacteur de l'Echo de Vésone.

Monsieur le rédacteur,

En lisant dans votre estimable journal de mercredi 23 septembre, j'y ai vu le procès-verbal de la séance du 19 du conseil général, et j'ai été grandement étonné du rapport de la commission chargée de visiter la ferme-école et du vote du conseil. Comme vous, je ne crois pas que le conseil ait le droit d'imposer au directeur de la ferme un système de culture. Mais d'autres faits encore me frappent dans le rapport de la commission. Après avoir dit que le bétail est dans de bonnes conditions, il ajoute qu'il laisse à désirer sous le rapport de la quantité. Mais, monsieur, depuis plusieurs années je suis élève de Salegourde, et je vois le nombre du bétail augmenter sans cesse. L'année dernière, une étable nouvelle a été bâtie d'une manière économique, et l'on y a logé vingt-cinq vaches ou veaux. Enfin, voici le bétail qui existe en ce moment à la ferme : 78 bœufs, vaches ou veaux de plus de 18 mois, 8 veaux au-dessous d'un an, 17 chevaux ou poulains de plus de 2 ans, 70 moutons et 25 porcs. En calculant 4 veaux pour une tête de gros bétail et 10 moutons ou cochons, je trouve un total de 106 bêtes et demie. Or, la réserve de la ferme ne se compose que de 60 hectares de terres arables, ce qui fait un peu plus d'une bête trois quarts de gros bétail par hectare; je serais vraiment curieux de savoir quelle est la proportion normale de bétail que doit nourrir un hectare de terre d'après la commission; car enfin elle ne devrait pas, chaque année, se borner à répéter la même phrase; elle devrait fixer un chiffre, et dire quelle est la quantité de bétail que l'on doit avoir sur une terre de 60 hectares pour être dans de bonnes conditions. Ensuite la commission se plaint de ce que le système quadriennal a été maintenu à Salegourde, malgré l'injonction expresse du conseil général, et de ce qu'on ne lui a pas substitué l'assolement biennal, blé et fourrages successifs à base de sarrasin, tel que le préconise un de ses membres. La commission va plus loin encore : elle prétend que cet assolement est le seul praticable dans le département.

Il me semble que dans ce cas la commission fait de l'empirisme, car notre département se compose des natures de terre les plus opposées, depuis les terrains granitiques et chisteux d'une partie du Nontronnais et de Lanouaille, les terrains argileux et compactes d'une partie de l'arrondissement de Bergerac, jusqu'aux terrains entièrement calcaires de Brantôme et de St-Alvère. Or, vouloir que le même système d'assolement, la même culture, soient établis dans des terrains de nature si opposée, d'exposition si différente, cela me semble impossible et peu rationnel, car l'on nous a toujours enseigné que l'agriculture était une science toute d'observations et de localité ; qu'il ne pouvait y avoir rien d'absolu ; que les assolemens devaient changer selon la nature des terres, le climat, les débouchés ; enfin, qu'ils devaient même se modifier selon que les saisons étaient ou sèches ou humides, froides ou chaudes. Or, vous voyez qu'il y a loin des principes que l'on nous a enseignés aux principes émis par la commission du conseil général, qui prétend que l'assolement biennal avec fourrages successifs à base de sarrasin est le seul praticable dans le département. Mais cet assolement, que la commission nous présente comme une panacée universelle, a-t-il pour lui la sanction de l'expérience, car un assolement ne peut être jugé dans une année ?

La société d'agriculture de la Gironde a été à même de l'apprécier l'année dernière, et le rapport de sa commission ne lui a pas été favorable ; le ministre de l'agriculture, sollicité la même année d'envoyer un de ses inspecteurs généraux pour donner son avis dans ce nouveau mode de culture, envoya un homme spécial sur les lieux. Eh bien ! le rapport de cet agronome distingué n'est point non plus favorable à cet assolement, d'où la commission du conseil général conclut qu'il est le seul bon et qu'il faut l'imposer au directeur de la ferme-école. Voilà, j'espère, de l'arbitraire, ou je ne m'y connais pas ; et que l'on dise après que nous sommes dans une ère de liberté, lorsqu'un directeur de ferme-école, qui a des prix de ferme énormes à payer, des impôts exorbitans à sa charge, et qui nourrit, enseigne et entretient gratuitement quarante élèves, n'est pas libre de suivre le mode de culture qui lui paraît le plus avantageux, et est forcé d'adopter un système imposé par une assemblée qui s'occupe probablement de toute autre chose que d'agriculture, et qui s'inquiète fort peu de ce qui peut produire plus ou moins, et constituer M. de Lentilhac en perte ou en bénéfice.

Mais avant d'en finir, monsieur le rédacteur, permettez-moi de relever une erreur de la commission ; elle se plaint de ce que sa recommandation de l'année dernière n'a pas été suivie ; mais elle a tort, cette recommandation a été suivie à la lettre ; et M. de Lentilhac, prévoyant ce qui est arrivé, avait prié M. le préfet de nommer une commission permanente qui pût suivre toutes les opérations, et certifier au conseil général que l'on avait ponctuellement obéi à son injonction.

Or, qu'est-il arrivé ? la commission a été nommée, mais n'a pas eu un moment pour remplir sa mission ; de sorte qu'elle n'a pu rien dire de ce qui s'était fait à la ferme-école. Cependant une métairie entière a été affectée à cet assolement, et cette métairie n'est point la plus mauvaise de la propriété ; elle est comme toutes les autres ; elle n'a que le fumier de quatre bœufs, et ne peut par conséquent fumer trois fois dans un été six hectares de fourrages successifs à raison de 45 ou 50 charretées à l'hectare ; le métayer ne peut acheter de fourrage ; il faut qu'il se suffise à lui-même. Aussi qu'est-il arrivé ? Il n'a pu semer qu'au fur et à mesure des fumiers qu'il faisait ; et comme son sol n'est pas riche, et que depuis les premiers jours de mai nous n'avons pas eu de pluie, ses fourrages successifs n'ont pu se succéder rapidement, car il leur a fallu tout l'été pour arriver à quelques centimètres de hauteur, et cet essai n'a pas pu réussir. Mais, nous dit la commission, il ne fallait pas prendre une métairie pour faire cette expérience ; il fallait prendre les terres de la réserve, améliorées par six années de cultures soignées, et soumettre à l'assolement biennal des terres que vous avez améliorées par l'assolement quadriennal, qui, il y a six ans, n'étaient point dans un meilleur état que la métairie affectée à cette expérience, mais qui aujourd'hui peuvent produire du chanvre partout. De cette manière nous aurions vu que ce système est bon et qu'il doit être suivi par tout le monde, c'est-à-dire par tous ceux qui ont du terrain amélioré, beaucoup de fumier à leur disposition, par conséquent beaucoup de bestiaux ; mais qu'il doit être repoussé de ceux qui n'ont que des métairies pauvres et mauvaises, et ne peuvent acheter ni fourrages ni fumiers. C'est tellement bien là l'idée de la commission, qu'elle ne veut plus que l'expérience se fasse sur une métairie, mais bien sur 12 hectares de la réserve de Salegourde, sur le cinquième de la totalité des terres en exploitation.

Dans votre nᵒ du 25, monsieur le rédacteur, vous revenez sur la condition *sine quâ non* imposée à M. de Lentilhac pour qu'il puisse toucher la subvention de 3,000 fr., et vous dites que le conseil général veut que cette somme provenant de ses libéralités soit affectée à faire l'expérience de l'assolement biennal, sans vouloir formuler un blâme motivé sur le mode de culture suivi dans l'ensemble de la ferme. Mais le conseil général sait bien que les 3,000 fr. qu'il donne à M. de Lentilhac n'entrent nullement dans sa poche, et qu'il ne peut ni ne doit les employer en expériences ; c'est un somme sacrée pour lui et dont il ne peut changer la destination.

Lors de la fondation de la ferme-école, le conseil général alloua une somme de 3,000 fr. pour subvenir à la nourriture, à l'entre-tien et à l'éducation des jeunes gens pauvres des campagnes, qui seraient élevés gratuitement à la ferme ; depuis lors, la position de l'école n'a point changé ; elle remplit dignement son but, puisque, dans ce moment, il y a 38 élèves qui ne paient aucune rétribution et dont la dépense en pain seulement s'élève à plus de 7,000 fr. 46 jeunes gens sont sortis de l'école avec des certificats de capacité, et tous sont placés. Pensez-vous que 3,000 fr. soient plus que suffisans pour remplacer la pension que paient les élèves dans toutes les autres fermes-écoles, et que l'on puisse en distraire une partie pour faire des expériences ? Il y a une ferme-école dans la Charente ; mais savez-vous comment le conseil général la subventionne ? Il exige que les élèves soient admis gratuitement, comme à Salegourde ; mais il fait au directeur une somme de 250 fr. par élève pour leur tenir lieu de pension ; il y a 20 élèves, et il donne 5,000 fr. ; à Salegourde, au contraire, il a exigé de même que les élèves fussent reçus gratuitement ; mais comme il y a 38 élèves, il ne donne que 3,000 fr. et veut encore qu'une partie de cette somme soit employée en expériences ; cela est-il juste ? Je ne le pense pas, et crois comme vous, monsieur le rédacteur, que le conseil général n'avait pas le droit d'imposer ces conditions au directeur de la ferme-école. Il devait s'enquérir avec soin de l'instruction, de l'éducation que reçoivent les élèves, savoir s'ils étaient nombreux, s'ils étaient sainement nourris et logés, car c'est à cela seulement que sont destinés les 3,000 fr. qu'il donne annuellement, et s'il voulait faire faire des expériences, il devait voter à part une somme exprès pour cela.

Je vous serai obligé, monsieur le rédacteur, si vous voulez bien insérer cette lettre d'un débutant dans la carrière agricole dans un de vos plus prochains numéros, et vous prie de me croire votre très humble et très obéissant serviteur.

G. PELTIER,
Élève de la ferme-école de Salegourde.

A Monsieur le rédacteur de l'Echo de Vésone.

Monsieur,

Une légère inexactitude dans la rédaction du procès-verbal de la séance du conseil général du 19 septembre a donné lieu, dans votre journal du 23, à une erreur plus grave, qu'il importe de redresser. De faits qui ne sont pas exacts vous concluez que le conseil général est sorti de la limite des droits que la loi lui confère. « Nous contestons formellement au conseil, dites-vous, le droit d'imposer tel ou tel système d'agriculture à un établissement subventionné par l'état. » Vous avez raison, monsieur, le conseil général n'a le droit d'imposer ses idées à personne, ni de dicter des systèmes à aucun établissement quelconque, subventionné ou non subventionné par l'état; aussi ne s'est-il point donné cette liberté à l'égard de la ferme-modèle. Il n'a ni ordonné de la soustraire à l'assolement quadriennal (qui n'y existe plus), ni de la soumettre à l'assolement continu.

Ce que le conseil général a incontestablement le droit de faire, ce qu'il fait dans la plupart des questions qui se résolvent en un vote d'argent, c'est de prendre les mesures qui lui paraissent convenables pour s'assurer que cet argent produise les résultats qu'il s'en promet. Il donne rarement, et fort bien fait-il, des subventions sans y mettre des conditions; et l'on ne voit pas que cette exigence de sa part empêche les solliciteurs de lui en demander. A qui ne demande rien, il ne prescrit rien; à qui réclame pour des établissemens utiles, il dit sous quelles conditions il accordera.

Il n'impose rien , il ne gène personne ; on est toujours parfaitement libre d'accepter ou de refuser.

Mais le conseil général, dans l'exercice de ce droit incontestable, se serait-il montré trop difficile à l'égard de la ferme-modèle de
Salegourde? On peut pardonner une telle opinion à un élève res--
pectueux et dévoué de cette école , tel qu'est M. G. Peltier,
auteur de l'article inséré dans votre n° du 30 septembre; mais
une telle assertion serait, en vérité, fort étrange de la part de
toute autre personne. Que vos lecteurs en jugent.

Le conseil général de la Dordogne , juste appréciateur des intérêts fondamentaux de notre pays , ne se montre jamais plus
libéral que quand il s'agit de voter des fonds pour favoriser les
progrès de notre agriculture. Il eut une subvention toute prête le
jour où une ferme-modèle vint s'établir dans le département. Il
vota d'abord les yeux fermés , et sur le seul titre de l'établissement. Plus tard, il y a six ans, le conseil voulut voir si le *modèle*
qu'on proposait à imiter aux cultivateurs de nos contrées était ce
qu'il y avait de plus approprié aux conditions dans lesquelles ils se
trouvent placés. Le résultat de cet examen ne fut point favorable
au système suivi à Salegourde. Le conseil pensa que la propagation de ce système dans le département, la substitution de ce
mode de culture à la pratique vulgaire, aboutirait pour le pays à
une énorme augmentation des dépenses et à une diminution considérable du revenu. Dès cette époque, tout en continuant à accorder une subvention au directeur de la ferme-modèle, on crut
devoir lui donner quelques avertissemens sur ce qui paraissait devoir mettre obstacle à la prospérité de cet établissement, et ce qui
empêchait que ce ne fût un établissement *modèle* pour le pays.
L'assolement suivi alors à Salegourde, l'assolement présenté dans
tous les écrits émanés de cette école, comme constituant essen-,
tiellement l'agriculture perfectionnée, était l'assolement quadrièn-
nal suivant : 1⁄4 des terres labourables en pommes de terre ou en
betteraves, 1⁄4 en avoine ou en orge de printemps, 1⁄4 en trèfle,
1⁄4 en blé.

Le conseil général, exprimant son opinion sur ce système de
culture, déclara qu'il y avait plus à perdre qu'à gagner à le substituer au système suivi par la routine *blé, jachère*. Et, en effet, le
résultat de cette substitution est de diminuer de moitié la sole

de blé d'hiver, pour mettre à la place de l'avoine ou de l'orge de printemps. On disait au directeur de Salegourde que c'était là une spéculation détestable, et qu'il se verrait certainement forcé d'y renoncer. Cette prévision du conseil général n'a pas manqué de se réaliser. On a reconnu que les récoltes qu'on obtenait en orge et en avoine, dans cette agriculture perfectionnée, étaient bien loin de valoir la récolte de froment d'hiver auquel la routine donne la préférence. Mais, disait encore M. le directeur de Salegourde, même après avoir été édifié par son expérience sur ce premier point, on ne peut cultiver le trèfle qu'à la condition de faire des céréales de printemps. En conséquence de ce principe (qui est une erreur), on tentait de remplacer l'avoine et l'orge par le froment de printemps. Deux ans ont suffi pour démontrer qu'il n'y avait, dans notre climat, rien de bon à attendre de cette culture, et M. le directeur de la ferme nous a déclaré y avoir renoncé. Sur ce premier point, le conseil général avait donc eu parfaitement raison. Il n'avait donc point si mal fait de sortir de ce rôle, auquel on prétendrait le restreindre, de machine à voter des subsides.

L'expérience a encore démontré qu'il n'avait pas vu moins juste à l'égard d'une autre partie du système quadriennal usité à Salegourde. Le conseil disait que la culture du quart des terres en betteraves ou pommes de terre est *impossible* comme système général dans notre pays, et qu'elle est *ruineuse* pour les quelques agriculteurs *améliorateurs* qui veulent, à tout prix, la pratiquer. Eh bien, quoique le directeur de la ferme-modèle ait à sa disposition une main-d'œuvre peu coûteuse (38 élèves), trouve-t-il avantageux, trouve-t-il possible de tenir le quart de ses terres en racines ? Qu'on jette les yeux sur le domaine, la réponse s'y trouve écrite pour quiconque se donne la peine d'y regarder.

Le conseil général disait encore au directeur de la ferme-modèle : « Avec ce système, vous allez aboutir incessamment à l'impossibilité de faire venir du trèfle sur vos terres, et votre assolement sera rompu par sa base. »

Cette année même, les trèfles abâtardis, dégénérés, *malades*, ont dû être détruits par la charrue ; on ne peut plus les cultiver.

Le conseil général avait donc bien fait de tenir l'attention publique en éveil sur ces divers points, et de prévenir les cultivateurs que, quoiqu'il subventionnât la ferme-modèle, il ne pensait pas que tout y fût bon à imiter.

Mais le conseil général crut, il y a quatre ans, devoir faire un pas de plus. En même temps qu'il critiquait l'assolement quadriennal de la ferme-modèle, il déclarait que le système biennal, vulgairement usité dans ce pays, *blé, jachère*, n'avait besoin que d'une seule chose pour devenir excellent : c'était de faire servir la jachère à produire des fourrages. En conséquence, il prescrivait que les fonds qu'il votait pour les comices agricoles fussent donnés en primes importantes *aux cultivateurs qui auraient consacré l'étendue proportionnelle la plus considérable de leurs terres à des cultures fourragères.* Et une expérience positive, évidente, incontestable ayant démontré qu'au moyen de plantes d'un développement hâtif, on peut se procurer chaque année, sur une même terre, un ou deux fourrages de plus qu'on ne s'en procure en s'en tenant aux fourrages usités jusqu'à ce jour, le conseil général, en votant, l'an passé, une subvention de 3,000 fr. pour la ferme-modèle, exigea que sur 12 hectares de terre on pratiquât l'assolement *blé, fourrages successifs*, pour en comparer les résultats avec ceux de l'assolement, quel qu'il fût, qu'on suivrait dans la ferme. Le droit d'imposer cette condition ne fut point alors contesté au conseil général ; on accepta son vote de subvention ainsi formulé.

Et maintenant, faut-il redire encore une fois, comme la commission envoyée à Salegourde a dû le déclarer au conseil général, faut-il redire que la condition imposée l'an passé n'a été nullement remplie? Je déclare donc de nouveau qu'il n'y a eu ni *fourrages hâtifs*, ni *fourrages d'aucune espèce, à aucune époque de l'année*, ni sur 12 hectares, ni sur 6, ni sur 2, ni sur 1, ni sur un espace quelconque de terre de la métairie qu'on prétend avoir été consacrée à l'application de l'assolement prescrit.

Au mois de mai, M. de Leybardie y trouva la moitié des terres en très mauvais blé, et l'autre moitié en jachère, dans le plus mauvais état. Y avait-il eu des fourrages quelque part? Non.

Au mois de septembre, nous avons encore trouvé la jachère dans le plus mauvais état. Était-elle occupée alors par des fourrages dans une portion quelconque de son étendue? Non. Il y avait seulement un champ de sarrazin pour graine ; et ce grain sur grain est assurément l'antipode du système prescrit : *blé, fourrages successifs.*

Du mois de mai au mois de septembre , y avait-il eu des fourrages quelque part sur cette misérable jachère ? Non, encore une fois non.

Il n'est donc pas vrai que les prescriptions du conseil général aient été exécutées sur une métairie. Tout ce qu'il y a de vrai, c'est qu'on avait annoncé l'intention d'y consacrer la métairie qui fut visitée au mois de mai par M. de Leybardie, et qu'on a montrée à la commission du conseil au mois de septembre. Mais, véritablement, ce fait seul est une dérision. Pratiquer les cultures prescrites sur une métairie en terres détestables et dans le plus mauvais état pour en comparer les produits avec ceux obtenus sur les terres de la réserve, est-ce sérieusement qu'on le propose ? Il y a deux choses à Salegourde : il y a un grand domaine de cinq cents hectares, et il y a une ferme-modèle établie sur cent dix hectares (1).

Quand le conseil général a prescrit de pratiquer l'assolement *blé, fourrages successifs* sur 12 hectares de la *ferme-modèle*, c'est évidemment sur 12 hectares de la réserve qu'il avait entendu que cela se fît, car il n'y a que la réserve qui soit ferme-modèle. M. le directeur accepterait-il qu'on portât un jugement sur la ferme-modèle d'après l'état d'une métairie prise pour échantillon ? Que l'on convienne donc que , pour cette fois , on ne s'est pas conformé aux prescriptions du conseil général ; mais qu'on les suive à l'avenir, car cette fois le vote de subvention est formulé de manière à ne pas permettre au conseil de prononcer plutôt avec sa bienveillance qu'avec sa justice.

Et d'où pourrait venir une résistance à cet égard ? Propose-t-on à M. le directeur de la ferme-modèle de faire une expérience coûteuse, comme l'a pensé le rédacteur de l'*Echo de Vésone*, et comme l'insinue M. G. Peltier, élève de la ferme ? Non assurément. Les 12 hectares en *blé* et *fourrages successifs* exigeront certainement moins de frais, et donneront plus de revenus que 12 hectares soumis à l'assolement quadriennal. Ils fourniront certainement les moyens de nourrir une quantité relative de bétail beaucoup plus considérable.

(1) *C'est le chiffre qui a été constamment indiqué au conseil. général.*

Et pourtant, s'il fallait en croire M. Peltier, le système quadriennal, dont il se constitue le défenseur, en nourrirait à Salegourde un nombre vraiment prodigieux (une tête et 3/4 de bétail
par hectare); mais il y a dans cette assertion de M. Peltier une
double inadvertance: la première, c'est que l'assolement quadriennal n'existe plus à Salegourde ; la seconde, c'est que le bétail qui
se trouve en ce moment à Salégourde ferait triste chère si l'on
n'avait pour le nourrir que les produits obtenus sur les 60 hectares de terres labourables, auxquels il attribue l'entretien de ce
bétail. Je n'ai pas voulu terminer ces notes sans appeler sur ces
deux points les réflexions de M. Peltier. Il y en a deux autres sur
lesquels je lui dois également un avis : c'est qu'il n'est point vrai
que la société d'agriculture de la Gironde se soit prononcée contre l'*assolement continu*, et bien moins encore que l'inspecteur envoyé pour donner son avis sur ce nouveau mode de culture ait
fait un rapport défavorable. Bien loin de là, le conseil général a
eu sous les yeux deux longues lettres du ministre de l'agriculture
à l'auteur de cet article, qui se résument en cette déclaration :
« Les fonds d'encouragement émanés de mon ministère se dis-
tribueront désormais en primes *aux cultivateurs qui auront consacré aux cultures fourragères l'étendue proportionnelle de leurs
terres la plus considérable*, ou bien *à ceux qui, sur un espace de
terrain donné, entretiendront le bétail le plus nombreux et le
plus amélioré.* »

Les lecteurs des *Annales agricoles* de la Dordogne savent bien
où ont été prises ces formules. Comme M. Peltier paraît l'ignorer,
je l'engage à lire, dans l'un des derniers cahiers de votre recueil,
un article sur l'*assolement continu*. M. G. Peltier y verra que ce
n'est point seulement sur les bonnes terres que cet assolement
peut être pratiqué; qu'il n'y a point de terre cultivable qui s'y refuse ; mais que ce n'est qu'en procédant avec prudence et sans
précipitation qu'on peut arriver à tenir même de mauvaises terres constamment occupées. Cela lui expliquera pourquoi le conseil général, qui veut des résultats comparatifs immédiats, exige
que l'*assolement blé*, *fourrages successifs*, soit pratiqué sur 12
hectares de la réserve, et non ailleurs.

Agréez, etc.   DEZEIMERIS.

REMÈDE CONTRE LA RAGE.

M. le duc de Doudeauville rapporte d'Allemagne un remède
contre la rage ; les effets merveilleux de ce remède lui ont été at-
testés par des personnes dont la parole, dit-il, mérite toute confiance : M. le duc de Doudeauville fait appel à la publicité pour
vulgariser ce remède aussi efficace que facile à se procurer. Nous
nous empressons d'en donner la recette :

« A la fin du mois de mai, au commencement de juin, ou bien
au mois de septembre, il faut cueillir les quatre espèces d'herbes
suivantes :

» 1° *Euphorbia villos* ; 2° *Veratrum album* ; 3° *Polygonium
hydropiper* ; 4° *Helleborus vulgaris*.

» Ces plantes croissent habituellement dans les prairies maréca-
geuses. Pour s'en servir, on prend une forte pincée de chacune
d'elles : on les met dans une théière, et on jette dessus de l'eau
bouillante, comme pour une infusion de thé. Après quelques minutes d'infusion, on en donne la valeur d'un verre ordinaire à la
personne ou au chien qui a été mordu par un chien que l'on sait
ou que l'on croit avoir la rage. Dans les premiers momens, on se
contente de laver la plaie avec de l'eau et du vinaigre. Il faut laisser écouler vingt-quatre heures pour un chien, et deux fois autant pour un être humain, avant de leur faire avaler le remède
que l'on vient de décrire. Il a, outre l'avantage précieux de détruire les effets de la morsure, celui d'indiquer avec certitude si
elle provient d'un chien effectivement enragé ou non. Dans le
premier cas, cette potion, qu'il faut toujours prendre à jeun, produira des vomissemens violens, et on continuera à la donner jusqu'à ce que les vomissemens soient entièrement calmés, ce qui
arrive ordinairement après la troisième et au plus la quatrième
dose, en en prenant une chaque jour. Si, au contraire, le chien
n'était pas enragé, le malade ne vomira pas. Il suffit de l'essayer
deux fois de suite ; mais alors la frayeur serait dissipée, et on évi-
terait le danger qui provient d'une imagination frappée. Après
avoir passé par l'épreuve de ce remède, on peut, sans aucun inconvénient, conserver un chien qui aura été mordu, et que l'on

verra retrouver de l'appétit et recommencer à boire de l'eau comme
de coutume sans être sujet à aucune rechute ni incommodité
ultérieures. »

M. Victor Paquet vient de publier une lettre sur les noms des
quatre plantes employées pour le traitement de cette maladie.
Nous croyons, dans l'intérêt de la science, devoir la reproduire
ci-après :

« Vous avez publié, dans un de vos numéros, la recette d'un remède éprouvé contre la morsure des chiens enragés. Sa simplicité
le met à la portée de tout le monde. Les quatre plantes indiquées
pour faire l'infusion sont celles-ci : 1° *euphorbia villosa;* 2° *veratrum album;* 3° *polygonum hydropiper;* 4° *helleborus vulgaris.* Ces noms appartiennent à des herbes indigènes très connues
et très communes en France ; mais les termes latins ne sont certainement pas familiers au plus grand nombre de vos lecteurs. Je
viens vous demander la permission de rappeler la synonymie vulgaire de chacune des plantes mentionnées ; ce sera, je crois, faire
une chose utile.

» D'abord, nous ne possédons pas de plantes du nom d'*helleborus
vulgaris.* Le nom spécifique *vulgaris* a certainement été employé
pour celui de *viridis* (ellébore vert), plante très active et qui purge
violemment ; ses racines sont fibreuses, noirâtres ; les tiges sont dépourvues de feuilles dans le bas, hautes de 2 décimètres (de 3 et
même de 4 dans nos jardins) ; divisée en 2 ou 3 rameaux qui sortent chacun de l'aisselle d'une feuille supérieure ; celles-ci sont
glabres (dépourvues de poils), molles, divisées en 7 ou 8 lobes
dentelés en scie. Celles qui naissent de la racine (les radicales)
sont pétiolées ; les autres sont sessiles (sans pétiole). Les fleurs se
montrent en avril et mai ; elles naissent au sommet des rameaux,
sont penchées et d'un vert jaunâtre, de 3 à 4 centimètres de diamètre, et imitent pour la forme celles de nos renoncules indigènes. Cette plante est très commune dans les bois et dans tous les
lieux frais et ombragés. C'est une autre espèce d'ellébore que nous
cultivons dans nos jardins sous le nom de *rose de Noël.* Tout le
monde connaît ces jolies fleurs d'un blanc sale lavé de rose et d'une
consistance assez coriace ; c'est l'*helleborus niger* des botanistes.

L'ellébore connu sous le nom de *pied de griffon* jouit des mêmes propriétés que les deux précédentes espèces, et je ne mets pas en doute que les 8 ou 10 espèces connues et cultivées aujourd'hui ne pussent être employées avec le même succès que leur congénère contre la rage.

» Le *veratrum album* est l'*ellébore blanc* des anciens. On le connaît encore dans beaucoup de contrées sous cet ancien nom. Théophraste n'a pas parlé du *veratrum album*; mais la description qu'en donne Dioscoride ne laisse aucun doute sur l'identité de la plante de nos jours, laquelle est à peu près rejetée de la matière médicale. On s'en est servi pendant long-temps pour guérir les maniaques; sa racine est émétique et cause quelquefois des convulsions. Quant à l'ellébore noir des Grecs, Tournefort nous a prouvé que c'est bien l'*helleborus orientalis* de nos jardins botaniques. Revenons au *veratrum album*. J'ai dit qu'on lui donne vulgairement le nom d'*ellébore blanc*; il porte encore ceux de *varatre, varaso, vrairo* et *herbe plissée*. Cette plante n'a de commun avec les ellébores que l'un de ses noms vulgaires; elle appartient à la famille des colchiques, plantes dont une espèce fait l'ornement de nos prairies à l'automne, où on la désigne sous les noms de *veilleuse, fraidoline, veillotte, cul-tout-nu*, etc. Le varatre blanc a les tiges hautes de un mètre et plus, terminées par une panicule de fleurs d'un blanc verdâtre médiocrement ouvertes. Cette plante est indigène dans les montagnes du midi de la France, et on la cultive dans nos jardins.

» Le *polygonum hydropiper* est une renouée ou sorte de sarrazin aquatique très connu sous le nom de *poivre d'eau, curage, renouée âcre*, etc. C'est une plante annuelle, haute de 4 à 5 décimètres, rameuse ou dressée, à feuilles lancéolées, pointues, portées sur des pétioles courts; les fleurs sont disposées en épis lâches et grêles, d'un rose tendre. Cette plante est très commune sur le bord de l'eau et dans les fossés humides. On la dit très diurétique, résolutive, détersive et antiœdémateuse.

» L'*euphorbia villosa*, qui est certainement l'*euphorbia pilosa* de Linnée, est une plante des environs de Montpellier, haute de 4 à 5 décimètres (si j'en juge sur les individus cultivés; mais de 3 à 4 seulement à l'état sauvage). On sait que les euphorbes ou tithymales sont au nombre de plus de cent espèces. Tout le monde

connaît l'*épurge*, le *réveil-matin*, l'*ésule*, qui sont des euphorbes
dont le suc est très actif et fait vomir à la dose de 12 à 18 grains.
Il est dès-lors très étonnant qu'on soit allé expérimenter sur la
moins commune et la moins connue des espèces et tout à la fois
la plus insignifiante. Je crois qu'il y a erreur de nom. L'euphorbe
officinale, qui ressemble à un cierge du Pérou, et qui est indigène en Afrique et croît naturellement dans l'Ethiopie, serait préférable, attendu qu'on la cultive facilement dans nos serres. Il y a
d'ailleurs une très grande confusion dans les noms. Ainsi, l'euphorbe
de Dalmatie *(euphorbia illirica)* ressemble beaucoup à l'euphorbe
de marais, et celle-ci est souvent confondue avec l'euphorbe poilue
(euphorbia pilosa). Je pense qu'il ne serait pas indispensable,
pour composer la recette contre la rage, de se procurer les plantes indiquées (d'une manière qui laisse d'ailleurs beaucoup à désirer) : il suffirait, je crois, de faire usage d'*une des espèces les plus
voisines*. Peut-être même toutes celles des genres cités produi-
raient-elles les résultats annoncés. Ils sont d'une importance assez
majeure pour qu'on ne les laisse pas mourir en théorie avant de
savoir à quoi s'en tenir sur l'efficacité du remède : c'est ce qui me
fait espérer que vous accorderez une place à cette lettre dans un
prochain numéro.

» Agréez, etc. .Victor PÁQUET. »

PAPIER CHANGÉ EN CRISTAL.

M. Pelouze a constaté qu'en plongeant du papier dans de l'acide
nitrique concentré, et en l'y laissant le temps nécessaire pour qu'il
en soit pénétré, ce qui a lieu en général au bout de deux à trois
minutes, puis l'en tirant pour le laver à grande eau, on obtient
une espèce de parchemin imperméable à l'eau. Le même effet a
eu lieu sur les tissus de toile de coton.

M. Schœnbein, d'après ce qu'a raconté M. Dumas, qui a vu et
touché les produits, a été beaucoup plus loin que M. Pelouze.
M. Schœnbein, par un procédé qu'il garde aussi secret, a changé

ce papier, ce parchemin, cette toile de coton, en une substance également imperméable, comme a fait M. Pelouze, mais en outre aussi transparente que le plus pur cristal. Ce papier-cristal ne laisse point filtrer l'eau, se laisse traverser par la lumière, et il pourrait merveilleusement remplacer les verres à vitre, voire même les verres à boire. — Ce papier présente en outre la curieuse propriété de s'électriser avec une grande facilité par le moindre frottement. Pressée entre les doigts, une feuille préparée par M. Schœnbein devient aussitôt lumineuse dans l'obscurité, et, approchée d'un mur, elle s'y précipite et y tient tellement, qu'on ne peut l'arracher qu'en la déchirant.

ENCRE INALTÉRABLE A L'HUMIDITÉ.

Le procès-verbal de la dernière séance de la société d'agriculture, sciences et arts de Valenciennes, contient une communication de M. J. Delanoue, sur une écriture inaltérable à l'humidité; ce procédé est si commode et si simple, que tous nos lecteurs pourront le vérifier et au besoin l'employer.

Il est dans certains cas, dit M. Delanoue, fort essentiel d'avoir une écriture inaltérable à l'humidité (dans les caves, jardins, ateliers, etc., etc.)

Cela est utile en horticulture, non seulement pour étiqueter les plantes, mais encore pour inscrire au-dessous de leurs noms toutes les observations essentielles que présentent les phases de leur végétation. J'irai même jusqu'à dire que c'est faute d'un moyen facile de consigner ainsi ces remarques qu'une foule de petites découvertes se sont perdues et se perdent encore tous les jours dans la mémoire de nos pépiniéristes et de nos jardiniers.

M. Braconnet avait proposé l'emploi du crayon à dessiner sur le zinc; j'ai dû y renoncer.

J'ai l'honneur de vous présenter aujourd'hui des étiquettes de zinc écrites avec du sulfate de cuivre légèrement acidulé par l'acide sulfurique ou chloridrique. Un fil de plomb permet d'attacher l'étiquette à la plante elle-même sans nuire à son développement,

Le zinc doit être employé neuf ou décapé. Lorsqu'il s'agit d'inscrire des notes sur une étiquette de zinc oxidé, on ajoute un peu plus d'acide à l'encre. Les caractères sont protégés par une couche d'oxide de zinc que l'on humecte pour la rendre plus transparente et la lire plus facilement.

Il est très facile d'écrire ainsi, et l'écriture résiste parfaitement à l'humidité et même aux vapeurs acides de certains ateliers.

J'ai obtenu des résultats analogues avec la plupart des solutions métalliques (or, nicquel, cobalt, etc.); les caractères sont même plus noirs avec les sels acidulés de platine, bismuth, antimoine, argent, et, dans certains cas, on devra les préférer; mais dans l'usage habituel il sera plus économique et plus facile d'employer le sulfate de cuivre (couperose bleu que l'on trouve partout).

TRAITEMENT DE LA MORVE.

L'Abeille médicale (numéro de juin 1846) publie la note suivante sur le traitement à appliquer aux chevaux atteints de la morve :

« Après avoir enlevé le fumier, on lave la mangeoire et le ratelier avec de l'eau chlorurée; on brûle du soufre, on ferme l'écurie, et quelques heures après on introduit le cheval. Plusieurs fois par jour, on fait des injections dans les fosses nasales avec le pyrolignate de fer; on lationne l'animal par tout le corps avec une dissolution de sulfure d'oxide de calcium, et l'on maintient sous le ventre une toile épaisse constamment mouillée par cette dissolution, jusqu'à ce qu'il survienne des pustules ou des gerçures.

» Le cheval prend tous les matins un mélange de soufre, d'huile et de miel. On joint à cela des lavemens purgatifs et une nourriture dans laquelle on fait entrer le marc provenant des distillations de grains, de vin, de betteraves ou de pommes de terre; de temps en temps on excite l'appétit en ajoutant à l'avoine une bouteille de vin rouge. »

Annales Agricoles et Littéraires.

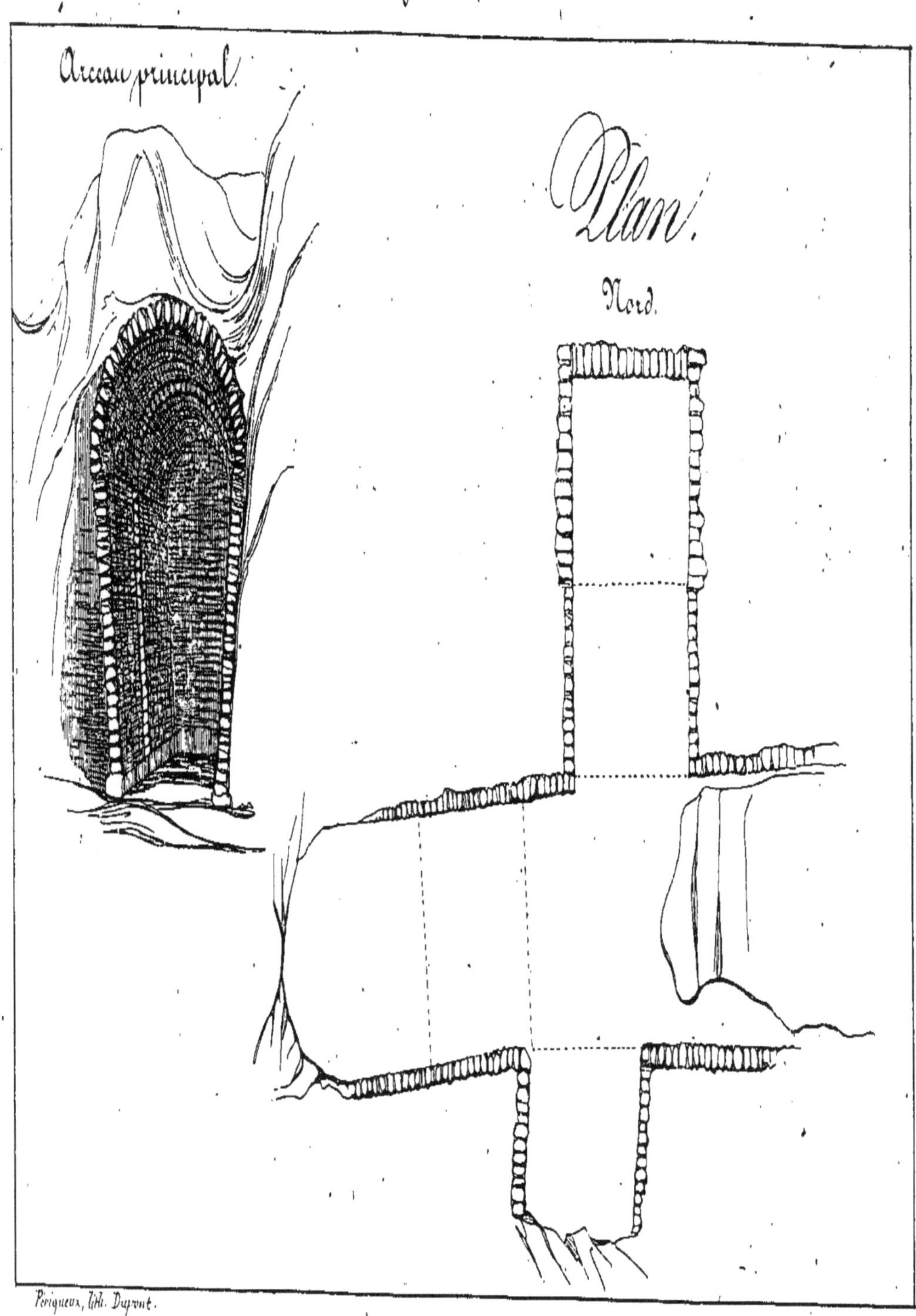

PARTIE LITTÉRAIRE

ET SCIENTIFIQUE.

NOTICE SUR LES ANTIQUITÉS

Trouvées dans le haut de la place Francheville, en 1846;

PAR M. DE MOURCIN.

En creusant les fondemens de la maison des frères Doursout, on a trouvé de vieilles constructions qui ont fort occupé les gens oisifs, bien qu'elles soient d'une faible importance.

Cette maison des frères Doursout, située vers la porte de Taillefer, formera un des petits côtés du trapèze en arcades qui limite au nord la place Francheville, et c'est sous l'angle sud-est de cette maison qu'on a trouvé les vieilles constructions (1).

Je suis descendu dans les déblais le 1er octobre; j'y ai fait faire quelques fouilles pendant deux jours; j'ai mesuré chaque partie; j'ai vu en détail.

Ces vieilles constructions consistent en trois arceaux, diri-

______

(1) L'égout de la rue Aiguillerie, touche à l'angle nord-est; il a en cet endroit, 1 mètre 10 centimètres de haut et 80 centimètres de large. Il est taillé dans le rocher, et se trouve à 1 mètre et quelques centimètres de profondeur sous le sol de la route.

gés irrégulièrement l'un vers le nord, l'autre à l'ouest, et le troisième au sud. Le quatrième côté n'offre aucun vestige d'arceau ; mais il a été creusé ; il est comblé de débris. Entre ces arceaux, il y a un espace d'environ deux mètres de large. L'ensemble forme une espèce de croix. *(Voir la lithographie.)*

L'intrados de ces voûtes était à environ 3 mètres 50 centimètres au-dessous du sol actuel, que l'on baisse un peu maintenant, ce qui réduira la distance à environ 2 mètres.

La première et la seconde de ces voûtes suivent à peu près la direction des deux murs de la nouvelle maison, ce qui fait qu'elles seront presque entièrement détruites.

La première se compose de deux parties distinctes, faites à deux époques différentes. La plus ancienne forme l'extrémité du fond, le pied de la croix ; c'est un arceau de construction romaine, de 1 mètre 40 centimètres de long, sur 1 mètre 15 centimètres de large au bas, 1 mètre 50 centimètres au haut des parois, et 1 mètre 60 centimètres à la naissance de la voûte. La hauteur, à partir du rocher, est de près de 2 mètres. Le fond est fermé par un mur d'aplomb, entièrement lié avec la voûte et les murs latéraux. Ce n'est qu'un placage qui ne pouvait avoir d'autre objet que de retenir les terres, et il en est de même des côtés.

Cette ancienne partie est bien conservée ; elle est faite en pierres brutes et en bon ciment. C'est ce que les Romains appelaient *opus incertum*.

La seconde partie est faite aussi en pierres brutes, mais en mauvais mortier où il y a même peu de chaux. C'est un travail ajouté, et qui n'a aucune liaison avec le premier. La voûte de cette partie de l'arceau est plus élevée que la première d'environ 12 centimètres. Ces deux constructions ont, dans leur ensemble, une longueur totale de 3 mètres et quelques centimètres.

La seconde voûte, celle qui se dirige au couchant, est à peu près de même largeur et de même hauteur. Sa longueur est d'environ 1 mètre 70 centimètres. Il n'y a point de mur au fond ; il ne paraît pas y avoir eu d'arrachement. Cette construction est faite en ciment de médiocre qualité. Elle a beaucoup souffert des injures du temps, ce qui prouve que l'entrée en fut toujours complètement à découvert.

Il en est de même de la troisième voûte, qui se dirige au sud, et dont la longueur est d'environ 1 mètre 15 centimètres.

Ces deux dernières voûtes n'ont pas été vidées en entier ; je n'en ai vu que le haut (1).

Le quatrième côté de l'espace qui est entre ces trois voûtes ne paraît avoir contenu aucune construction, si ce n'est quelques marches brutes qui indiquent une descente. C'est bien certainement par là qu'on arrivait sous les arceaux.

Toutes ces constructions sont évidemment romaines, même celle qui est ajoutée à l'arceau primitif, quoique faite en mauvais mortier. Ce qui le prouve, c'est que celle qui tourne à l'ouest, et qui est bien des temps romains, est appuyée sur l'angle en retour de cette dernière.

Pour une construction de ce genre, il est impossible de fixer une époque précise. Le petit arceau primitif pourrait remonter vers le 1er siècle de l'ère chrétienne; c'est probablement dans le bas empire qu'on a élevé les autres parties.

Quant à la destination, elle ne me semble nullement douteuse ; c'est une ancienne fontaine.

Tous les environs ont été exploités en carrières. Sans doute, en découvrant le sol, on a trouvé de l'eau naissante dans les interstices du rocher, et comme elle était utile, on l'a recouverte d'un arceau. Plus tard la source a probablement changé de place, et les autres arceaux ont été élevés sans aucun soin et eu égard seulement à la nécessité de retenir les terres. Peut-être, cependant, l'arceau du sud était-il destiné à faire perdre les eaux dans les carrières : c'était naturel.

---

(1) Les 28 et 29 octobre, celle de l'ouest a été vidée et détruite; elle se continuait d'environ 1 mètre dans une anfractuosité de rocher, taillé grossièrement, et se terminait en cul de four, percée de grandes crevasses.

Ce qui prouve mon assertion sur la destination de ces voûtes, c'est la forme de l'arceau primitif, qui ne pouvait être que celui d'une fontaine ; ce sont les nombreux fragmens de cruches romaines ou du haut moyen âge que j'ai trouvés dans les terres qui approchaient le plus du rocher. Il n'y a guère d'autres débris ; seulement on y a ramassé une petite médaille du bas empire, une tassère de Nîmes, et quelques morceaux de fer et de cuivre en petite quantité.

Mais à quelle époque cette source s'est-elle perdue ? Je ne puis le dire d'une manière positive, puisque même elle changeait de place dans l'antiquité. Seulement, si déjà elle ne l'avait fait, elle aurait dû cesser complètément à l'ouverture des fossés de la ville actuelle, puisque ces fossés coupaient toute communication entre cette source et le haut de la nouvelle commune, le quartier qui s'étend depuis la mairie jusqu'aux remparts de l'ouest, où les eaux abondent partout à une faible profondeur.

Comme, cependant, je n'ai trouvé aucun débris postérieur au Xe siècle, je crois que la source avait pris une autre direction à une époque plus éloignée.

Quoi qu'il en soit, il est bien certain qu'il n'y a dans les constructions que l'on vient de découvrir ni poternes, ni chemins couverts, ni vastes souterrains communiquant à l'amphithéâtre ou à la tour de Vésone, ni communications d'un couvent à un autre, ni cloaque conduisant les eaux à la rivière. Toutes ces merveilles qu'y voyaient mes concitoyens doivent être reléguées parmi les contes destinés à amuser les enfans, à leur faire peur et à les endormir dans les soirées d'hiver.

Le rédacteur-éditeur, Aug. DUPONT.

Vu : *Le secrétaire-perpétuel,* DE MOURCIN.

PARTIE AGRICOLE.

CULTURE HIVERNALE DES POMMES DE TERRE.

Les premières tentatives que l'on a faites pour cultiver les pommes de terre pendant l'hiver datent déjà de quelques années, et cette culture a été l'objet des recherches et de l'expérimentation d'un grand nombre d'agronomes distingués en France, en Belgique, et surtout en Angleterre, où on en a eu la première idée. Il y a plus d'un demi-siècle, cette méthode était pratiquée par les paysans de quelques cantons de l'Irlande ; oubliée pendant un long espace de temps, elle a été remise depuis cinq ou six ans en expériences, et, par suite des craintes qui fit naître la maladie qui, l'année dernière, a frappé les récoltes de ce tubercule, elle a acquis un nouvel et puissant intérêt.

Malgré les nombreuses expériences qui ont été faites dans ces trois dernières années, la question n'est pas complètement résolue. Suivant que les essais ont été ou non suivis du succès, on s'est hâté comme toujours de préconiser la culture hivernale ou de la combattre ; il s'est même trouvé de prétendus agriculteurs qui n'ont pas craint de traiter d'absurdes les louables efforts des expérimentateurs, avant même d'avoir eu connaissance de leurs résultats et des conditions dans lesquelles ils avaient opéré. Au lieu de se livrer à une *critique prématurée*, n'eût-il pas mieux valu pousser les agriculteurs dans la voie de l'expérimentation ? On aurait fait quelques pas de plus vers la solution définitive du problème. Hâtons-nous de dire qu'en dépit de l'opposition systématique qu'opposent

certains hommes aux idées de progrès, les faits se sont multipliés, la vérité s'est fait jour sur plusieurs points, et il est
aujourd'hui parfaitement démontré que dans certaines circonstances la plantation automnale de la pomme de terre
est une opération très avantageuse.

Disons, avant d'aller plus loin, que par *culture hivernale*
nous n'entendons pas parler de la culture forcée, telle qu'elle
se pratique dans les jardins maraîchers, au moyen de châssis.
Il est bien clair qu'au moyen d'une chaleur artificielle, la
pomme de terre, ainsi que toutes nos plantes potagères, peut
être forcée à croître pendant les hivers les plus rigoureux ;
cette culture est même pratiquée tous les ans par bon nombre
de nos jardiniers, qui réussissent ainsi à livrer des pommes
de terre nouvelles dès la fin de l'hiver. Par *culture hivernale*
on entend la plantation en grand et en plein air, telle qu'elle
*se fait dans l'agriculture proprement dite, une plantation en-
fin qui puisse être pratiquée par tous les cultivateurs et sans
autres appareils ou instrumens que ceux dont ils se servent
d'habitude.

Ici la question se présente sous deux faces. Les uns n'ont
vu dans la plantation automnale qu'un moyen de faire deux
récoltes dans l'année ; les autres, moins exigeans, ou ne
croyant pas à la possibilité d'une double récolte, se bornent
à lui demander des produits plus abondans et plus assurés.
Sur ces deux points les opinions sont partagées ; si le raisonnement tend à faire admettre que c'est en vain qu'on espèrerait
deux récoltes par an sur le même sol, à moins de circonstances spéciales, et en quelque sorte exceptionnelles, les faits à
leur tour semblent prouver que ces deux récoltes sont possibles, sinon pour toutes les localités, au moins pour un grand
nombre, et avec une température ordinaire. Mais ne préju-
geons rien à cet égard, et laissons chacun apprécier comme il

le jugera convenable les expériences que nous allons exposer.

C'est en 1843 et 44 qu'eurent lieu en Angleterre les expériences les plus décisives en faveur de la plantation automnale. Les premières que nous citerons sont celles de M. John Gray, l'un des agronomes les plus consciencieux et les plus éclairés de la Grande-Bretagne; elles ont été faites avec le soin le plus minutieux. Voici, du reste, comment il a procédé :

Immédiatement après la récolte de 1843, il fit labourer un champ d'avoine. C'était une terre argileuse, humide et compacte, qui avait été drainée l'année d'avant. Lorsqu'elle eut été suffisamment ameublie par le labour et le hersage, on y traça de nouveaux sillons à la distance d'environ 75 centimèt., l'un de l'autre, et vers le 26 octobre on planta dans ce terrain des pommes de terre de la récolte qui venait d'être faite. La semence se composait en partie de gros tubercules coupés en deux, en partie de petits qui furent plantés entiers. On répandit sur-le-champ une quantité modérée de fumier un peu fermenté, après quoi on fit repasser la charrue entre les sillons qui avaient reçu la semence, et cela assez profondément pour recouvrir cette semence d'une épaisseur de terre suffisante.

Ce fut dans cet état, et sans autres précautions, que ces pommes de terre passèrent l'hiver. On ne recommença à s'en occuper que dans la seconde moitié d'avril, où on donna un coup de herse, tant pour ameublir la surface du sol et donner accès à l'air que pour détruire les mauvaises herbes qui commençaient à se montrer. Très peu de temps après cette opération, les jeunes tiges sortirent de terre et poussèrent vigoureusement, à la grande surprise des cultivateurs du voisinage. On continua à leur donner les travaux de main-d'œuvre habituels; mais on avait eu préalablement le soin d'y faire répandre du guano, que le travail des ouvriers enfouit dans le sol, de manière à ce que les pousses souterraines des plantes pussent le rencontrer sur leur passage. De chaque côté de ce morceau de terre, on planta sur la fin d'avril deux autres carrés qui reçurent les mêmes façons et la même qualité d'engrais ; mais ici la semence consistait uniquement en grosses pommes de terre coupées en deux. Ces dernières plantations se développèrent parfaitement sans qu'aucun accident vînt en troubler la marche ; les fanes furent même bientôt plus fortes que dans la plantation d'automne : aussi l'expérimentateur commença-t-il à douter du plein succès de cette plantation. Toutefois, elle manifesta des signes de maturité quinze jours avant celles de printemps ; les fanes jaunirent et tombèrent alors que les autres étaient encore vertes. Lorsque le moment fut arrivé, on procéda à l'arrachage avec un soin extrême. Partout on employa le trident pour éviter de couper les tubercules, qui, au fur et à mesure qu'ils étaient arrachés, étaient mis dans des sacs afin d'éviter la confusion. C'est alors qu'on pesa comparativement le produit des deux cultures, qui donnèrent le résultat suivant :

	Charretées par hect.
Plantation d'automne, petites pommes de terre entières	250
Plantation d'automne, grosses pommes de terre coupées	280
Plantation de printemps, grosses pommes de terre coupées.	215

On voit qu'ici le résultat est tout en faveur de la plantation automnale, dont le produit, dans le cas des pommes de terre coupées, fut à celui de la plantation printanière comme 129 à 100. On remarque aussi que les pommes de terre entières produisirent 11 p. 100 de moins que les pommes de terre coupées.

L'espèce sur laquelle furent faites ces expériences est con-

nue dans le pays sous le nom de *nid de poule*. Toutes furent
de bonne qualité ; mais on crut reconnaître que celles qui
provinrent de la plantation d'automne étaient un peu plus
farineuses. Bien qu'aucune maladie ne se soit déclarée dans
tout le cours des opérations, M. Gray ne se croit pas pour
cela en droit d'en conclure d'une manière absolue que la
culture hivernale est un moyen assuré de se mettre à l'abri
de cette calamité ; mais il a cependant quelques raisons pour
le supposer, car il croit que beaucoup de maladies peuvent
résulter du séjour des tubercules dans les caves, où ils s'ap-
pauvrissent ordinairement par une germination anticipée, et
souvent même pourrissent en partie. Il pense enfin que si de
nouvelles expériences viennent confirmer les résultats qu'il
a obtenus, la culture hivernale des pommes de terre sera
un fait définitivement acquis à la science agricole.

En même temps qu'avaient lieu les expériences de M. Gray,
un gentleman des environs de Stockton, M. Trotter, en faisait
d'autres qui n'étaient pas moins concluantes. Il avait un
champ d'une terre argileuse et des plus compactes, planté de
fèves. Après la récolte, il fit labourer ce champ dans l'intention de l'abandonner en cet état aux influences de l'hiver,
pour en ameublir le sol ; mais, se rappelant que toutes ses
tentatives pour y cultiver la pomme de terre par la méthode
ordinaire avaient échoué, et qu'il avait tout au plus recueilli
la semence, il lui vint dans l'idée d'y essayer la culture hivernale de ce tubercule. On était alors en novembre. Vers
la fin du mois, il fit labourer de nouveau dix ares de terre,
qu'il fit fumer et planter avec la variété nommée *rouge de
Yorkshire*. Ces semences, plantées à la profondeur ordinaire,
ne reçurent aucune espèce d'abri pendant tout l'hiver, quoique
la température descendît une fois à 15 degrés du thermomètre
de Fahrenheit (— 9° 44 centigrades). Une partie des semences

fut coupée; l'autre ne le fut pas; et un fait remarquable, c'est que les plantes qui provinrent des tubercules coupés furent toujours beaucoup plus fortes et beaucoup plus avancées que les autres, et cela à un tel point, qu'à une grande distance on pouvait distinguer ces deux catégories l'une de l'autre. Une plate-bande de terre prise tout à côté de cette plantation fut préparée de la même manière et plantée au mois d'avril. On imaginerait difficilement la différence que présentaient au commencement d'octobre ces deux plantations. Celle de printemps était déjà toute flétrie et presque noire, tandis que celle de l'automne était encore verte et vigoureuse. Quand on enleva la récolte, on trouva que les 10 ares plantés en automne avaient produit 80 bushels (environ 30 hectolitres), et que la partie du champ plantée en avril n'avait donné guère plus que la semence qui y avait été déposée. Malgré la plus grande vigueur des tiges provenant des pommes de terre coupées, on n'apercevait aucune différence sensible entre leur produit et celui des pommes de terre qui avaient été plantées entières. 30 hectolitres de tubercules produits par 10 ares ne sont pas considérés en Angleterre comme une récolte très productive : c'était cependant environ quatre fois autant que le produit de la plantation printanière dans le même sol, d'après l'évaluation de M. Trotter; aussi regarde-t-il comme indispensable la plantation automnale, lorsqu'on cultive des terres d'une argile résistante et compacte, qui sont de toutes les plus défavorables à la culture de ces plantes.

Bien que cette expérience n'ait pas été conduite avec l'exactitude minutieuse qui caractérise celle de M. Gray, elle n'en est pas moins du plus haut intérêt; car, outre la nouvelle preuve qu'elle fournit en faveur de la culture hivernale, il en résulte trois faits particuliers qui ne sont pas sans importance. Elle démontre d'abord que les terres fortes peuvent tout aussi bien que les terres légères être consacrées à la culture des pommes de terre ; qu'ensuite l'époque de la plantation est à peu près indifférente, pourvu qu'elle soit faite avant les gelées ; enfin, que les tubercules coupés conviennent mieux que les tubercules entiers pour être employés comme semence, fait qui résulte encore plus évidemment de l'expérience de M. Gray, ainsi que nous l'avons fait remarquer tout-à-l'heure.

Dans les deux essais que nous venons de rapporter, on est frappé d'une circonstance : c'est que les expérimentateurs ne se sont nullement préoccupés de l'idée que le froid pouvait exercer une influence fâcheuse sur leurs semences. Elles ont été plantées à la profondeur ordinaire ; elles n'ont reçu aucun autre abri que celui de la terre qui les couvrait à une profondeur qu'on peut évaluer de 10 à 20 centimètres, et, malgré des gelées de 8 à 9 degrés centigrades, elles se sont parfaitement développées. Il semble cependant que dans d'autres localités on a cherché à les abriter contre le froid en les plantant à une profondeur inusitée. Quelques-uns ont conseillé de disposer les plantations en plates-bandes de 2 mètres de large, séparées par des intervalles un peu moindres, dont on porterait la terre sur la plate-bande où les semences seraient préalablement enfoncées à 12 ou 15 centimètres. Par cette nouvelle opération, elles se trouveraient couvertes d'une quantité à peu près double de terre, qui serait suffisante pour les préserver complétement de la gelée. Dès les premiers jours de printemps, lorsqu'on n'aurait plus à redouter le retour du froid, il faudrait enlever la terre rapportée pour la replacer dans la tranchée où on l'aurait prise, ce qui rétablirait l'uniformité du niveau du champ. Mais d'autres, pour éviter une nouvelle main-d'œuvre, et peut-être aussi pour ne pas laisser de lacunes dans leurs *cultures*, ont préféré planter immédiatement à une grande profondeur. Nous lisons à ce propos, dans le *Gardener's-Chronicle*, qu'un des correspondans de ce journal qui habite Birmingham, après avoir planté ses pommes de terre d'automne à une profondeur d'environ 52 centimètres, obtint une récolte très satisfaisante. La grande profondeur à laquelle se trouvaient les tubercules obligea d'employer pour les arracher une sorte de houe particulière à long fer, usitée pour les opérations du drainage; mais ce qu'il y eut surtout de remarquable, c'est que ces tubercules étaient d'autant plus volumineux qu'ils s'étaient formés plus bas. Plusieurs étaient si énormes, qu'ils pesaient près de 2 kilogrammes; ils décroissaient généralement en volume à mesure qu'ils étaient situés moins profondément; ceux qui étaient voisins de la surface étaient très petits, et n'ont pu être utilisés que pour la nourriture du bétail.

On regrette que l'auteur de cette expérience n'en indique pas *toutes les circonstances* avec plus de précision. Il aurait dû surtout parler de la nature du terrain sur lequel il opérait; car il est difficile de comprendre, à moins que la terre ne fût extrêmement légère et perméable, que les pommes de terre-semences aient pu germer à une aussi grande profondeur. Il aurait dû enfin indiquer le montant de sa récolte, relativement à l'espace de terre qu'il y avait consacré.

C'est en Irlande que la culture hivernale semble le plus généralement et le plus anciennement pratiquée; mais la manière d'opérer est loin d'être uniforme, quoique les résultats soient presque partout les mêmes. En effet, ceux-ci plantent dans le courant de septembre et récoltent en mai; ceux-là en octobre, pour récolter en juin. D'autres plantent en novembre, décembre et même en janvier, et récoltent vers le milieu de l'automne. Nous avons sous les yeux une liste de faits de cette nature, que le peu détails avec lesquels on les raconte nous empêche de rapporter, mais qui parlent hautement en faveur de ce mode de culture. N'oublions pas toutefois que ces faits se passent en Irlande, c'est-à-dire dans un pays où, par suite du voisinage de la mer, le climat est fort doux et où on a peu de fortes gelées à craindre. Il est probable que dans nos provinces méridionales on obtiendrait le même succès, et peut-être même plus de succès encore qu'en Irlande, avec des procédés analogues; mais dans le nord, le centre et l'est, où les hivers sont souvent fort rudes, il nous paraît hors de doute qu'il serait nécessaire d'y abriter les semis, soit au moyen de litières ou de terres rapportées, soit en plantant à une profondeur considérable.

La seule expérience de ce genre qui, à notre connaissance, ait été faite en France, annonce, dans la manière dont elle a été conduite, que M. Changarnier s'est vivement préoccupé de la question du froid. Voici son procédé :

Après avoir donné à la terre la façon et la fumure nécessaires, il plante dans les premiers jours d'août, pour récolter au commencement de mars de l'année suivante, et utiliser immédiatement le sol par d'autres cultures. Son procédé est simple et peu coûteux, au moins dans le principe. Les tubercules sont plantés à 28 ou 30 centimètres de profondeur, et à une distance de 50 à 60 centimètres les uns des autres. Du 15 au 20 août, les tiges se montrent, et elles fleurissent vers la fin du mois suivant, époque où elles ont atteint de 40 à 45 centimètres de hauteur. Dans tout cet intervalle, on donne trois sarclages aux plantes : le premier lorsqu'elles commencent à sortir de terre, le second lorsqu'elles ont de 10 à 15 centimètres, le troisième un peu plus tard. Puis, dans la prévision d'un hiver rigoureux, on jonche toute la plantation de fumier ou de litière, qu'on recouvre encore d'une certaine épaisseur de terre pour le maintenir en place. Dés-lors le champ est abandonné à lui-même jusqu'à la récolte, qui a lieu dans les derniers jours de février. Conduite comme nous venons de le dire, l'expérience de M. Changaruier réussit au delà de toutes ses espérances. Il récolta dix-huit à vingt tubercules à la touffe, et cependant il avait opéré dans des circonstances peu favorables. Son terrain était de mauvaise qualité, et les tubercules pris pour semences n'avaient pas été choisis entre les meilleurs. En opérant ainsi à dessein, il a donné à son expérience un caractère plus concluant; aussi admet-il comme un procédé extrêmement utile la culture hivernale, dont il résume ainsi les avantages : 1° récolter des pommes de terre avec une pleine chance de succès, même après l'hiver le plus rigoureux, à l'époque où on commence à peine à en planter; 2° pouvoir utiliser une seconde fois le sol par une nouvelle plantation de pommes de terre ou par toute autre culture, et faire par conséquent deux récoltes dans l'année; 3° obtenir enfin ce produit alimentaire dans un moment où les anciennes provisions de ce légume sont presque épuisées, et où les légumes frais sont fort rares.

Voilà une expérience qui, sous le rapport du succès, ne laisse rien à désirer; mais pourra-t-on, dans toutes les circonstances, la pratiquer sur une grande échelle? Elle nous semble excellente, comme procédé horticole, pour se procurer des pommes de terre de primeur à bon marché, sans le secours de châssis et de calorifères; mais, tant qu'il sera indispensable de couvrir la plantation de litière ou de fumier, nous ne pensons pas que cette méthode puisse recevoir son application autrement que dans un jardin et sur une portion limitée de terre, et cela parce que le fumier est gé-

néralement d'un prix trop élevé pour qu'on puisse en recouvrir, à une épaisseur convenable, une étendue considérable de terrain. On pourrait, à la rigueur, se passer de
fumier, et couvrir les plantes de terre rapportée, comme
nous avons dit plus haut, ainsi que le pratiquent quelques
cultivateurs de l'Irlande; mais alors on aurait une seconde
main-d'œuvre, qui élèverait considérablement les frais de cette
culture. Le fait qui ressort de l'expérience de M. Changarnier,
c'est la possibilité bien constatée de deux récoltes dans la
même année. L'arrachage des tubercules se faisant à la fin de
février, il est aisé de donner à la terre, avant le 10 ou le 15
mars, la façon nécessaire pour recevoir une autre culture, et
celle-ci a d'autant plus de chances de réussir que la terre a
été déjà considérablement ameublie par les travaux qu'a nécessités la récolte précédente. C'est, du reste, un fait connu en
agriculture que la plupart des cultures réussissent bien sur
les terres qui ont été précédemment plantées en pommes de
terre. On peut donc semer immédiatement des blés de mars
qui mûriront dans le courant de juillet, et laisseront encore
le sol vacant dès les premiers jours du mois d'août, époque où
on pourra recommencer la culture d'hiver. Beaucoup de
personnes mettent en doute la possibilité d'une double récolte de pommes de terre; mais que diraient-elles donc si
on proposait d'en faire trois la même année, et sur le même
champ? Tout extraordinaire que le fait puisse paraître, il
n'en a pas moins eu lieu; car nous lisons dans le *Gardener's-
Chronicle,* du 20 décembre 1845, le récit qu'en fait un des
souscripteurs de ce journal : « Je demeure, dit-il, dans un
canton *(Cheddar* et *Axbridge)* où l'on récolte peut-être les
pommes de terre les plus précoces de l'Angleterre, et, au moment où tout le monde se plaint de la maladie qui a fait de
si grands ravages dans les récoltes de ce tubercule, j'ai fait

tout mon possible pour amener les cultivateurs à adopter la plantation automnale, mais sans y pouvoir décider personne. Celui que je tenais surtout à convaincre de l'excellence de cette nouvelle méthode est M. Georges Spencer, de Cheddar, dont j'ai souvent admiré l'habileté à produire des primeurs pour les marchés de Bath et de Bristol. J'essayai vainement de le persuader. — Pourquoi, me répondait-il, prendrais-je cette peine, quand je puis faire trois récoltes par an, sur le même terrain ? — J'exprimai mes doutes sur la possibilité de ce fait; mais il m'assura qu'il était prêt à faire serment qu'en 1840, il avait planté des ash-leaved-kidneys précoces avec de bon fumier décomposé, dont au 18 mai il avait fait une excellente récolte ; que sans fumer de nouveau il avait planté au même endroit des pommes de terre de la même variété, qu'il arracha au mois d'août, pour replanter immédiatement, et toujours sans nouvelles fumure, ce qui lui donna une troisième récolte le 25 octobre. Un fait à remarquer, c'est que la deuxième et la troisième récolte valaient mieux que la première ; mais toutes trois se vendirent 25 c. le litre. — Maintenant, ajouta M. Spencer, y a-t-il quelqu'un parmi MM. les professeurs qui puisse faire mieux ? — Il m'assura de plus qu'il fait régulièrement ses deux récoltes par an, auxquelles il fait succéder des vesces, qu'il arrache en décembre, pour fumer la terre et la préparer à une prochaine culture de pommes de terre. J'ai de nombreuses preuves que toutes celles qu'il récolte de cette manière sont de la meilleure qualité, et comme je connais parfaitement M. Spencer pour un homme d'une intégrité irréprochable, je ne crois pas qu'il soit possible de mettre en doute les résultats qu'il m'a annoncés. »

Nous arrêtons ici nos citations : elles suffisent pour établir l'incontestabilité du succès de la culture hivernale des pomties de terre ; nous nous bornerons seulement à les résumer dans les conclusions suivantes :

1° En plantant les tubercules peu de temps avant l'arrivée des grands froids, et en les couvrant d'une épaisseur de terre suffisante pour les abriter de la gelée, on récolte à la fin du printemps ou dans le courant de l'été de l'année suivante ;

2° En plantant sur la fin de l'été, comme le conseille M. Changarnier, on récolte dès la fin de l'hiver, et on peut commencer immédiatement une nouvelle culture ; mais alors il faut abriter la plantation pendant l'hiver, au moins dans nos contrées septentrionales ;

3° Il y a du bénéfice à employer des pommes de terre coupées, plutôt que des tubercules entiers, qui produisent souvent moins, indépendamment de l'économie que l'on fait sur la semence ;

4° Dans nos provinces du midi, et probablement aussi dans le voisinage de nos côtes occidentales, partout en un mot où la température la plus basse ne descend guère au-dessous de 3 à 4 degrés au dessous de zéro, il est à présumer que le procédé Changarnier pourra être appliqué en grand, sans qu'on ait besoin d'abriter artificiellement les récoltes ;

5° Dans toutes ces localités au moins, la méthode suivie en Angleterre, et qui consiste à planter tard, de manière à ne permettre aux tiges de se développer qu'après l'hiver, sera toujours parfaitement applicable ;

6° La culture hivernale est très souvent plus profitable que la méthode ordinaire, et c'est la seule qui puisse être usitée avec avantage dans les sols argileux et d'une faible perméabilité ;

7° Enfin, avec certaines conditions atmosphériques et sur certains sols, on peut faire deux, et quelquefois même trois récoltes de pommes de terre dans la même année. NAUDIN.

DU SULFATAGE COMME MOYEN PRÉSERVATIF
DE LA CARIE DU FROMENT,

PAR C.-J.-A. MATHIEU DE DOMBASLE (1).

(Extrait des Annales agricoles de Roville, supplément de 1834.)

De nombreuses expériences m'ont démontré que le moyen que je vais décrire est le préservatif le plus efficace que l'on connaisse jusqu'à ce jour contre la *carie* du froment, que l'on désigne dans quelques cantons par les noms de *noir*, *misseron*, *cloque*, *nielle*, *charbouille*, *moucheture*, *pourriture*, *bosse*, *blé bouté*, etc., etc., et qui est fréquemment funeste aux récoltes de cette céréale. On l'appelle quelquefois *charbon;* mais ce nom est très impropre, car le charbon est une maladie du froment fort différente, et dans laquelle la poussière noire qui remplace les grains est enlevée par les vents et la pluie peu de temps après floraison, tandis que dans la carie les grains infestés restent entiers dans les épis, et conservent jusqu'après la récolte la poussière noire et de mauvaise odeur qu'ils contiennent. Ces grains étant ensuite écrasés par l'action du fléau, la poussière noire infeste toute la récolte. Comme l'efficacité du procédé préservatif de cette maladie dépend essentiellement de certaines précautions dans son exécution, je vais présenter avec quelques détails, et d'après l'expérience de la pratique en usage dans la ferme de Roville, la manière de préparer la semence pour qu'on puisse l'employer avec sécurité.

Les substances qu'on emploie dans ce procédé sont de bonne chaux vive en pierre et du *sulfate de soude*. Ce dernier sel est celui que l'on désigne dans les pharmacies sous le nom de *sel de Glauber*. On l'obtient en grandes masses dans les frabriques de soude artificielle, où son prix est de 12 à 15 francs les 50 kilo-

___

(1) En décembre 1845, M. Girardin, professeur de chimie à l'école départementale de la Seine-Inférieure, après avoir rendu compte à cette société des résultats d'expériences suivies pendant trois ans sur les effets des divers procédés de chaulage en usage, indique le procédé de Mathieu de Dombasle comme méritant la préférence sur tous les autres, parce qu'il est simple et économique et qu'il n'entraîne aucun inconvénient pour la santé des semeurs et la sécurité publique.

grammes. Les droguistes le vendent communément 20 à 22 francs dans les villes qui ne sont pas fort éloignées de ces fabriques. L'opération doit se faire dans une pièce dont le sol soit formé de carreaux, de dalles ou de ciment, et les *ingrédiens* doivent y avoir été préparés à l'avance, afin qu'on les ait sous la main au moment de l'opération.

A cet effet, on fait dissoudre 8 *kilogrammes* de sulfate de soude par hectolitre d'eau, ou 80 grammes par litre d'eau, si l'on n'a à préparer qu'une petite quantité de grains. La dissolution doit se faire au moins quelques heures à l'avance, dans un cuvier, et l'on agite fréquemment jusqu'à ce que le sel soit complètement dissous. Le liquide ainsi préparé peut se conserver pendant toute la durée des semailles. D'un autre côté, on réduit la chaux en poudre, en la faisant fuser par l'addition d'une petite quantité d'eau. Le meilleur moyen consiste à placer quelques pierres de chaux dans un panier ou manne, et à plonger le tout dans de l'eau pure, seulement pendant quelques secondes ; on la retire aussitôt et on dépose la chaux sur le sol, où elle s'échauffe et se fuse bientôt en se réduisant en poudre. Si l'on voulait conserver d'un jour à l'autre la chaux ainsi fusée, il serait nécessaire de la mettre à l'abri du contact de l'air : on pourrait y employer un étouffoir à braise ou tout autre vase fermant exactement, pourvu qu'il restât peu de vide lorsque la chaux y aurait été mise. Si on ne la renferme pas ainsi, la chaux fusée perd bientôt toute son efficacité en absorbant l'acide carbonique répandu dans l'air, et par ce motif on doit rejeter la chaux qui s'est éteinte lentement par son exposition à l'air.

La dose de chaux qu'on doit employer n'exige pas une rigoureuse exactitude : ainsi, afin d'éviter toute perte de temps dans l'opération pour le pesage, on devra se pourvoir d'une écuelle ou tout autre vase plutôt profond que large, qui, étant rempli à un degré que l'on connaît, contienne un poids connu de chaux en poudre, par exemple cinq hectogrammes ou un kilogramme. On n'aura ainsi à faire qu'une seule pesée avec les opérations.

Lorsqu'on veut opérer, on verse un hectolitre de froment au milieu de la pièce, et trois personnes, armées de pelles de bois, agitent et retournent vivement ce tas, pendant que la personne qui dirige l'opération y verse à plusieurs reprises, mais à peu d'intervalle, autant de solution de sulfate de soude que le grain peut

én absorber. Cela exige communément six ou huit litres de solution par hectolitre de grains ; mais on ne doit pas la mesurer, et
l'on ne cesse d'en ajouter que lorsqu'on reconnaît qu'une plus
grande quantité s'écoulerait hors du tas. Tous les grains doivent
être alors uniformément humectés de liquide sur toute leur surface, sans qu'un seul ait échappé à son action. Alors ce chef, sans
perdre un seul instant, prend une écuelle de chaux et la répand
sur toutes les parties du tas pendant que les ouvriers le retournent
avec activité dans tous les sens ; il en ajoute successivement jusqu'à la quantité de *deux kilogrammes*, et les ouvriers continuent
de brasser le tas jusqu'à ce que tous les grains soient exactement
couverts de chaux. L'opération est alors terminée pour cet hectolitre de froment, et on le rejette dans un des coins de la pièce
pour verser à sa place un autre hectolitre, sur lequel on opère de
même. Ce travail n'exige que quelques minutes pour chaque hectolitre, et l'on peut ainsi sulfater dans une heure la quantité de
froment que l'on sèmera pendant plusieurs jours dans une grande
exploitation.

L'efficacité du procédé du sulfatage dépend essentiellement de
deux circonstances, en supposant que les substances employées
aient été de bonne qualité : la première est que le mélange du
froment, d'abord avec la solution de sulfate, ensuite avec la
chaux, ait été parfait, et qu'il ne soit pas resté un seul grain qui
n'ait été imprégné de ces substances sur toute la surface ; la seconde
est que la chaux ait été mélangée au moment même où les grains
de froment étaient mouillés de la solution saline, car si l'on attendait quelques instans, la solution serait absorbée par la substance
intérieure du grain à travers son écorce, et la chaux n'agirait plus
alors de la manière qu'elle doit le faire : les germes de carie se
trouvant à la surface des grains de froment, c'est là que doit s'exécuter la combinaison des deux ingrédiens pour qu'ils agissent avec
efficacité. Dans la pratique, on obtient facilement ces deux conditions si l'on y apporte quelque soin. Le froment ainsi sulfaté paraît sensiblement sec peu de temps après, et il peut se conserver
en tas pendant plusieurs jours sans s'altérer. Toutefois, si l'on
craignait qu'il s'échauffât, on pourrait le remuer en changeant le
tas de place.

LA SOCIÉTÉ D'AGRICULTURE DE LA DORDOGNE.

Depuis bien des années déjà, une société d'agriculture existe dans le département de la Dordogne ; mais elle s'est faite si petite, elle, a vécu à si petit bruit, que beaucoup ignorent son existence, et que quelques-uns même de ceux-là qui l'ont connue la croient morte et bien morte.

Eh ! messieurs, pourquoi se faire si humbles ? Pourquoi reculer devant notre tâche, alors surtout que partout en France les agriculteurs sentent la nécessité de former des sociétés actives, de se réunir en congrès, d'organiser en un mot l'agriculture, de faire ce qu'a fait l'industrie, qui a ses chambres de commerce, et qui, partout et toujours, est si bien représentée et si puissamment défendue ? Travaillons donc à rendre à l'agriculture la place qu'elle doit occuper en France ; réunissons nos efforts à ceux qui tendent vers ce but, et venons en aide à l'état qui semble vouloir faire quelque chose pour la première des industries.

L'agriculture de la Dordogne est-elle donc si florissante, qu'elle puisse marcher seule et sans appui ?

Mais, nous dira-t-on, que voulez-vous ? que ferons-nous ? qu'ont fait les comices ? Existent-ils encore ? C'était pourtant là une belle institution.

Oui, ils existent, si dormir éternellement c'est vivre ; quelques-uns même se réveillent une fois par an pour danser en l'honneur de l'agriculture ; c'est quelque chose encore ; mais, convenons-en, c'est bien peu.

Ce que je voudrais, c'est que les comices fissent mieux que de donner un bal par an, que messieurs les membres de la société d'agriculture fissent plus que de se réunir une fois dans l'année, et que les séances (quand séances il y a) ne se passassent pas uniquement en échanges de politesses.

Ce que je voudrais, c'est que la société d'agriculture fût l'âme et la tête des comices. Les comices ne se réunissent pas, parce que leurs réunions, comme celles de la société, sont sans but, sans questions posées d'avance et étudiées par les membres qui les composent.

<table>
<tr><td>Tome VII.</td><td>22</td></tr>
</table>

Ce que je voudrais, c'est que la société, dans chacune de ses réunions, posât des questions qui seraient adressées à tous les comices, pour être résolues par eux. Soyez-en bien convaincus, dans chaque comice il se trouve des hommes capables qui étudieront les questions que vous leur aurez posées et qui y répondront. Les comices se réuniront, parce que leurs réunions auront un but; et, dans un département comme le nôtre, où le sol varie dans chaque canton, où les produits du nord ne sont pas ceux du midi, croyez-vous que ces questions, résolues sous des influences si diverses de sol, de climat, d'habitudes locales, soient sans intérêt? Vous arriverez ainsi à la connaissance de tous les erremens agricoles du département, et, si vous le voulez, à une statistique vraie et exacte que ne vous a jamais donnée l'administration, quelle qu'ait été d'ailleurs sa bonne volonté.

Vous arriverez enfin à faire que des corps qui marchent isolément et sans but (quand ils marchent) se réunissent et marchent ensemble vers un but commun, le progrès agricole et la constitution de notre agriculture.

Que faut-il pour cela? Un peu de zèle chez MM. les membres de la société d'agriculture, et, pour la société, la permission d'exister. Cette permission, je la demanderai à M. le préfet, président de la société d'agriculture, et à M. le secrétaire perpétuel.

Aux termes du réglement, M. le président doit, quatre fois au moins par année, convoquer la société d'agriculture.

M. le président est-il empêché par ses hautes fonctions? Je le comprends. M. le secrétaire perpétuel, par les études si intéressantes auxquelles il consacre tout son temps? Je le comprends encore: Mais si MM. les membres de la société, qui regrettent toujours bien vivement l'absence de M. le président et du secrétaire perpétuel, pouvaient se réunir ainsi que le veut leur règlement, ils apporteraient, j'en suis convaincu, tout le zèle nécessaire.

Le vicomte de COURTILLE,

membre des sociétés d'agr. de la Dordogne et de l'Allier.

Nota. — Si M. le vicomte de Courtille voulait bien nous adresser le résultat de ses savantes expériences, cela vaudrait mieux, je pense, que tous les discours d'apparat et les avis officieux.   (DE M.)

FALSIFICATIONS DES SUBSTANCES ALIMENTAIRES.

Nous empruntons à une brochure fort intéressante, publiée par M. Renard (1), un passage extrait d'une pétition adressée aux chambres par M. Chevallier, chimiste, et qui établit l'urgence d'une loi protégeant à la fois le commerce et la santé publique.

Les fraudes sur les substances alimentaires ont été constatées :

Sur les farines destinées à la préparation du pain. — Des farines vendues comme étant de bonne qualité étaient altérées ; elles avaient subi une fermentation acide. D'autres étaient allongées de fécules ou de farines préparées avec des légumes piqués des insectes ; on a mêlé à des farines de la poudre d'albâtre. On a même poussé la fraude à un tel point, qu'on a offert sur la place des substances minérales réduites à l'état de poudre dans le département de l'Allier, pour être mêlées aux farines.

MM. les chimistes de la salubrité publique ne pensent pas que l'addition des fécules à la farine soit nuisible à la santé ; mais c'est un vol du vendeur envers le boulanger ; car la fécule introduite dans la farine et panifiée comme cette dernière n'absorbe pas d'eau et ne rend pas autant de pain que la farine. C'est un vol envers le consommateur ; car le pain ainsi préparé est moins nourrissant. C'est surtout un vol pour les classes ouvrières, qui ne peuvent pas manger autant de viande qu'elles le désirent.

Sur le pain. — Les fraudes sur cet aliment sont heureusement plus rares en France qu'en Belgique, où les sulfates de cuivre et de zinc sont ajoutés à la pâte, par suite de l'idée fausse que l'addition de ces sels donne lieu à un rendement plus considérable en pain. Cette coupable adultération a été pratiquée en France ; mais depuis quelque temps on y a renoncé. Ce qu'il y a de positif, c'est qu'on fait entrer en ce moment dans la confection du pain de la pomme de terre cuite ; c'est qu'on a voulu vendre un brevet d'in-

(1) *De l'Influence des falcifications sur la prospérité et la morale publique.*

vention pour l'application de ce mode de panification. On ne pense
pas que l'administration doive tolérer l'introduction par le boulanger de quelque substance que ce soit dans le pain livré à la consommation ; car la taxe est basée sur l'emploi de farines pures.

Si un boulanger a trouvé un procédé de fabrication économique, il ne devrait le mettre en usage qu'avec l'autorisation de l'administration, qui doit juger de la salubrité de ce procédé, et qui
alors doit débattre les intérêts de ses administrés. Si on pouvait,
par de bons procédés, réduire le pain de 5 centimes par demi-kilogramme, on ferait, d'après M. de Chabrol, un bienfait de
9,125,000 francs par année aux cinq cent mille personnes peu aisées qui habitent Paris.

Sur la bière. — La bière est souvent falsifiée. Au lieu de graines de céréales préparées convenablement, on fait entrer, au lieu
d'orge malté, du sirop de fécule qui quelquefois contient des sels
de cuivre ; et le houblon y est quelquefois remplacé par des feuilles de buis et par celles de ménianthe.

Sur le sel de cuisine. — Le sel est mêlé 1° de plâtre cru ; cette
falsification est telle, pour Paris, qu'un manége est utilisé pour la
pulvérisation de cette pierre à plâtre, vendue ensuite dans le commerce sous le nom de poudre à mêler au sel ; 2° de grès réduit en
poudre ; 3° de sels de varech et de sels de toutes natures, provenant de diverses fabriques de produits chimiques.

En 1827, une épidémie qui atteignit plus de quatre cents personnes fut causée par du sel de cuisine vendu dans le département
de la Marne. Ce sel contenait des iodures et de l'arsenic ; on ne sut
que beaucoup plus tard que ce sel avait été mélangé avec du sel
de varech provenant d'une fabrique où l'on préparait des sels ar-
sénicaux. Du sel semblable fut vendu à Paris et rendit malade la
famille Pymor. Ce sel déterminait la boursoufflure de la face, des
douleurs de tête, une soif ardente, l'inflammation des amygdales,
des douleurs intolérables dans le trajet de l'estomac aux intestins,
suivies d'un flux diarrhéique presque toujours sanguinolent.

En 1843, à la Haye, plus de quatre-vingts personnes furent

empoisonnées pour avoir fait usage du sel d'une fabrique qui livrait ce condiment à très bas prix ; ce sel contenait de l'arsenic.

Le sel blanc a été mêlé à des sels de varech, à des sels blancs résultant de l'extraction du salpêtre de ces sels ; quelques-uns de ces sels contenaient un composé de cuivre, provenant des chaudières dans lesquelles on avait fait évaporer ces produits. Nous avons vu du sel blanc destiné aux soldats : c'était du sel de varech réduit en petits grains en passant à travers un tamis de cuivre recouvert de vert-de-gris.

La *fécule* est mêlée de carbonate de chaux ; nous en avons trouvé tout récemment qui était mêlée à de la poudre d'albâtre, provenant de fabriques de pendules et de divers objets d'art.

Cette fécule était renfermée dans des sacs revêtus de cette étiquette : Fécule de pomme de terre dépurée, pour l'usage alimentaire et pour les enfans.

Le *sucre* a été allongé de sucre de fécule, de sucre de lait, ou de matières terreuses ; ce dernier mélange a été pratiqué sur une grande échelle dans les environs de Dunkerque, pour diminuer le prix des cassonnades.

Le miel. — Le miel est allongé de fécule ; nous avons vu du miel préparé avec du sirop de fécule, et qui était devenu solide dans le baril ; de façon que l'épicier qui l'avait acheté ne savait que faire du produit qui, par sa solidité, avait acquis, fort heureusement, des caractères qui ne permettaient plus de le livrer au public.

Sucreries coloriées. — Les sucreries coloriées, les bonbons et les pastillages ont été pendant long-temps un grave sujet de craintes ; on les coloriait avec de l'arsenite de cuivre, de la gomme gutte, du vermillion, des cendres bleues, du chromate de plomb ou du minium. Des liqueurs devaient leur couleur verte à un sel de cuivre ; mais on visite les laboratoires des confiseurs, et on leur donne gratuitement des conseils sur l'analyse des nouvelles couleurs qu'ils désirent employer.

On a su qu'un fabricant de couleurs avait vendu à un confiseur, pour de l'outremer factice, couleur bleue inoffensive, un mélange toxique, formé de 60 pour cent d'outremer, et de 40 pour cent de cendres bleues, carbonate de cuivre.

L'huile à manger. — L'huile d'olive est, dans la plus grande partie des maisons de commerce d'épicerie, mélangée d'huile d'œillette ; mais elle n'arrive pas toujours pure dans ces maisons ; les marchands en gros la mélangent quelquefois d'huile de faine, de sésame, d'arachide.

Le cidre. — Le cidre est rarement pur ; on lui substitue des liqueurs fermentées, préparées avec le sucre de fécule, la cassonnade, le vinaigre ; on en prépare de toute espèce avec des fruits secs, ou bien l'on opère dans des vases qui le rendent nuisible. Nous avons vu du cidre, contenant du plomb, donner lieu à des accidens plus ou moins graves. On a vu dans l'intérieur des casernes des cidres qui contenaient de petites quantités de sel de cuivre.

Café et chicorée. — MM. les chimistes ont souvent constaté les mélanges des cafés tombés à la mer et repêchés, et ensuite travaillés en poudres, par la torréfaction de divers produits, tels que les racines de chicorée, de betterave, de carotte, les semences de fèves, de pois pointus, de seigle ; on ramasse le pain des restaurans, le noir animal provenant de la décoloration des sucres, résidu des raffineries. Nous rappellerons que l'un des frères L., négociant, était venu à Paris pour rassembler divers produits, la poussière de semoule, les débris de vermicelle, qui devaient être teints et mêlés à la chicorée ; mais qu'ayant reconnu que ce produit ne lui présentait pas l'avantage qu'il avait espéré, il se mit en relation avec les garçons limonadiers, et employa pendant deux mois un homme et une charrette pour ramasser tous les marcs de café qui avaient été réservés.

Vins. — La fraude mise en pratique sur ce liquide consiste à mêler à des vins du midi, qui sont fortement alcoolisés, de l'eau acidulée, soit par le vinaigre, l'acide tartrique. Au lieu d'eau, on prépare quelquefois des macérés de fruits secs ; on colore ces substances avec des sucs préparés avec diverses matières, et notamment avec des baies de sureau. Autrefois, le vin qui était passé à l'aigre était saturé, adouci par de l'oxyde de plomb, de la litharge, d'après le procédé de Martin le Bavarois. Aujourd'hui cette saturation dangereuse est presque abandonnée ; on a eu cependant occasion de la constater il y a quelques années à Compiègne : là, plusieurs soldats du camp étant tombé malades, on en rechercha la cause, qui provenait d'un vin vert adouci par l'acétate de plomb. Le vigneron, qui avait pris chez un pharmacien l'acétate qu'il avait introduit dans son vin, fut traduit devant les tribunaux et condamné. Le vin est encore, dans quelques cas, additionné de sulfate d'alumine et de potasse, d'alun, dans le but de l'obtenir plus clair et plus limpide. Il y a un an, un sieur R... actionnait devant les tribunaux une compagnie, pour la vente d'un procédé à l'aide duquel il faisait d'une pièce de vin deux pièces de ce liquide sans augmentation de prix ; on sait que deux musiciens, courtiers en vins, ont été condamnés à trois mois de prison et à 200 fr. d'amende, par la septième chambre, pour avoir fabriqué avec de l'eau, du vinaigre, du vin du midi, du bois de campêche, un liquide qu'ils avaient livré comme du vin.

Nous venons de reconnaître, dans des vins, la présence d'un sel de cuivre, qui provenait, selon nous, de ce que ce vin avait été additionné d'un alcool contenant un sel de cuivre.

Eaux-de-vie. — Les eaux-de-vie livrées au détail, dans les bas quartiers ou dans les campagnes, sont le plus souvent le résultat d'un mélange d'alcool et d'eau ; quelquefois cet alcool de fécule contient du sulfate de cuivre, provenant de la négligence des vases distillatoires. Nous avons vu de l'alcool contenant 30 centigrammes d'acétate de cuivre pour un litre d'eau-de-vie.

Le vinaigre. — Le vinaigre, malgré la surveillance et les soins du détaillant, est mêlé d'acide sulfurique, d'eau, dans une grande proportion. Outre le vinaigre de vin, vendu à Paris, on fabrique dans cette capitale ou dans ses environs des vinaigres avec les sirops de fécule, avec les eaux de lavage des formes à sucre, avec des lies de vin, avec des baquetures recueillies sous les comptoirs. Tous ces vinaigres devraient être vendus pour ce qu'ils sont réellement, et sous les noms de vinaigre de sirop de fécule, de baquetures, etc.

Le vinaigre de baquetures contient le plus souvent du sel de plomb; on y a quelquefois, mais rarement, reconnu la présence d'un sel de cuivre.

Le *thé* est falsifié comme les autres substances; on mêle au thé de bonne qualité du thé qui a été employé, qui a été recueilli et roulé par des moyens convenables; on colore les thés avec l'indigo, avec le bleu de Prusse.

En 1844, l'administration fut informée que du thé provenant du navire anglais *The-Reliance*, qui avait fait naufrage sur les côtes de France, avait été repêché, lavé à l'eau pour le priver du sel marin, puis coloré en vert par un mélange d'indigo, de talc et de chromate de plomb, pour être livré au commerce.

Les auteurs de cette fraude étaient un négociant et un ouvrier; ils furent d'abord condamnés en police correctionnelle à 50 francs d'amende et huit jours de prison : appel ayant eu lieu de ce jugement, le négociant fut acquitté, la cour royale considérant que si A. a fait subir aux thés avariés une préparation pour les rendre marchands, il n'est pas établi qu'il ait trompé sur la chose vendue. Par suite de cet acquittement, le thé fut rendu au négociant encore chargé du chromate de plomb, sel toxique, pouvant être nuisible à l'économie animale. Il est fâcheux que l'administration n'ait pas, avant de rendre ces thés, exigé que ces thés fussent lavés pour être débarrassés du chromate de plomb (1).

Nous pourrions encore citer une foule d'autres produits qui, employés dans les usages alimentaires, sont le sujet de fraudes plus ou moins graves; mais il nous semble que les faits que nous venons d'exposer démontrent, d'une manière positive, la nécessité d'une loi qui ferait cesser, non seulement les fraudes nombreuses

(1) Cette falsification se continue encore aujourd'hui.

que nous venons de signaler, mais celles que nous passons sous silence. Cette loi présenterait les avantages de protéger la santé et les intérêts des citoyens.

En un mot, dit en terminant M. Renard, si l'on ne veut pas de marchandises sophistiquées, il ne faut ni boire, ni manger, ni se vêtir; il ne faut ni être malade, ni mourir; car on falsifie la nourriture, les boissons, les vêtemens, les remèdes et jusqu'aux embaumemens.

RAPPORT ADRESSÉ A M. LE PRÉFET DE LA DORDOGNE,

PAR M. Félix,

Vétérinaire de l'arrondissement de Bergerac.

Monsieur le préfet,

La maladie épizootique connue sous la dénomination d'affection aphteuse, qui sévit depuis un mois et demi sur l'espèce bovine, dans notre arrondissement, s'est étendue dans plusieurs autres communes. Dans quelques granges, les cochons et les moutons, quoique séparés, ont été attaqués. Chez les deux espèces de ces animaux, la membrane buccale a été fortement excoriée, à tel point, que chez la plupart la peau de la langue est entièrement tombée en lambeaux. Il s'est manifesté aux pieds une légère inflammation sans suppuration abondante; cela tient à la nature et à la sècheresse de leurs pieds. Chez le bœuf, au contraire, où le tissu est flasque et où l'on aperçoit même en état de santé un léger suintement entre les onglons, la suppuration a été immensément abondante pendant la période d'intensité, et le progrès n'a été arrêté qu'en faisant placer les animaux dans des endroits secs, parfaitement aérés, sur une bonne litière, et régulièrement pensés avec de l'eau de goulard.

Cette maladie a pris beaucoup d'intensité, surtout au bord des rivières, des ruisseaux et dans les vallons. C'est donc l'influence de l'humidité qui leur a donné ce caractère de gravité, et cela est d'autant plus vrai, qu'il y a eu peu de malades sur les coteaux, que chez ceux même qui ont été attaqués, les symptômes ont été peu apparens, et la maladie a été de courte durée.

Je suis heureux, monsieur le préfet, de vous annoncer que la maladie n'est pas meurtrière : je n'ai perdu qu'une vache ; cela ne m'a pas empêché de redoubler de zèle et d'activité pour combattre la maladie. J'engage mes collègues à employer tous les moyens capables d'en arrêter les progrès, car il arrive souvent qu'une épizootie qui, au premier aspect, est bénigne, prend en peu de jours un caractère de gravité tel, qu'elle dévore des multitudes d'animaux. Les causes sont presque toujours obscures et cachées, rapides dans leur marche et trompeuses dans leurs symptômes ; elles frappent à la fois beaucoup d'animaux avant même qu'on soupçonne son existence et sa nature ; la maladie gagne de proche en proche, envahit le pays, cause des malheurs immenses, résiste quelquefois à tous les moyens qu'on emploie.

Je ne sais à quoi l'attribuer, mais notre arrondissement a été plusieurs fois en proie aux épizooties. En 1824, M. le préfet m'enjoignit l'ordre de me transporter dans les cantons de Beaumont et de Monpazier pour y combattre une maladie charbonneuse qui régnait sur l'espèce bovine. Il était mort, avant mon arrivée sur les lieux, trente-six bœufs ; il en mourut huit pendant mon séjour ; soixante-huit attaqués de la maladie, dont les tumeurs furent opérées par moi, furent immédiatement guéris, et j'en préservai cent vingt-six.

En 1828, je fus également envoyé dans tout l'arrondissement de Bergerac par M. le préfet, pour y combattre une maladie épizootique sur les porcs, maladie qui fit des progrès immenses et qui dévora une quantité considérable d'animaux utiles, lesquels forment une des principales ressources de notre département. Traitée d'abord par de grossiers empiriques qui mirent en usage les moyens les plus incendiaires, elle prit une nouvelle gravité ; elle attaqua des troupeaux entiers que des marchands conduisaient à Bordeaux ou dans le Languedoc ; elle étendit ses ravages jusqu'aux confins des départemens de Lot-et-Garonne et de la Gironde. Cette maladie se montra pour la première fois au centre du département de la Dordogne, dans des endroits bas, dans des vallées profondes, où l'air ne circule qu'avec beaucoup de difficulté, où des brouillards fort épais ne se dissipent que très tard dans la journée, et où d'ailleurs le logement et la nourriture des animaux doivent augmenter beaucoup ces causes d'insalubrité. Dans les maladies qui deviennent générales, le vétérinaire a deux fléaux à combattre : la maladie elle-même et les charlatans de toute espèce qui, libres de tout frein, contribuent à augmenter le mal par les dépenses qu'ils occasionent, par la contagion qu'ils propagent et les animaux qu'ils tuent.

J'ai l'honneur d'être, monsieur le préfet, votre respectueux serviteur.   FÉLIX père.

ÉPIZOOTIE DE SARLAT SUR L'ESPÈCE BOVINE.

Rapport de M. Landes sur l'épizootie aphteuse.

Monsieur le sous-préfet,

J'ai l'honneur de vous informer que l'épizootie aphteuse qui, en 1839, régna sur l'espèce bovine de notre arrondissement, et qu'à cette époque j'ai signalée à votre prédécesseur, vient de nouveau de se manifester sur les bœufs de quelques communes des cantons de Saint-Cyprien, Salignac et Sarlat. Je me suis rendu sur les lieux où elle existe, pour y étudier ses caractères, et je m'empresse de vous transmettre les observations que j'ai recueillies.

Symptômes. — Bouche brûlante ; il s'en écoule une salive épaisse et visqueuse ; perte de l'appétit, pouls accéléré, rumination presque toujours suspendue ; suppression en grande partie du lait chez les vaches. Un ou deux jours après l'invasion de la maladie, la langue, la face interne des lèvres, le palais, le mufle, l'orifice des naseaux, les mamelles, les pieds, entre les deux onglons, se couvrent de phlyctènes ou petites ampoules remplies d'eau; au bout de cinq ou six jours, ces ampoules crèvent, et les plaies qui en résultent sont bientôt cicatrisées. L'étude des symptômes et la marche de la maladie m'ont de suite fait reconnaître une affection désignée sous les noms de fièvre muqueuse, stomatite aphteuse ou glossopède.

Causes. — Les causes de cette maladie sont peu connues, car on l'a vue régner dans toutes les saisons et sur des animaux se trouvant, sous le rapport de l'alimentation et des soins hygiéniques, dans les meilleures conditions possibles. Elle s'est montrée aux environs de Paris à la fin de 1838, et, depuis cette année, elle a sévi plusieurs fois sur l'espèce bovine dans quelques départemens de la France.

Contagion. — Elle est contestée par quelques vétérinaires, et admise par d'autres; quelques expériences et observations sembleraient cependant établir la funeste propriété qu'a cette maladie de se communiquer; il sera alors prudent de séparer de suite les animaux malades de ceux non encore attaqués.

Traitement. — Donner, en petite quantité, quelques raves, betteraves ou pommes de terre cuites; eau blanchie par la farine de seigle et acidulée avec le vinaigre; laver plusieurs fois dans la journée la bouche et les autres parties ulcérées, avec des gargarismes composés d'un demi-kil. de miel, 250 grammes de vinaigre, délayés dans un litre d'eau. On appliquera sur les ulcères des pieds des compresses imbibées d'eau de goulard, ou d'onguent Egyptiac. Les animaux seront tenus bien propres, et l'air des étables fréquemment renouvelé.

La maladie a été partout très bénigne; on ne peut lui attribuer la mort d'aucun animal; et si quelquefois on a observé l'engorgement des mamelles, la chute des onglons et l'ulcération du ligament interdigité, on doit reporter la cause de ces accidens à la négligence ou à des soins mal entendus. Cette affection, peu grave, dure de dix à douze jours au plus, et ne doit inspirer aux propriétaires d'autres craintes que de voir leurs animaux maigrir un peu, et d'être privés de leur travail pendant quelque temps.

J'ai l'honneur, etc.   LANDES,
Médecin-vétérinaire de l'arrondissement.

Sarlat, 22 novembre 1846.

CORRESPONDANCE AGRICOLE.

A Monsieur le rédacteur des Annales agricoles de la Dordogne.

Du canton de Beaumont, le 25 novembre 1846.

Monsieur, pénétré de la nécessité, pour le propriétaire, de prendre connaissance des bons traités d'agriculture et surtout de ceux qui sont le plus appropriés aux localités qu'il habite, je viens vous prier de me compter au nombre de vos abonnés aux *Annales agricoles de la Dordogne*, pour l'année 1847.

Me serait-il permis, à cette occasion, de vous soumettre des réflexions que m'ont suggérées quelques lectures et mes propres observations, sur deux questions pleines d'intérêt et d'actualité? Je veux parler du meilleur moyen de propager les idées d'une bonne agriculture pratique appropriée à chaque localité, et, par suite, de soulager la classe pauvre de nos campagnes par le travail qui lui convient, enfin d'amoindrir et peut-être même d'éteindre la mendicité. Veuillez croire, monsieur, que je n'ai nulle prétention à la nouveauté. Je connais toute mon insuffisance. Mais quelques hommes honorables ayant bien voulu approuver mes idées, je me féliciterais que vous puissiez y trouver aussi quelque germe de bien qu'il vous appartient de développer.

Il m'a semblé donc qu'une ferme-modèle par département, placée près du chef-lieu, et fort éloignée du plus grand nombre d'agriculteurs, était fort insuffisante pour atteindre le but qu'on s'est proposé. Ces fermes, prises ordinairement sur une échelle fort vaste, coûtent beaucoup à l'état et aux départemens. Quoique dirigées par des hommes de talent, elles ne marchent pas d'une manière régulière : peut-être parce qu'on a trop à faire à la fois ; – peut-être aussi parce qu'étant trop préoccupé de la science, on ne l'est pas assez des difficultés de la pratique , deux observations qui ne se séparent jamais, sous peine d'insuccès. Il en résulte souvent des mécomptes, des pertes pour les gérans, et par suite la nécessité des subventions départementales. Je suis éloigné cependant de désirer la suppression de ces établissemens ; au contraire. Je voudrais seulement que ces fermes fussent plus circonscrites dans leur exploitation, au moins temporairement ; et comme elles se trouvent toujours sous la surveillance immédiate des sommités de la science, elles devraient être placées en avant comme modèles d'une bonne administration et d'une agriculture perfectionnée. Ayant moins à faire, on ferait mieux.

Maintenant, à la suite de ces institutions, marchant loin d'elles, et sur leurs traces, mais sans leur être assujétie par une imitation servile, je croirais très profitable d'établir une ferme-modèle par canton, placée sous la surveillance immédiate du comice cantonnal. Cette proposition paraît, au premier aperçu, hardie et impraticable, à cause des dépenses que ces petites fermes occasioneraient. Les difficultés disparaissent si on y réfléchit bien. D'abord il faudrait encourager l'établissement des comices, sans lesquels ces fermes ne sauraient se maintenir. Mais ces comices ne devraient pas être subventionnés : ils ne s'établiraient pas moins. Il suffirait de prouver qu'ils seraient fondés dans un but de bienfaisance pour que tous ceux qui sont en position de l'exercer voulussent en faire partie. Afin d'en rendre l'entrée facile au plus grand nombre, on devrait graduer la rétribution de chaque membre au taux de ses impositions. La bienfaisance ne trouverait pas, il faut le croire, plus de sourds dans les campagnes, que dans les villes qui nous donnent l'honorable exemple de l'extinction de la mendicité. Les cotisations dont je viens de parler serviraient aux frais ordinaires du comice, à ceux d'une fête annuelle, où l'on proclamerait les lauréats, et le reste serait employé à subventionner la ferme du canton, s'il était possible.

Les comices agricoles ont fait jusqu'ici plus ou moins de bien ; mais ils en auraient fait davantage et plus immédiatement s'ils avaient été aidés par la présence d'une petite ferme-modèle, où chaque cultivateur du canton aurait été à portée tous les jours d'aller puiser des leçons et de nouvelles idées. Ce ne sont pas quelques primes en argent, distribuées quelquefois sans trop de titres, qui peuvent faire progresser l'art agricole ; c'est l'exemple, ce sont les encouragemens honorifiques. Ainsi, une médaille de peu de valeur, une mention honorable proclamée dans la fête annuelle suffirait pour enthousiasmer nos jeunes cultivateurs.

Mais comment pourrait-on faire les premiers frais d'établissement de ces fermes ? Par les fonds destinés aux comices, secours que l'administration ne refuserait pas d'augmenter si elle y trouvait un moyen assuré de soulager la misère ; peut-être aussi par la subvention accordée à la ferme départementale, si celle-ci pouvait se suffire avec les fonds accordés par l'état. Ces sacrifices seraient bientôt payés avec usure par le bien qui en résulterait. Au reste, quels seraient les frais de ces établissemens ? En premier lieu, l'avance d'une partie du prix d'une annuité de ferme, dans laquelle serait toujours compris le mobilier nécessaire à une exploitation ordinaire. Le surplus du mobilier utile aux nouvelles méthodes s'acquerrait à proportion que la culture marcherait. En second lieu, il faudrait trouver le gage d'un gérant qui dirigerait, aux conditions que le comice lui ferait, et lequel devrait être nécessairement responsable à certains égards et intéressé pour une part quelconque dans les bénéfices ; enfin, le salaire des serviteurs à gages et des manœuvres, appartenant tous exclusivement au canton, choisis parmi les pauvres manquant d'ouvrage et munis de certificats délivrés par leurs maires et ensemble par leurs curés, enfin agréés par une commission surveillante, pour qu'il n'y eût pas surcharge pour la ferme. Cette commission surveillante serait élue dans le sein du comice et soumise au programme adopté par lui. Elle exercerait gratuitement une surveillance fréquente et, s'il était possible, quotidienne, par quelqu'un de ses membres.

Bientôt le développement de l'agriculture demanderait un plus grand nombre d'ouvriers et soulagerait un plus grand nombre de ménages. Ces espèces d'ateliers de charité ne briseraient point les liens de famille, parce que chaque dimanche verrait presque tous ces ouvriers rentrer à leurs domiciles et y apporter le petit pécule de la semaine.

Dans un avenir peu éloigné, ces fermes, appropriées à une culture convenable à la localité, avec une bonne administration, donneraient des profits. Ces profits devraient, selon moi, être distribués en quelques primes aux meilleurs ouvriers, aux plus probes; en secours aux plus nécessiteux, enfin aux familles indigentes qui ne pourraient pas fournir quelque membre à la culture commune.

Ne pensez-vous pas, monsieur, qu'on infiltrerait ainsi avec facilité de bonnes idées agricoles dans l'esprit d'une classe d'hommes chez lesquels elles n'ont aucun accès quand elles leur viennent de trop haut? J'en appelle au témoignage de tous les agronomes. Ils conviendront que la prévention de la plupart de leurs ouvriers n'a pas été le moindre obstacle qu'ils ont rencontré dans leurs essais.

Nous savons par expérience que toutes les communes rurales ne sont pas en position de nourrir tous les pauvres qu'elles contiennent dans leur sein. C'est un obstacle dirimant à l'extinction universelle de la mendicité par les moyens employés jusqu'ici. Il faut donc élargir le cercle de la famille, et il est à croire que chaque canton se suffirait à lui-même. Ainsi, en groupant tous les secours du canton, en les distribuant ensuite avec intelligence et justice, on arriverait à résoudre ce grand problème qui préoccupe tous les bons esprits animés du désir sincère de cicatriser une plaie déshonorante pour l'humanité, et à réformer dans nos campagnes surtout de graves abus.

Je désire, monsieur, que ces idées, peut-être un peu décousues, puissent provoquer de votre part quelque article qui, éveillant la sollicitude des hommes éclairés, obtienne des résultats utiles à mes concitoyens.

Agréez, etc. *Un cultivateur et maire.*

DESSÉCHEMENT DES TERRAINS INONDÉS

PAR LA STAGNATION DES EAUX PLUVIALES OU CELLES DES FONTES DE NEIGE.

Le dessèchement des terres cultivables sujettes à être inondées par la stagnation des eaux pluviales ou par celles des fontes de neige doit s'opérer de deux manières : ou par des rigoles, espèces de fossés ouverts, ou par des fossés fermés ou couverts, communément appelés coulisses ou rigoles souterraines.

Le dessèchement des terres cultivables par fossés ouverts ayant le grand inconvénient d'interrompre la libre circulation des voitures ou de la charrue, et d'exiger la construction d'un grand nombres de ponts, on a cherché à y remédier par le dessèchement au moyen des rigoles souterraines ou fossés couverts.

Les rigoles souterraines, communément désignées sous le nom de coulisses, sont des fossés garnis de pierres ou d'autres matières qui ont assez de solidité ou de durée pour maintenir les vides par lesquels l'eau doit s'écouler. On recouvre le tout de mousse, de gazon ou de terre, de manière que la charrue ou la voiture passent par dessus les coulisses sans jamais être arrêtées, comme elles le sont par les fossés ouverts.

L'usage de ces petits aqueducs pour le dessèchement des terres remonte à l'antiquité la plus reculée. Les Perses recueillent encore aujourd'hui les fruits et les avantages d'un grand nombre de ces canaux, construits, à une époque inconnue, dans les terrains humides et inondés, dont les eaux servent à arroser et enrichir d'autres terrains qui étaient trop secs. Caton, Palladius, Columelle, Pline, etc., parlent de ces aqueducs souterrains employés de leur temps pour le dessèchement des terres cultivables inondées et dont la culture était gênée par la stagnation des eaux. Après avoir ouvert les fossés, on les remplissait en pierres sèches, ou en branches tressées grossièrement; puis on les couvrait en pierres plates ou en gazon. Les coulisses des anciens avaient de 0^m 90 à 1^m et 1^m 20 de profondeur. On ne leur donne plus que 0^m 60 à 0^m 70 ; mais les grandes coulisses qui doivent recevoir les eaux des coulisses transversales sont plus larges et plus profondes.

Aujourd'hui, les coulisses se font, comme chez les anciens, en pierres, et, à défaut de pierres, en fascines ou en branchages, et dans beaucoup de pays tout simplement en gazon. Pour faire les coulisses en fascines (*fig.* 1re), on place, de distance en distance, dans le fond du fossé, deux pieux croisés en chevalet ou en croix de Saint-André, destinés à porter les fascines, au-dessus desquelles on met de la paille, de la mousse ou des feuilles, que l'on recouvre ensuite de terre. Suivant les localités, en emploie indistinctement les fascines de chêne, d'épines noires, de saule, d'orme, d'aulne, de peupliers, etc. Ces coulisses durent de 30 à 40 ans et au-delà, suivant l'essence du bois des fascines et la grosseur des branches.

Dans le Lancashire et dans le Buckinghamshire, on dessèche les prairies par des coulisses étroites (*fig.* 2), pratiquées avec un fort louchet; mais dans beaucoup d'endroits, on se sert avec plus de succès de la charrue-taupe.

Les coulisses en pierre (*fig.* 3) durent plusieurs siècles. Ainsi, celles qui ont été faites par les anciens en Grèce, en Asie, en Perse, en Syrie, etc., sont encore bien conservées et remplissent parfaitement leurs fonctions sans que jamais on soit obligé d'y travailler. La figure en présente de plusieurs genres de construction, qui n'ont pas besoin de description spéciale, et entre lesquelles on peut choisir selon les besoins des localités et les matériaux disponibles.   (*La suite à la prochaine livraison.*)

(*Maison rustique du XIX*e *siècle.*)

COMICE AGRICOLE DE SAINT-ALVÈRE.

Séance du 10 avril 1846.

Le comice agricole du canton de Saint-Alvère s'est réuni le 10 avril 1846, sous la présidence de M. de Bracquemont, au lieu ordinaire de ses séances. Une quinzaine de membres sont présens.

M. le président ouvre la séance à midi. Après un assez long entretien sur divers faits intéressant l'agriculture, il rappelle qu'il

Annales Agricoles et Littéraires.

Coulisses pour le desséch.ᵗ des terres.

s'agit principalement de désigner les membres qui devront cette année se charger de l'inspection des fourrages artificiels, et invite l'assemblée à s'en occuper immédiatement.

Ont été nommés commissaires pour remplir cette mission :

MM. Baptiste de Vassal et Arthur de Bracquemont, pour Saint-Alvère ; Linarès, notaire, et Linarès-Labouygue, pour Limeuil ; de Sens et d'Arlot, pour Trémolat ; Morand et Luinat, pour Sainte-Foy ; Linarès-Vaudune et Linarès (Raymond), pour Pézul ; Laterrière et Desvigne, pour Paunat ; Gignoux et Perrier, pour Saint-Laurent ; de Bracquemont et Luzié aîné, pour Grand-Castang.

Cette opération terminée, MM. les commissaires reçoivent la recommandation d'effectuer une tournée du 1ᵉʳ au 10 mai inclusivement. — La séance est levée.

Séance du 14 septembre.

Le comice agricole du canton de Saint-Alvère s'est réuni le 14 septembre 1846, à l'effet de procéder à la composition d'un jury qui doit répartir les primes aux cultivateurs les plus méritans.

A midi, un nombre suffisant de membres se trouvant présens, M. le président ouvre la séance, et, après en avoir indiqué l'objet, tire au sort ceux qui devront faire partie du jury.

Ont été désignés de cette manière :

MM. Linarès, notaire, pour Limeuil ; Baptiste de Vassal, pour Saint-Alvère ; Linarès (Raymond), pour Pézul ; Desvigne, pour Paunat ; le comte d'Arlot, pour Trémolat ; Morand, pour Sainte-Foy ; Gignoux, pour Saint-Laurent ; de Bracquemont, pour Grand-Castang.

L'assemblée fixe ensuite au 4 octobre la célébration de sa fête annuelle, et vote une somme de 100 fr. pour subvenir aux dépenses de ce jour, sans entendre s'y astreindre rigoureusement en cas d'insuffisance reconnue.

Elle décide qu'une somme de 360 fr. sera distribuée en primes de 20, 15 et 10 fr. aux cultivateurs jugés dignes de cette distinction.

Enfin, il est arrêté qu'un concours de labourage aura lieu. Les trois plus habiles dans cet exercice recevront 45 fr. en primes de 20, 15 et 10 fr., suivant l'ordre de leur mérite ; et il sera réparti entre les autres, à titre d'encouragement, une somme de 20 fr.

La séance est levée.

Séance du 21 septembre.

MM. les membres qui composent le jury pour la répartition des primes, et ceux qui forment le bureau du comice, se sont réunis le 21 septembre 1846, à l'effet de procéder ensemble au travail dont ils ont été chargés.

M. le secrétaire communique les rapports des commissaires sur les prairies artificielles qu'ils ont eu à visiter dans le canton, et leur appréciation sur le mode de culture en général de chaque concurrent. Après avoir examiné et discuté le mérite des candidats d'après ces documens, le comice fait la répartition des primes à accorder, et s'élevant ensemble à la somme totale de 330 fr.

Cette répartition faite, l'assemblée n'ayant pas autre chose dont elle puisse s'occuper, M. le président lève la séance.

Séance du 4 octobre.

Conformément à la décision prise par le comice, le 14 septembre dernier, la société s'est réunie aujourd'hui 4 octobre 1846, pour célébrer sa fête annuelle.

Une estrade avait été disposée sur la place publique de Saint-Alvère, et, à midi, les membres du comice vinrent s'y placer, ainsi qu'un grand nombre de personnes invitées à prendre part à cette solennité. M. le président ouvrit la séance, et alors, s'adressant aux cultivateurs qui s'étaient portés avec empressement autour de l'estrade, il leur parla de tous les avantages d'une bonne culture; et pour les encourager à suivre les conseils et les exemples qui leur sont journellement donnés par les membres du comice, il s'attacha à rappeler ce qu'était l'agriculteur du canton il y a seulement dix années, et à faire ressortir les progrès déjà obtenus depuis l'institution du comice. Il engagea les agriculteurs à continuer la culture des prairies artificielles, à les étendre d'année en année davantage; il indiqua les plantes fourragères qui devaient être adoptées de préférence dans chaque nature de terrain; enfin, il recommanda l'emploi des bons instrumens, et particulièrement de la charrue Dombasle, dont le modèle a été présenté l'année dernière, et qui a une si grande supériorité sur l'araire du pays.

M. le président a ensuite annoncé qu'on allait procéder à la distribution des primes pour les plus beaux fourrages, et il a engagé

M. le secrétaire à faire l'appel des lauréats qui avaient été désignés dans la séance du 21 septembre par le jury.

Chacun des cultivateurs primés vint alors recevoir la récompense qui lui avait été accordée et la couronne qu'il se glorifiait d'avoir méritée. La liste des cultivateurs primés étant épuisée, M. le président annonça que le concours de labourage allait avoir lieu, et les membres du comice ainsi que tous les assistans se portèrent dans le champ qui avait été désigné pour ce concours.

Les places des laboureurs ayant été tirées au sort, chacun se dirigea avec son attelage et sa charrue vers l'endroit que lui indiquait le numéro qu'il avait pris; et à un roulement de tambour, tous les attelages partirent ensemble. Cet exercice agricole dura environ une heure, et un jury, désigné à l'avance, décerna les primes. Il en fut distribué quatre de 30 fr., 20 fr., 15 fr. et 5 fr. Les primes furent remises sur-le-champ aux quatre laboureurs qui les avaient remportées.

Des danses champêtres ont alors commencé sur la place, ainsi que des jeux de toute espèce, et les cultivateurs du canton ont passé fort gaîment le reste de la journée. MM. les membres du comice se sont réunis à un banquet, comme ils le font chaque année, et la fête a été terminée par un fort joli bal.

—————oОo—————.

COMICE AGRICOLE DE CADOUIN.

Séance du 20 juillet 1846.

Le comice agricole du canton de Cadouin (Bergerac) s'est réuni le 20 juillet, en la salle de la justice de paix de canton.

Toujours convaincu que la culture développée des prairies artificielles de durée est le seul moyen de faire progresser convenablement l'agriculture, et pour se conformer autant que possible aux prescriptions du conseil général, le comice a décidé que cette année il sera mis au concours les prix dont l'état suit, et dont la valeur, quand on saura combien il en aura été mérité, sera déterminée par le bureau, conformément aux ressources qui resteront après prélèvement fait des frais de la fête et du bureau; que cette valeur sera fixée dans un ordre peu décroissant; que les prix destinés aux propriétaires, métayers et fermiers dont la culture présentera la plus grande étendue et la plus grande étendue proportionnelle des prairies artificielles de durée anciennes et nouvelles, seront deux fois plus considérables que les autres, et que ceux destinés au concours de labour demeurent fixés ainsi qu'il sera dit ci-après.

Considérant que, dans ce canton, la culture fourragère fait des progrès toujours croissans et bien notables, le comice, pour continuer d'encourager d'une manière directe la propagation et la bonne éducation des bestiaux de la race bovine, donnera tous les ans des prix pour les bestiaux, en se conformant aux conditions exprimées dans la délibération du 29 juin 1845.

Pour encourager aussi la bonne éducation et la propagation de la race chevaline, sur la proposition de M. le capitaine Vacquier de Regagnac, membre du conseil général, proposition motivée par des considérations politiques et d'économie agricole, le comice a décidé que, tous les ans, à partir de 1847, il sera donné :

1° Un 1er prix et un 2° pour les jumens de tous âges, de meilleures races et les mieux soignées ;

2° Un autre 1er et un 2° prix pour les poulains et pouliches âgés de deux à trois ans et demi, aussi de meilleures races et les mieux soignés.

Désignation des prix proposés cette année aux propriétaires de réserve.

1° Pour la plus grande étendue et la plus grande étendue proportionnelle de prairies artificielles de durée anciennes et nouvelles, huit prix ou primes.

2° Pour les fourrages de durée nouvellement semés, eu égard aussi à la plus grande étendue et à la plus grande étendue proportionnelle : pour le sainfoin, six prix ou primes; pour la luzerne, *id.;* pour le trèfle de Hollande, *id.;* pour les betteraves, quatre prix ou primes; pour les carottes fourragères, *id.*

Aux métayers, fermiers et petits propriétaires, comme aux propriétaires de réserve :

Concours de bestiaux de la race bovine, cinq premiers prix et cinq seconds.

Concours de labour, quatre prix : le 1er, de 20 fr. et l'aiguillade d'honneur; le 2e, de 15 fr.; le 3e, de 10 fr.; et le 4e, de 5 fr.

Le comice a décidé que si quelques-uns des prix ou primes proposés pour une ou plusieurs cultures admises à concourir ne trouvaient pas d'emploi, ils seraient réversibles, s'il y a lieu, sur les autres cultures admises aussi au concours, en primes égalant à peu près la valeur des derniers prix.

Dans cette séance, conformément à l'art. 8 du réglement, le bureau a fait la nomination du jury chargé de l'inspection des fourrages, etc.

Les dix membres du comice dont les noms suivent ont été désignés à cet effet : MM. Frégère, membre du conseil d'arrondissement; Destord, propriétaire à Fonlavève; Vacquier de Regagnac, membre du conseil général, au Bordial; d'Abzac, propriétaire à Alles; Lacombe-Cazal, propriétaire à Sautet; Desmond, notaire à Cabans; Adrien Beauchamp, propriétaire à Pontours; Antoine Gouzot, propriétaire à Paleyrat; Faure, propriétaire et adjoint à Alles, et Marc Vigier, propriétaire à Lagrèze.

Séance du 4 octobre.

Le 4 octobre, a eu lieu la huitième fête du comice agricole du canton de Cadouin, pour la distribution des prix et primes.

Depuis plusieurs jours le programme de la fête avait été publié par les soins du bureau.

Une belle journée a favorisé cette fête, utile autant qu'agréable.

A neuf heures, à la Combe-du-Sorbier, en présence du comice et d'un nombreux public, vivement intéressé par cette lutte, a eu lieu le concours du labourage, où les bouviers ont fait preuve, comme à l'ordinaire, de beaucoup d'adresse; mais la charrue améliorée du président a mieux travaillé la terre que les charrues du pays, qui sont pourtant généralement bonnes. Le jury a décerné quatre prix.

Pendant toute la journée, des jeux publics augmentaient encore l'animation de cette solennité.

A deux heures, une salve de trois coups de canon a annoncé la séance de la distribution des primes. Les dames en grand nombre, élégamment parées, et de nombreux étrangers notables, sont venus sur l'estrade occuper les places qui leur étaient réservées. Les membres du comice se sont rangés autour du bureau. Après un

morceau de musique très bien exécuté par huit musiciens de Bergerac, en tête desquels on distinguait M. Berthier, M. Emile Chansard s'est levé et a ouvert la séance par le discours suivant :

« Messieurs, a-t-il dit, chaque année ramène notre fête de l'a-
griculture, où le cultivateur voit la haute appréciation qu'on fait
de ses précieux travaux ; chaque année nous ramène, pour solen-
niser cette fête, l'élite de la société ; les dames au plus haut rang,
où notre cœur est heureux de s'élever pour offrir son hommage.
Tout le monde a du zèle pour cette œuvre philanthropique. Chaque année nous voudrions, particulièrement à cette occasion, dire
des choses utiles. Aujourd'hui nous espérons atteindre ce but en conseillant les transports de terres. « L'action de la nature parfois est
» lente, mais elle se continue. Ainsi les pluies finissent par porter,
» dans les parties les plus déclives des champs, la terre végétale
» dont elle dépouille les parties supérieures ; et si les cultivateurs
» n'y prennent garde, à la longue beaucoup de leurs terrains, pri-
» vés d'humus, perdent toute fécondité. »

» Après avoir mis en pratique les moyens que l'année dernière
nous avons proposés pour prévenir les ravages des inondations,
que les cultivateurs profitent de ce temps de sècheresse ou d'autres momens pendant lesquels il semble que les travaux peuvent
être suspendus, qu'il n'y a rien à faire ; qu'ils prennent de la bonne
terre là où elle s'est entassée sans utilité, et qu'ils la transportent
dans les parties maigres de leurs champs. Ces travaux, pris sur un
temps qui aurait été presque perdu, seront largement payés par la
première récolte et remédieront à un mal produit dans certaines
circonstances par des siècles, dont les stériles effets auraient toujours existé. Quelquefois on est assez heureux pour trouver sur
des points élevés des masses énormes de terre qu'on peut faire
descendre à peu de frais dans de vastes champs ; ainsi on agrandit
son domaine sans augmentation d'impôts. Portez des terres là même
où il semble y en avoir assez ; car de leur mélange intelligent il
résultera les plus grands avantages. Un de nos savans agronomes a
fait de cette vérité l'objet d'une publication que nous n'avons pu
consulter encore ; mais cette vérité nous est bien démontrée par
l'expérience : portez du sable sur l'argile, et ce terrain trop compacte sera ameubli ; portez de l'argile sur le sable, qui se liera et

acquerra assez de consistance ; et dans ces terres ainsi amendés, les engrais toujours nécessaires seront beaucoup plus profitables.

» Un autre moyen d'amender les terres, c'est le marnage, opération généralement fort coûteuse par la grande quantité de marne qu'il faut employer ; néanmoins , partout où l'on en connaît les effets, on fait volontiers cette dépense. Oui, les immenses avantages des terres ne sont plus contestés ; ce sont des faits acquis au domaine de la science agricole , par Puvis en France , Thaër en Allemagne. Ici pourtant ce moyen est négligé, presque ignoré de nous. C'est que la marne, qui se présente avec des apparences si variées, est méconnue de la plupart. On en voit de blanches, de noires, de bleues, de violettes, de verdâtres et de toutes les nuances entre ces couleurs ; la couleur en est uniforme ou nuancée ; des marnes sont à grains fins ; d'autres présentent une pâte grossière. Il y en a de feuilletées, tandis que d'autres forment des masses compactes. On y remarque souvent des débris de coquillages ; mais quelquefois on n'y en voit aucune trace. Les unes sont tellement tendres , qu'elles s'écrasent facilement sous les doigts ; il y en a d'aussi dures que la pierre.

» Les caractères extérieurs de la marne sont si divers, qu'on trouve là une des principales causes qui en ont empêché l'usage dans beaucoup de localités ; car il est impossible de la reconnaître si l'on n'a recours à quelques procédés chimiques. Ces moyens sont tellement simples, qu'il n'est personne qui ne puisse s'en servir. Je vais les indiquer seulement ; on les trouvera détaillés, d'après M. de Dombasle, dans le *Cours complet d'agriculture.*

»Pour s'assurer si une substance est de la marne, il faut en prendre un morceau, le faire sécher devant le feu, sans lui faire prendre un trop fort degré de chaleur ; on en met ensuite gros comme une petite noix dans un verre, et on y verse assez d'eau pour que le morceau baigne à moitié ou aux trois quarts. Quelques espèces de marne absorbent rapidement l'eau, et en peu d'instans tombent en bouillie au fond du verre ; d'autres ne produisent cet effet que plus lentement ; mais toutes se délitent ainsi dans l'eau sans qu'on les touche ; en sorte que toute terre qui ne produit pas cet effet n'est point de la marne. Il y a quelques argiles maigres qui se délitent à peu près comme la marne. Ainsi, l'on ne peut être assuré qu'une terre est de la marne parce qu'elle présente ce caractère,

Pour s'en convaincre, il faut verser dans le verre où est la bouillie un peu plus d'eau et quelques gouttes d'acide nitrique (eau forte); on agite le tout avec une baguette en bois ou en verre et non en métal; la marne produit alors une vive effervescence, c'est-à-dire un bouillonnement qui amène à la surface de l'eau une grande quantité d'écume.

» On peut être assuré que toute terre vierge qui se dilate dans l'eau et ensuite fait effervescence est sûrement de la marne.

» La marne est un composé de carbonate de chaux, d'argile et de sable dans diverses proportions. C'est au carbonate de chaux que sont dûs principalement ses effets dans l'amendement des terres, et cette substance fait sa richesse. Mais la marne est infertile par elle-même, quoiqu'elle soit propre à fertiliser les terrains d'une autre nature. Il faut l'employer avec discernement. La marne calcaire, qui contient de soixante à quatre-vingt-dix pour cent de carbonate de chaux, convient spécialement aux sols froids, glaiseux, qu'elle ameublit et réchauffe; la marne argileuse, qui ne contient que de douze à quinze pour cent de carbonate de chaux, convient en grande quantité aux terrains sablonneux, qu'elle améliore pour toujours par l'effet de la consistance que leur donne l'argile.

» Ceci, malgré sa simplicité, sera encore pendant quelque temps au-dessus de la sagacité de plusieurs de nos cultivateurs. Je vais leur répéter ce que j'ai dit en premier lieu : Portez du sable dans l'argile, de l'argile dans le sable, et de la terre quelconque, mais la meilleure que vous pourrez vous procurer, où il en manque; vous ferez un travail très utile, très productif.

» Passons à la distribution des prix et primes. Couronnons les cultivateurs qui écoutent nos enseignemens. C'est à ceux qui ont semé, qui sèment et qui sèmeront, en les soignant bien, le plus de fourrages de durée, qu'ont été donnés, que nous donnons aujourd'hui, et qu'on donnera à l'avenir les récompenses et les encouragemens. Et, croyez-le bien, cultivateurs nos amis, les conseils du comice valent cent fois mieux que l'argent que nous distribuons; nos conseils vous apprennent, si vous le voulez, à faire plus que doubler vos revenus. »

M. le trésorier a fait l'appel des lauréats, auxquels il a compté la valeur de leurs prix et primes, et d'autres membres du comice leur ceignaient le front d'une couronne de chêne.

Les primes distribuées pour les réserves, le sainfoin, la luzerne, le trèfle de Hollande, les betteraves, les prairies artificielles, le labourage et la race bovine se sont élevées à la somme de 601 fr.

La musique se faisait entendre après la publication du nom de chaque lauréat obtenant un premier prix.

Beaucoup de propriétaires de réserves ont donné leurs prix à leurs domestiques.

A quatre heures, les membres du comice de Cadouin, des membres d'autres comices, et plusieurs autres personnes, se sont rendus au banquet, qui a été fort gai. A la fin, les toasts suivans ont été portés :

Par M. Laval Dubousquet, docteur-médecin :

« Je suis sûr, messieurs, que nous sommes tous dans une même communion de pensée ; nous ne voulons pas profiter des bons exemples que nous donnons. Les travaux laborieux et intelligens de ceux qui se sont voués, dans ce canton, à enseigner les bonnes méthodes agricoles dont ils ont fait l'expérience méritent ici une preuve significative de notre gratitude. Je vous propose donc le toast suivant :

« A M. le président ! A M. le capitaine de Regagnac ! »

Par M. le président :

« Messieurs, ici nous voyons des gloires de l'empire ; ici nous voyons des magistrats dont le zèle et le savoir font respecter les droits et observer les devoirs de chacun et à chacun, et entièrement ainsi la concorde dans les familles et parmi tous les habitans de la contrée ; ici nous voyons de jeunes hommes qui viennent de puiser, ou puisent encore dans nos écoles, une instruction scientifique aussi variée que solide. Tous, nous nous sommes réunis dans le but de faire faire des progrès à l'agriculture et d'améliorer le sort des classes travailleuses ; tous, vous me donnez des témoignages d'intérêt. Qu'il me soit permis de vous confondre dans le même toast, comme les sentimens d'affection, de reconnaissance et de haute estime se confondent dans mon cœur.

» A vous tous, messieurs, qui assistez à cette réunion ! »

Par M. le capitaine de Regagnac :

« Je remercie bien sincèrement l'honorable membre qui vient de me donner un témoignage de son estime, que j'apprécie beaucoup. Je profite, messieurs, de cette occasion pour vous proposer un toast à notre devancier à tous, à notre maître à tous dans l'enseignement de l'art agricole aux populations de ce département, au père des comices.

« Buvons au maréchal Bugeaud! au brave des braves! »

On a porté aussi un toast au savant M. Dezeimeris, agriculteur distingué, auteur de publications très utiles.

Un bal de souscription, au profit des indigens, composé de jeunes gens d'une éducation parfaite et de jeunes personnes au-dessus de tout éloge, a commencé à 8 heures et a duré jusqu'au jour.

Le lendemain, tout était rentré dans le calme habituel ; mais cette bienfaisante solennité, comme celles du même genre qui l'ont précédée, se perpétuera agréablement dans notre souvenir.

COMICE AGRICOLE DE MONPAZIER.

Le 20 septembre, le comice agricole de Monpazier s'est réuni pour procéder à la distribution des primes d'encouragement.

La veille et le jour de la fête ont été annoncés par le son des cloches et des salves d'artillerie.

Le concours de labourage n'ayant pu avoir lieu à cause de la sècheresse, les membres se sont réunis à la mairie pour se rendre à la messe, précédés de la musique de la garde nationale.

A l'issue de la messe, le comice s'est porté sur la place pour le concours des élèves de la race bovine.

Une commission, composée de trois membres, a été nommée, et, après l'examen, a fait son rapport.

Immédiatement après, on a procédé à la distribution des primes, qui avait attiré une immense population et en particulier beaucoup d'étrangers.

Avant la distribtion des primes, plusieurs membres ont, dans de brillantes allocutions, fait ressortir les bienfaits d'une agriculture bien entendue et ceux principalement résultant de l'institution des comices agricoles.

Un des membres a surtout fait ressortir les avantages que le canton a retirés depuis l'institution de notre comice.

Les rapports de MM. les commissaires entendus, M. le président, interprète de tous les membres, a remercié ces derniers pour le zèle qu'ils ont mis dans leur tournée. Puis les distributions des primes ont été faites ainsi qu'il suit :

Il a été donné en primes, pour les fourrages, 216 fr.; pour les betteraves, 48 fr.; pour les carottes fourragères, 36 fr.; pour les élèves de la race bovine, 57 fr.; pour les vignes, 20 fr.; pour le madia-sativa, 24 fr.; pour l'horticulture, 10 fr. —En tout, 411 fr.

La distribution des primes terminée, ont commencé les danses champêtres, la course aux ânes et l'ascension au mât de cocagne, amusemens qui ont beaucoup diverti la populace.

A trois heures, les membres se sont réunis à l'hôtel du Petit-Paris, où les attendait un banquet de cinquante couverts, et pendant lequel a régné la plus franche cordialité.

Des toasts accueillis avec enthousiasme ont été portés, le premier au roi des Français, le second à M. le préfet de la Dordogne, et le troisième à M. le sous-préfet de Bergerac.

Avant de se séparer, le comice a admis dans son sein le sieur Lamercie, qui avait demandé à en faire partie.

A 7 heures, toute la population s'est portée sur la place où devaient être tirées diverses pièces d'artifice qui ont été accueillies par de grands applaudissemens.

A 9 heures, a commencé un brillant bal qui s'est prolongé jusqu'à 3 heures du matin et qui a terminé la fête.

⚜

SOCIÉTÉ HIPPIQUE DE LA DORDOGNE.

Compte-rendu de la deuxième séance, tenue à Périgueux, le 3 septembre 1846.

Les membres de la société présens à Périgueux étaient réunis à une heure, dans la salle ordinaire de leurs délibérations.

M. le marquis de Monéys, président, a ouvert la séance par un discours dans lequel il a exposé les besoins du pays, la marche à suivre par la société pour les satisfaire, le côté utile et patriotique de la mission qu'elle s'est imposée, et la nécessité pour les propriétaires de donner l'exemple d'une généreuse initiative.

Le secrétaire, M. le marquis Elie de Fayolle, a donné ensuite lecture à la société de l'exposé des motifs qui ont guidé la commission dans la rédaction du projet de réglement.

Après la discussion article par article, les dispositions suivantes ont été adoptées à l'unanimité pour l'année 1847 :

Répartition des primes par arrondissement : Périgueux et Sarlat réunis, 4|20ᶜˢ ; Bergerac, 6|20ᵉˢ ; Ribérac, 6|20ᵉˢ; Nontron, 3|20ᵉˢ; faux frais, 1|20ᵉ.

Répartition par catégories : Jumens poulinières, 1|3. Les deux autres tiers, aux poulains et pouliches, divisés en 3 catégories : 1° poulains et pouliches de 1 et 2 ans, nés dans le département ; 2° poulains et pouliches importés depuis au moins deux mois; 3° poulains de 3 ans, ayant au moins 18 mois de résidence dans le département.

Les époques du concours seront fixées par la société aux jours les plus propres à leur donner de l'éclat.

Les poulinières devront être suitées et saillies de nouveau , ou âgées d'au moins 3 ans, et accompagnées d'un certificat de saillie d'un étalon du gouvernement, ou approuvé.

Les poulains devront justifier d'un extrait de naissance dans ces conditions.

Le montant des primes sera immédiatement délivré.

— Voici les primes qui ont été accordées pour l'encouragement à l'élève des chevaux , pour les arrondissemens de Périgueux et Sarlat réunis :

A M. Laforêt, avocat, une prime de 60 fr., pour une jument commune, hors d'âge.

Au même, 3 primes de 25 francs chacune, pour 3 poulains limousins de 3 ans.

A M. Montagut, une prime de 30 fr., pour une jument bretonne, mouchetée, à tout crin, et âgée de 8 ans.

Au même, une seconde prime de 30 fr., pour un poulain limousin de 2 ans.

A M. d'Auteville fils, une prime de 30 fr., pour un poulain limousin de 2 ans.

A M. de Lentilhac, directeur de la ferme-modèle, une prime de 30 francs, pour un poulain limousin de 2 ans.

Au même, 2 primes de 25 francs chacune, pour 2 poulains limousins.

. A M. Dumas, de Montrem, une prime de 25 francs, pour une pouliche limousine de 2 ans.

DOCUMENS STATISTIQUES SUR LES CÉRÉALES.

La culture des terres affectées en France aux céréales est de 14 millions d'hectares, et couvre ainsi un peu plus du quart de la superficie territoriale du royaume (52,768,610 hectares), soit près des trois quarts du sol cultivé. Les autres cultures, en effet, occupent ensemble 5 millions et demi environ d'hectares, dont près de 2 millions pour la vigne seule. La totalité du sol cultivé, en France, approche donc de 20 millions d'hectares et représente ainsi 37 p. 0[0 du sol national.

La production annuelle des grains de toute sorte s'élève, dans les années ordinaires, à près de 183 millions d'hectolitres, savoir : 70 millions en froment, 12 en métail, 28 en seigle, 17 en orge, 49 en avoine et 7 en maïs. Sur la quantité totale, l'ensemencement est à peu près de 28 millions d'hect., ou 15 p. 0[0. Reste donc à la consommation alimentaire 155 millions d'hectolitres, qui, déduction faite de l'avoine, donnent, pour la nourriture de l'homme proprement dite, 116 millions d'hectolitres; d'autres disent 120 millions. Prenant ce dernier chiffre, qui paraît plus exact, on a pour chaque jour de consommation, en France, environ 329,000 hectolitres; puis, par habitant et par année, 343 litres; ou par tête et par jour, 0 litre 94, c'est-à-dire un peu moins d'un litre; soit, en poids, environ 700 grammes de blé. C'est un tiers environ de ce qui se consomme en Angleterre, un quart de moins approximativement que ne consomme chaque habitant des États-Unis.

L'importation des grains étrangers en France est, en moyenne annuelle, d'environ un million d'hectolitres, dont la majeure partie se réexporte en grains ou en farines. L'achat extérieur n'ajoute,

comme on le voit, qu'une infiniment faible portion (peut-être 1,300)
à la production indigène ; mais il n'en reste pas moins établi que
celle-ci, à l'aide des réserves des bonnes années, suffit tout juste
à la consommation nationale. La culture des céréales ne saurait
donc, sans danger, être négligée en France. Dans les années mauvaises ou médiocres, force est bien de recourir aux grains étrangers. L'importation s'élève alors à 3, 4 ou 5 millions d'hectolitres,
ce qui peut représenter 10, 12 ou 16 à 17 jours de nourriture du
pays. Presque jamais les apports ne dépassent cette limite. En
1832, cependant, ils ont approché de 7 millions d'hectolitres, ou
d'environ 22 jours de nourriture. — C'est le plus fort emprunt
de céréales que la France ait fait à l'étranger. Il représentait une
valeur officielle de 90 millions de francs.

PANIFICATION DU MAIS.

*A monsieur le rédacteur de l'*Echo de Vésone.

Campsegret, le 10 décembre 1846.

Monsieur le rédacteur,

Veuillez insérer dans votre prochain numéro les quelques lignes
que j'ai l'honneur de vous adresser, relativement au progrès de
la boulangerie.

La cherté presque générale du froment, en France, m'a déterminé à faire l'étude de la panification du maïs, mêlé par moitié
avec du froment; le résultat de cet essai a surpassé de beaucoup
l'attente que j'en avais conçue, et m'a procuré la satisfaction de
livrer au public un pain très nutritif, ayant bon goût et beauté, et
à un prix très modéré : 1 fr. 35 c. les 5 kilos, différant en moins
de sept centimes par kilo du pain bis de la localité. J'engage beaucoup tous mes confrères à en faire autant pour suppléer, avec
l'abondance de maïs qui existe, à la rareté de froment qui pourrait peut-être arriver plus tard. S'ils ont besoin de mon procédé,
je suis tout prêt à faire ce que tout bon patriote doit faire en pareille occasion, non pas à le leur vendre, mais à le leur donner.

Recevez, etc.   CHORD,
boulanger à Campsegret, près Douville.

Chapiteaux
de l'église de Merlandes.

PARTIE LITTÉRAIRE

ET SCIENTIFIQUE.

NOTICE HISTORIQUE ET DESCRIPTIVE DE L'ÉGLISE DE MERLANDES,

Par M. l'abbé Audierne, chevalier de la légion-d'honneur, membre de plusieurs sociétés savantes, etc.

TOPOGRAPHIE DE L'ÉGLISE DE MERLANDES.

Dans un lieu jadis traversé par la voie romaine qui conduisait de l'antique Vésone à Saintes, à 12 kilomètres de Périgueux, non loin de l'ancienne et riche abbaye de Chancelade, dans le voisinage d'une chapelle dédiée à St-Maurice, et ayant appartenu aux templiers, au milieu d'une vaste étendue de landes et de bois, au point de jonction de plusieurs coteaux, dont les eaux, recueillies d'abord dans l'étroite et profonde vallée d'Andrivaux, vont se jeter ensuite dans la rivière de l'Ille, là existe, depuis environ huit siècles, une chapelle solitaire, dont le nom, formé de deux mots celtiques : *mer lande*, signifie, suivant Bullet, une vaste solitude.

Telle est encore la dénomination que commande la nature du pays, malgré quelques lambeaux de terre cultivés qui n'en ont point changé l'aspect.

Arrivé auprès de cette remarquable église, qu'on n'aperçoit pour ainsi dire que lorsqu'on est aux pieds de ses murs, une foule de questions viennent assaillir l'esprit sur le but qu'on pouvait se proposer en fondant cet édifice.

La fontaine qu'on y aperçoit, et dont les eaux limpides s'échappent en sillonnant la vallée, fut-elle le motif de cette

TOME VII.   24 création? Les fontaines, il est vrai, furent en grande vénération dans la plus haute antiquité, et les peuples, mus par un sentiment religieux, en leur donnant un dieu pour protecteur, leur rendaient un culte particulier; mais aucun souvenir ne vient appuyer cette opinion.

Les fondateurs de cette église n'auraient-ils voulu que rendre moins dangereux ce lieu désert et offrir aux passans plus de sécurité, par la présence d'un édifice religieux? Ce serait possible, à une époque surtout où l'agitation était extrême dans les populations, et où le maintien de l'ordre devenait plus difficile et même presque impossible.

Au reste, ce ne sont là que des conjectures.

ORIGINE DE L'ÉGLISE DE MERLANDES.

Nous croyons que le sentiment qui fit bâtir l'église de Merlandes ne fut pas seulement religieux, mais qu'il exprime aussi la généreuse pensée d'une amélioration sociale.

Après la conversion de Constantin, les lois impériales ayant autorisé les dotations ecclésiastiques, le clergé s'était tellement enrichi, que déjà sous la première race, Chilpéric s'en plaignait dans un édit rapporté par Baluse : « Notre fisc, disait ce monarque, est devenu pauvre; nos richesses ont été transportées aux églises; il n'y a plus que les évêques qui règnent; ils sont dans la grandeur, et nous n'y sommes plus. » Mais ces vastes possessions devaient être utilisées. Il fallait les livrer à la culture. Dans la pensée religieuse des prélats, le meilleur et le plus salutaire moyen était de les consacrer à de pieuses fondations. De là ces couvents, ces églises, qui s'élevaient au milieu de pays incultes. Merlandes n'a pas eu, ce nous semble, une autre origine.

Vers l'an 1120, quelques ecclésiastiques s'étaient retirés à Chancelade, lieu désert, entouré de nombreux coteaux, et

très propre à la vie érémitique. Les terrains environnans faisaient partie du domaine ecclésiastique. En 1129, Guillaume
d'Auberoche, évêque de Périgueux, en céda une partie à ces
pieux solitaires, qui vivaient depuis neuf ans dans cette profonde retraite.

Guillaume de Nanclars ne se montra pas moins généreux
envers le couvent qu'ils avaient formé. Ce fut son successeur,
Geoffroi de Couze, qui leur fit présent du lieu de Merlandes,
où Elie Audoin, second abbé de Chancelade, fit bâtir une
église en 1143. Geoffroi la bénit et y célébra la première
messe. *Missam primam cantavit et cimeterium ibidem bene-
dixit,* nous apprend la charte de fondation de l'abbaye de
Chancelade.

L'église bâtie, solennellement bénite et entourée d'un cimetière, semblait devoir attirer et fixer dans ce lieu une
nombreuse population. Il n'en fut rien. Le succès ne répondit
point aux espérances, et Merlandes, après sept à huit siècles,
n'est encore qu'une solitude.

DESCRIPTION DE L'ÉGLISE DE MERLANDES.

Dans l'église de Merlandes, rien qui ne soit digne d'attention. Tout y intéresse, la nef, le sanctuaire, ses arcades, ses
colonnes, leurs chapiteaux, ses restaurations même, puisqu'elles révèlent des jours de désolation et de ruine.

Sa forme est un parallélogramme rectangle; seulement le
sanctuaire est un peu plus étroit que la nef.

Son étendue, du seuil de la porte à l'extrémité de l'hémicy-
cle, est de 23 mètres; et sa largeur, de 6 mètres 50 centimèt.

A l'extérieur, six contreforts, de 16 centimètres d'épaisseur,
semblables à de simples pilastres qu'on dirait destinés à
orner plutôt qu'à consolider l'édifice, sont appliqués sur ses
murs latéraux. Ils sont étroits et peu élevés.

Quatre fenêtres extrêmement allongées, semblables à des barbacanes, éclairent cette église. Nul ornement ne les décore. Elles affleurent le mur.

En vain chercherait-on quelques sculptures sur le plein des murailles extérieures ; il n'en existe quelques-unes que dans les modillons de la corniche du sanctuaire. Ces espèces de consoles représentent des têtes grotesques d'hommes et d'animaux. Sur l'une d'elles on remarque un oiseau semblable à un coq ; il est parfaitement sculpté. Il n'est pas douteux que cet oiseau ne soit un basilic, symbole religieux assez souvent employé dans les constructions de cette époque. Cet animal était regardé comme puissant et très redoutable. *Super aspidem et basiliscum ambulabis et conculcabis leonem et draconem.* Psaume 90.

La porte est de la plus grande simplicité : elle se compose de deux archivoltes, retombant sur deux colonnes dont les chapiteaux sont muets. Un pilier carré, à pan coupé, sépare les colonnes. De légères moulures décorent les deux bandeaux qui surmontent les archivoltes et retombent sur une corniche. Le plein cintre règne dans la porte, et l'ogive se manifeste timidement dans les archivoltes.

INTÉRIEUR DE L'ÉGLISE DE MERLANDES.

En entrant dans l'église de Merlandes, on éprouve involontairement un sentiment de respect mêlé d'admiration. On s'arrête dès le premier pas, surpris de trouver dans cette solitude une église qui, par le caractère de son style, rappelant les générations les plus reculées, contraste singulièrement avec l'isolement et l'abandon dans lesquels elle se trouve aujourd'hui.

Bâtie presque au pied d'un coteau, elle a conservé dans sa construction l'inégalité du terrain sur lequel elle repose.

Ainsi, pour arriver au sanctuaire, on s'élève graduellement par le moyen de plusieurs marches placées de distance en distance.

LA NEF.

Une nef, un chœur et un sanctuaire, telle est l'ordonnance de cette petite église. Deux travées de voûtes séparées par un arc-doubleau, reposant sur deux colonnes, composent la nef et le chœur. La première travée offre une voûte cylindrique ; la seconde en présente une de sphérique. Les chapiteaux des colonnes supportant l'arc-doubleau attendaient des ornemens qui leur ont été refusés. A quoi tient cette circonstance? Il serait difficile de le dire. On manqua, sans doute, de sculpteurs pour ce travail, qui eût été postérieur aux décorations nombreuses du sanctuaire.

Les fenêtres, très allongées et extrêmement étroites à l'extérieur, sont évasées à l'intérieur et offrent partout le plein cintre.

Dans l'angle du mur qui sépare le chœur du sanctuaire, on remarque une colonne grosse et courte, dépourvue de chapiteaux, formant une espèce de tambour. C'est en elle qu'est placé l'escalier pour arriver sur les voûtes.

LE SANCTUAIRE.

Un mur très épais sépare le chœur du sanctuaire ; il est percé d'une arcade étroite, supportée par deux grosses colonnes dont les chapiteaux sont d'un style très remarquable. On voit sur ces chapiteaux des lions, des tigres entrelacés, luttant ensemble et se déchirant. Leur pose est admirable, et le sculpteur a su donner à ces animaux une expression si vraie, qu'on est frappé de leur attitude et de l'air menaçant qu'elle inspire.

Treize arcades feintes, reposant sur des colonnes en relief

appliquées sur les murs, décorent le sanctuaire, dont la voûte est cylindrique. Ces colonnes, d'une seule pièce, sans renflement, et d'une pierre tendre, mais devenue par le temps d'une dureté telle qu'on les dirait de marbre, sont ornées de petits filets, placés avec symétrie de distance en distance. Les bases sont simples avec un filet; mais les chapiteaux sont couverts de sculptures très variées. Les uns sont chargés de feuilles, d'entrelacs, de torsades, de chevrons brisés, de billettes, et les autres de figures fantastiques, à la bouche desquelles aboutissent les enroulemens de diverses feuilles ou d'ornemens variés.

Une colonne avec deux arcades ont disparu pour faire place à une fenêtre, la seule aujourd'hui qui éclaire le sanctuaire. Primitivement, il en existait une dans le fond de l'abside. Elle était semblable à celles qui éclairent la nef. Elle a été bouchée dans le XIe siècle, ainsi qu'un œil-de-bœuf construit beaucoup plus tard.

Une chose bien remarquable, c'est que tous les joints d'appareil sont en relief et formés dans la taille même de la pierre. Les murs seuls du sanctuaire offrent cette particularité.

Quelques boiseries, qui ne sont pas sans mérite, ornent deux autels appliqués contre le mur qui sépare le chœur du sanctuaire. Ces boiseries appartiennent au siècle dernier et ne comptent pas une centaine d'années d'existence.

Le baptistaire, de forme cylindrique, et semblable à un fût de colonne, est très curieux. Il est bien étonnant qu'il ait échappé aux mutilations si communes dans toutes les églises, d'où l'on bannit tout ce qui est ancien pour y substituer des choses modernes, dans la pensée que les goûts populaires en seront plus flattés. Les sculptures de ce petit monument représentent une série d'anneaux losangés, s'enchaînant les uns dans les autres et occupant toute la surface. Il est sans base et sans corniche, tel enfin qu'il sortit des mains de l'ouvrier, pour la destination qu'il a perdue à l'époque de la suppression de l'église de Merlandes. En le conservant soigneusement, il viendra sans doute une époque où son utilité pourra de nouveau être appréciée.

Merlandes est une des églises les plus remarquables du Périgord. Tous les caractères de l'époque où elle a été construite semblent dessinés sur chaque pierre. Le chœur en est petit comparativement à la nef. Cette église est sans collatéraux ; elle n'est décorée par aucune chapelle, et sa forme n'est pas une croix latine. Elle a tout l'aspect des temples primitifs. On ne la dirait point érigée dans le XIIᵉ siècle. Sa physionomie est dure, sévère : en elle règne absolument l'ancien style roman avec son étonnante lourdeur. Malgré que l'ogive se montre dans quelques parties de ce monument, et qu'à cette époque ce genre d'agriculture fût déjà assez communément employé, cependant elle n'a influé en rien sur l'ensemble de l'édifice. Les colonnes sont ornées de filets ; mais elles sont courtes et sans grâce. Les chapiteaux sont couverts d'ornemens contournés, riches, mais manquant de cette élégance, de cette légèreté qui distinguent les ordres antiques ou les chefs-d'œuvre de la renaissance.

Nous pourrions ici rechercher la cause de ce mélange des deux styles dans la même église, à la même époque, et examiner si l'ogive ne fut employée primitivement que dans un but de solidité, puisqu'elle se fait remarquer principalement dans les voûtes, et qu'elle n'a été admise que plus tard comme embellissement dans la construction des portes ; ou si, ayant été empruntée à l'orient, elle fut presque imposée aux architectes en souvenir des croisades. Une solution à cette question serait sans doute très instructive et commanderait l'intérêt ;

mais le développement en serait trop long, nous entraînerait au-delà des bornes que nous nous sommes prescrites, et peut-être encore n'atteindrions-nous qu'un but incertain. Rien n'est plus difficile, en effet, que de faire l'histoire de l'ogive, de préciser son origine, de dire à quelle époque elle a commencé, puisque nous la retrouvons dans des monumens du V⁰ siècle, non-seulement en France, en Allemagne, en Espagne, mais encore dans la Grèce et dans l'Italie.

D'après MM. Haggitt Wittigton, Hittorff, Lenormans, elle est originaire de l'orient ; on en trouve des exemples dans l'Asie-Mineure, en Perse, en Arabie, en Sicile, qui remontent aux VII⁰, IX⁰ et X⁰ siècles.

D'après MM. Bentham et Milner, elle est née en occident, du croisement des arcs circulaires ; genre d'ornement qui fut employé dans l'architecture romaine aux XI⁰ et XII⁰ siècles.

M. Boisserée a cherché à établir qu'elle a commencé dans le nord. Suivant lui, le caractère élancé et végétal qui distingue l'architecture ogivale est dû au sentiment profond qu'ont les peuples du nord des beautés de la nature et à l'imitation qu'ils voulurent faire, dans leurs églises, des arbres entre-croisés, des forêts, leur habitation primitive.

MM. Quatremère de Quincy et Séroux d'Agincourt prétendent, au contraire, que le style ogival chrétien est une aberration des formes imposées par le goût, dont il ne faut tenir aucun compte dans l'histoire de l'art.

Quoi qu'il en soit, nous savons d'une manière positive que l'ogive a été généralement adoptée en France pour les monumens religieux dans le XIII⁰ siècle, et constamment suivie jusqu'au règne de Louis XIV.

Le rédacteur-éditeur, Aug. DUPONT.

Vu : *Le secrétaire-perpétuel,* DE MOURCIN.

TABLE DES MATIÈRES.

-◦-⧏⧐-◦-

Partie Agricole.

Partie Littéraire.

Lithographies